高等职业院校装备制造大类新形态一体化教材

U0670580

传感器与检测技术
（第2版）

CHUANGANQI YU
JIANCE JISHU

主　编　刘光定

副主编　魏金颜　王　鹏

参　编　王云亮　董子华　王瑞斌
　　　　薄青红　周　凯　夏金凤
　　　　张佳菲

主　审　潘爱民

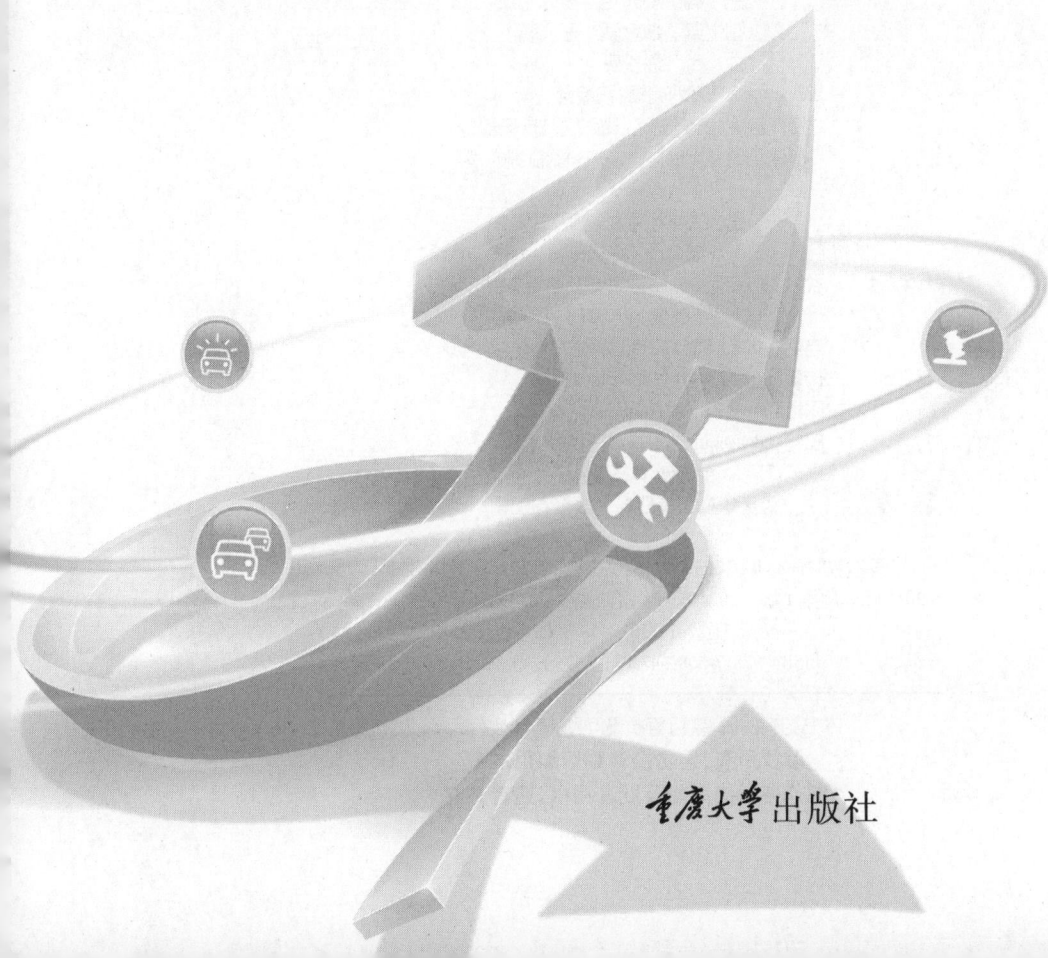

重庆大学出版社

内容提要

本书根据《国家职业教育改革实施方案》(简称"职教20条")的指导思想,运用"互联网+"时代的教育信息化技术,按照高职教育工学结合的人才培养模式,密切联系企业数控加工的生产实际,并把相关国家职业标准、"1+X"职业技能等级证书标准、专业技能大赛和"课、岗、赛、证"的要求融入教材编写,每个任务以一个具体的工程任务导航为主线,主要介绍了常用传感器的工作原理、基本结构及相应的测量电路,并介绍了大量的应用实例。在取材上,强调理论够用,强调实用性和先进性,突出基本技能的培养,丰富了实验内容。

本书主要介绍了传感器基本知识,包括电阻式、变磁阻式、电容式、热电式、霍尔式、光电式、压电式等常用传感器及新型的光纤传感器、数字式传感器,在每个任务最后还安排了传感器的实验内容。在各任务中都列举了大量的应用实例,以帮助读者理解传感器知识,同时在每个任务学习过程中都融入思想政治教育,实现德技融合,最终达到培养新时代能工巧匠的目的。

本书可作为高等职业院校机电一体化技术、数控技术、智能制造装备技术、数字化设计与制造技术、工业机器人、汽车检测与维修技术、生产过程自动化技术、电气自动化、应用电子技术、计算机控制及相近专业的教材,也可作为相关专业技术人员的参考书。

图书在版编目(CIP)数据

传感器与检测技术 / 刘光定主编. -- 2 版. -- 重庆：
重庆大学出版社，2024. 8. --（高等职业院校装备制造大
类新形态一体化教材）. -- ISBN 978-7-5689-4796-1

Ⅰ. TP212

中国国家版本馆 CIP 数据核字第 2024YS0564 号

传感器与检测技术
（第 2 版）

主　编　刘光定
副主编　魏金颜　王　鹏
主　审　潘爱民
策划编辑：杨粮菊

责任编辑：秦旖旎　　版式设计：杨粮菊
责任校对：刘志刚　　责任印制：张　策

*

重庆大学出版社出版发行
出版人：陈晓阳
社址：重庆市沙坪坝区大学城西路 21 号
邮编：401331
电话：(023) 88617190　88617185（中小学）
传真：(023) 88617186　88617166
网址：http://www.cqup.com.cn
邮箱：fxk@ cqup.com.cn（营销中心）
全国新华书店经销
重庆华林天美印务有限公司印刷

*

开本：787mm×1092mm　1/16　印张：15.25　字数：364 千
2016 年 8 月第 1 版　2024 年 8 月第 2 版　2024 年 8 月第 8 次印刷
印数：11 301—13 300
ISBN 978-7-5689-4796-1　定价：45.00 元

第 2 版前言

本书第 1 版出版以来，深受广大师生的欢迎，对传感器技术职业技能的培养起到了良好的作用。为了适应教育信息化发展的要求，我们对第 1 版进行了精准修订。本次修订保留了第 1 版的基本框架，但为了满足新形态数字化教材建设的需要和吸纳课程改革研究的最新成果，根据教学实际需求配置了课程相关微课视频、动画、在线模拟实验、虚拟仿真实训等数字化教学资源，数字化教学资源全部上传到重庆大学出版社教学资源库管理平台，方便教师和学生更好地学习本书内容，教师和学生可以通过扫描本书封底二维码或者登录重庆大学出版社官方平台，使用手机、电脑、iPad 等移动终端，进行资源的在线观看、浏览，教师可以在线备课，学生可根据实际需求进行线上和线下学习。同时，本书对接"1+X"职业技能等级证书和专业技能大赛要求，做到岗课赛证融通，满足"三教"改革内容要求，符合职教教学规律，符合学生学习习惯，具有适用性、实用性。

本书系河南省教育科学"十三五"规划 2019 年度一般课题——"数控技术专业核心技能课校本数字化教材的开发与应用"（课题编号：〔2019〕-JKGHYB-0492）的研究成果，是结合高等职业学校数控技术专业教学实践，在 2016 年第 1 版的基础上修订而成的。

本书一方面将我国工业的发展及文化建设内容列入教学内容，使学生了解我国工业历史，激发学生强烈的民族自尊心和自信心，形成对振兴民族工业的责任感和使命感。另一方面将工匠精神培养融入传感器与检测技术实验技能训练中，因各种传感器测量信号实验内容是此课程的重要环节，要求学生遵守操作规程，认真仔细操作，注重仪器规范使用，保证测量精度。适当引入工匠精神的案例，有利于增强学生精益求精的工作意识，促进学生传感器与检测技术技能水平的提升，实现德技融合，为实现中华民族伟大复兴的中国梦而不懈奋斗。

通过将思政教育融入传感器与检测技术教材，本书结合专业课教学内容，找准结合点和切入点，促进"教书"与"育人"的有机结合，培养学生爱国、诚信、敬业、质量意识等优秀品质，增强学生的民族工业责任意识和使命感，使学生具备优秀的职业道德品质和精湛的专业技能。

在本书的编写过程中，编者与多家企业进行了紧密合作，并紧扣教育部课程改革的要求。本书具有以下特点：

（1）在总内容的安排上，采用"任务式"的模式，将同一被测物理量放在同一任务中，每一任务则介绍几种不同传感器的应用。

（2）在每一任务中，以传感器应用为主线，结合传感器的原理、技术参数及选用原则，并通过具体的电路来加深对以上内容的理解。

（3）在每一任务的内容组织上，适当保留传统的理论知识，但放在整个内容的最后；而将每个传感器的应用电路放在前面，突出了传感器的应用电路。

（4）对于每一任务，从传感器的参数入手，设计出具体的应用电路，分析电路的工作原理，并对电路的制作与调试作了阐述；通过各任务学习，可以提高学生的动手能力及分析、解决问题的能力，培养了学生的职业能力，实现了"教、学、做"一体化。

本书配有拓展阅读思政资源二维码；为方便教师教学、学生自学及创新就业能力培养，每一任务配有任务自测题，以及教学 PPT、动画和微课等数字资源。

本书由郑州电力职业技术学院与郑州日新精密机械有限公司校企合作开发，由高校的数控技术专业老师与从事数控技术行业的企业专家共同编写而成。

本书由郑州电力职业技术学院的刘光定担任主编，魏金颜、王鹏担任副主编。其中，刘光定编写任务 1、任务 3、任务 4、任务 5、任务 9，魏金颜编写任务 6，王鹏编写任务 2，王云亮编写任务 10，董子华编写任务 7，王瑞斌编写任务 8，薄青红编写二维码清单，夏金凤编写附表 1，张佳菲编写附表 2，全书由刘光定统稿，潘爱民教授担任主审。在本书的编写过程中，编者还得到了郑州日新精密机械有限公司、上海西欧教学设备有限公司等企业技术人员的大力支持，同时还参考了许多教材、文献、动画及网络资料，在此深表感谢。

由于编者水平有限及企业工作经验不足，书中疏漏之处在所难免，敬请读者批评指正。

编　者
2024 年 1 月

第1版前言

本书是为满足教育部对高等职业教育教学改革的要求而编写的,全书采用任务化的编写模式,书中内容体现了岗位需求,并邀请了企业人员参与编写;既是理论教材,也是一本实用性较强的实践教材。

传感器与检测技术是一门融合众多学科的技术,但对于一般的技术人员来说,重点在于传感器的应用,即如何通过检测电路将被测物理量转换成电压、电流或频率信号,供后续电路处理。传感器及其检测电路则为传感器应用中的核心技术,应用传感器则要重点解决传感器的选型和接口技术,本书正是为解决这些问题而编写的。

在本书的编写过程中,编者与多家企业进行了紧密合作,并紧扣教育部课程改革的要求,本书具有以下特点:

(1)在总内容的安排上,采用"任务式"的模式,将同一被测物理量放在同一任务中,每一任务则介绍几种不同传感器的应用。

(2)在每一任务中,以传感器应用为主线,结合传感器的原理、技术参数及选用原则,并通过具体的电路来加深对以上内容的理解。

(3)在每一任务的内容组织上,适当保留传统的理论知识,但放在整个内容的最后;而将每个传感器的应用电路放在前面,突出了传感器的应用电路。

(4)对于每一任务,从传感器的参数入手,设计出具体的应用电路,分析了电路的工作原理,并对电路的制作与调试作了阐述;通过各任务学习,可以提高学生的动手能力及分析、解决问题的能力,培养了学生的职业能力,实现了"教、学、做"一体化。

本书由郑州电力职业技术学院的刘光定任主编,刘光定编写任务1、任务3、任务4、任务6、任务7和任务8,王鹏编写任务2和任务9,张伟编写任务5和附录,全书由刘光定统稿,祁

1

建中教授任主审。在本书的编写过程中，还得到了上海西欧电子科技有限公司等传感器生产企业技术人员的大力支持，同时还参考了许多教材、文献及网络资料，在此深表感谢。

由于编者水平有限及企业工作经验不足，加之时间仓促，书中疏漏之处在所难免，敬请读者批评指正。

编　者
2016 年 2 月

本书二维码清单

序号	名称	二维码	序号	名称	二维码
1	任务 1 1.1 测量与测量误差		10	任务 2 2.4 使用气敏式传感器	
2	任务 1 1.3 传感器的定义和作用		11	任务 2 2.5 使用湿敏式传感器	
3	任务 1 1.3 传感器的主要性能指标		12	任务 2 2.6 使用热电阻传感器	
4	任务 1 1.3 认识机电设备中常见的传感器		13	任务 2 2.7 电阻应变式传感器测重力	
5	任务 1 实验 认知 XO-155 型传感器实训设备		14	任务 2 实验 2 压阻式传感器测压力	
6	任务 1 拓展阅读： 中国传感器产业发展历程		15	任务 2 实验 3 气敏电阻传感器测酒精	
7	任务 2 2.1 使用电位器式传感器		16	任务 2 拓展阅读： 认识电阻式应变片——港珠澳大桥	
8	任务 2 2.2 使用电阻应变式传感器		17	任务 3 3.1 使用电感式传感器	
9	任务 2 2.3 使用压阻式传感器		18	任务 3 3.3 使用电涡流式传感器	

序号	名称	二维码	序号	名称	二维码
19	任务3 实验1　电涡流传感器测位移		28	任务5 实验2　热电偶冷端温度补偿	
20	任务3 实验2　差动变压器测振动		29	任务5拓展阅读： 传感器：智能时代的"慧眼"	
21	任务3拓展阅读： 电感由来的故事		30	任务6 6.1　使用光电传感器	
22	任务4 4.1　使用电容式传感器		31	任务6 实验1　光电传感器测转速	
23	任务4 实验1　电容式传感器测位移		32	任务6 实验2　光敏电阻演示	
24	任务4 实验2　电容式传感器测振动		33	任务6拓展阅读： 光电智能识别装备制造技术	
25	任务4拓展阅读： 电容传感器技术的新应用		34	任务7 7.1　使用感应式传感器	
26	任务5 5.1　使用热电偶传感器		35	任务7 7.2　使用霍尔式传感器	
27	任务5 实验1　K型热电偶测温		36	任务7 实验1　感应式传感器测转速	

序号	名称	二维码	序号	名称	二维码
37	任务7 实验2 霍尔式传感器测位移		46	任务10 10.1 使用光栅式传感器	
38	任务7 拓展阅读： 传感中国——分秒为计守护回家路		47	任务10 10.2 使用磁栅式传感器	
39	任务8 8.1 使用压电式传感器		48	任务10 10.3 使用感应同步器	
40	任务8 实验 压电式传感器测振动		49	任务10 10.4 使用编码器	
41	任务8 拓展阅读： 一杯水的旅程：南水北调中的传感器		50	任务10 10.5 使用智能传感器	
42	任务9 9.1 使用光纤传感器		51	任务10 实验 光栅数字式传感器测位移	
43	任务9 实验1 光纤传感器测位移		52	任务10 拓展阅读： 国之重器：北斗系统超强导航技能	
44	任务9 实验2 光纤传感器测振动		53	附表1 生产单元数字化改造赛项规程及样题	
45	任务9 拓展阅读： 大国重器："智能建造"技术实现精细化管理		54	附表2 "1+X"工业传感器集成应用职业技能等级标准	

目录

任务1 认知传感器与检测技术装置 ················ 1

任务导航 ···································· 1

任务目标 ···································· 1

相关知识 ···································· 2

1.1 测量的基本概念 ······················ 2

1.2 测量误差及其分类 ··················· 3

1.3 传感器及其基本特性 ················· 7

1.4 传感器的敏感元件 ··················· 13

任务实施 ···································· 20

任务小结 ···································· 23

任务自测 ···································· 23

任务2 电阻式传感器 ························ 24

任务导航 ···································· 24

任务目标 ···································· 24

相关知识 ···································· 25

2.1 电位器式传感器 ······················ 25

2.2 电阻应变式传感器 ··················· 28

2.3 压阻式传感器 ························· 38

2.4 气敏电阻传感器 ······················ 41

2.5 湿敏电阻传感器 ······················ 44

2.6 热电阻传感器 ························· 47

任务实施 ···································· 57

任务小结 ···································· 61

任务自测 ···································· 62

任务3 变磁阻式传感器 ·············· 64

  任务导航 ·············· 64

  任务目标 ·············· 64

  相关知识 ·············· 65

    3.1 自感式传感器 ·············· 65

    3.2 变压器式传感器 ·············· 69

    3.3 电涡流式传感器 ·············· 74

    3.4 变磁阻式传感器的应用 ·············· 78

  任务实施 ·············· 81

  任务小结 ·············· 84

  任务自测 ·············· 85

任务4 电容式传感器 ·············· 86

  任务导航 ·············· 86

  任务目标 ·············· 86

  相关知识 ·············· 86

    4.1 电容式传感器的工作原理 ·············· 86

    4.2 测量电路 ·············· 94

    4.3 电容式传感器的应用 ·············· 98

  任务实施 ·············· 99

  任务小结 ·············· 102

  任务自测 ·············· 102

任务5 热电偶传感器 ·············· 104

  任务导航 ·············· 104

  任务目标 ·············· 104

  相关知识 ·············· 105

    5.1 热电偶基本原理 ·············· 105

    5.2 热电偶的材料、结构及种类 ·············· 108

    5.3 热电偶的冷端补偿 ·············· 114

    5.4 热电偶测温线路 ·············· 116

  任务实施 ·············· 118

  任务小结 ·············· 120

  任务自测 ·············· 120

任务6 光电式传感器 ·············· 122

任务导航 ··· 122

任务目标 ··· 122

相关知识 ··· 123

  6.1 光电效应及光电器件 ····························· 123

  6.2 红外传感器 ·· 130

  6.3 光电式传感器的应用 ····························· 132

  6.4 光电开关和光电断续器 ··························· 137

  6.5 CCD 图像传感器 ································· 138

任务实施 ··· 142

任务小结 ··· 144

任务自测 ··· 144

任务 7 磁电式传感器 ································· 145

任务导航 ··· 145

任务目标 ··· 145

相关知识 ··· 145

  7.1 感应式传感器 ···································· 145

  7.2 霍尔式传感器 ···································· 149

任务实施 ··· 159

任务小结 ··· 161

任务自测 ··· 161

任务 8 压电式传感器 ································· 163

任务导航 ··· 163

任务目标 ··· 163

相关知识 ··· 164

  8.1 压电效应 ·· 164

  8.2 压电材料 ·· 165

  8.3 压电式传感器测量电路 ··························· 167

  8.4 压电式传感器的应用 ····························· 170

任务实施 ··· 173

任务小结 ··· 174

任务自测 ··· 175

任务 9 光纤传感器 ··································· 176

任务导航 ··· 176

任务目标 ··· 176

相关知识 ··· 176

9.1 光纤传感器的原理、结构及种类 ············· 177

9.2 光的传输原理 ································· 178

9.3 光导纤维传感器的类型 ····················· 180

9.4 功能型光纤传感器 ························· 182

9.5 非功能型光纤传感器 ······················· 185

9.6 光纤传感器的应用 ························· 187

任务实施 ··· 190

任务小结 ··· 192

任务自测 ··· 193

任务10 数字式传感器 ··································· 194

任务导航 ··· 194

任务目标 ··· 194

相关知识 ··· 195

10.1 光栅数字式传感器 ······················· 195

10.2 磁栅数字式传感器 ······················· 206

10.3 感应同步器 ······························· 212

10.4 编码器 ··································· 216

10.5 智能传感器 ······························· 220

任务实施 ··· 224

任务小结 ··· 226

任务自测 ··· 226

附 录 ··· 227

参考文献 ··· 229

任务 1　认知传感器与检测技术装置

任务导航

在信息社会的一切活动领域中,检测是科学地认识各种现象的基础性方法和手段。现代化的检测手段在很大程度上决定了生产、科学技术的发展水平,而科学技术的发展又为检测技术提供了新的理论基础和制造工艺,同时对检测技术提出了更高的要求。检测技术是所有科学技术的基础,是自动化技术的支柱之一。

传感器与检测技术是一门以研究检测系统中信息提取、转换及处理的理论和技术为主要内容的应用技术学科,本任务是传感器与检测技术的理论基础。

任务目标

1. 知识目标

(1)知道传感器的定义;

(2)了解传感器的基本组成部分及其分类;

(3)掌握传感器的基本特征参数;

(4)掌握弹性敏感元件;

(5)了解传感器与检测技术实验装置的组成。

2. 能力目标

(1)能识别实验台配置的相关传感器;

(2)会应用传感器实验系统软件;

(3)能说出实验台各模块的作用及面板功能;

(4)会计算传感器的非线性误差及灵敏度;

(5)完成实验报告。

3. 素质目标

(1)培养学生的诚信意识和创新意识;

(2)培养学生科学严谨的工匠精神和法治观念;

(3)知道岗位操作规程,具有安全操作意识。

相关知识

1.1 测量的基本概念

为了获得精确可靠的数据,选择合理的测量方法非常重要。测量方法多种多样,从不同的角度有不同的分类方法。

1.1.1 电测法和非电测法

在现代测量中,人们广泛采用电测法测量非电量。电测法是指在检测回路中含有测量信息的电信号转换环节,可以将被测的非电量转换为电信号输出。例如,电容式传感器中的交流电桥,将被测参数所引起的电容变化量转换为电压信号输出。电测法可以获得很高的灵敏度和精确度,输出信号可实现远距离传输,便于实现测量过程的自动化、数字化和智能化。显然,除电测法以外的测量方法都属于非电测法,如丈量土地、用体温计测体温、用弹簧管压力表测压等。

1.1.2 直接测量和间接测量

直接测量就是用预先标定好的测量仪表直接读取被测量的测量结果。例如,用万用表测量电压、电流、电阻等,简单而迅速。间接测量需利用被测量与某中间量的函数关系,先测出中间量,再通过相应的函数关系计算出被测量的数值,过程较为复杂。例如,用伏安法测量电阻值,以及通过测量导线电阻、直径及长度求电阻率等,都属于间接测量。

1.1.3 静态测量和动态测量

根据被测量是否随时间变化,可分为静态测量和动态测量。静态测量是测量那些不随时间变化或变化很缓慢的物理量;动态测量则是测量那些随时间而变化的物理量。例如,用光导纤维陀螺仪测量火箭的飞行速度和方向就属于动态测量,而超市中物品的称重则属于静态测量。应当注意的是,静态与动态是相对的,可以把静态测量看作动态测量的一种特殊方式。

1.1.4 接触式测量和非接触式测量

根据测量时是否与被测对象相互接触而划分为接触式测量和非接触式测量。例如,利用辐射式温度传感器进行温度的测量就属于非接触式测量。这种方法不会影响被测对象的运行工况,检测速度快。

1.1.5 模拟式测量和数字式测量

根据测量结果的显示方式,可分为模拟式测量和数字式测量。模拟式测量是指测量结果可根据仪表指针在标尺上的定位进行连续读取的方法;数字式测量是指测量结果以数字的形式直接给出的方法。一般要求精密测量时多采用数字式测量。

此外,测量结果还可以用计算机屏幕画面的方式显示。例如,连续变化的曲线、数据表格、工艺流程图及各种动态数据等,可通过屏幕画面提供信息,实现对整个生产过程的监视与控制。

在选择测量方法时,应综合考虑被测量本身的特点,如所要求的精确度、灵敏度,以及测量的环境要求,力求测量科学、简单可靠。

1.2 测量误差及其分类

1.2.1 测量误差及其表示方法

在一定条件下被测物理量客观存在的实际值称为真值。真值是一个理想的概念。在实际测量时,由于实验方法和实验设备的不完善、周围环境的影响以及人们辨识能力所限等因素,测量值与其真值之间不可避免地存在着差异。测量值与真值之间的差值称为测量误差。测量误差可用绝对误差表示,也可用相对误差表示。

1)绝对误差

绝对误差 Δx 是指测量值 x 与真值 L_0 之间的差值,即

$$\Delta x = x - L_0 \tag{1.1}$$

由于真值 L_0 的不可知性,在实际应用时,常用实际真值 L 代替,即用多次测量的平均值或上一级标准仪器测得的示值作为实际真值 L,故有

$$\Delta x = x - L \tag{1.2}$$

绝对误差是一个有符号、大小、量纲的物理量,它只表示测量值与真值之间的偏离程度和方向,而不能说明测量水平的高低。

在实际测量中,还经常用到修正值 c。所谓"修正值"是指与绝对误差数值相等但符号相反的数值,即 $c = -\Delta x = L - x$。修正值给出的方式可能是具体的数值、一条曲线、公式或数表,将测量值与修正值相加就可以得到实际真值。

2)相对误差

相对误差常用百分比的形式来表示,一般多取正值。相对误差可分为实际相对误差、示值(标称)相对误差和最大引用(相对)误差等。

(1)实际相对误差 γ

用测量值的绝对误差 Δx 与其实际真值 L 的百分比来表示的相对误差,即

$$\gamma = \frac{\Delta x}{L} \times 100\% \tag{1.3}$$

(2)示值(标称)相对误差 γ_x

用测量值的绝对误差 Δx 与测量值 x 的百分比来表示的相对误差,即

$$\gamma_x = \frac{\Delta x}{x} \times 100\% \tag{1.4}$$

在检测技术中,由于相对误差能够反映出测量技术水平的高低,因此更具有实用性。例

如,测量两地距离为 1 000 km 的路程时,若测量结果为 1 001 km,则测量结果的绝对误差是 1 km,示值相对误差为 1‰;如果把 100 m 长的一匹布量成 101 m,尽管绝对误差只有 1 m,与前者 1 km 相比较小很多,但 1% 的示值相对误差却比前者 1‰ 大得多,这说明后者测量水平较低。

(3)引用(相对)误差

指测量值的绝对误差 Δx 与仪器的量程 A_m 的百分比。引用误差的最大值叫作最大引用(相对)误差 γ_m,即

$$\gamma_m = \frac{|\Delta x|_m}{A_m} \times 100\% \tag{1.5}$$

由于式(1.5)中的分子、分母都由仪表本身所决定,所以在测量仪表中,人们经常使用最大引用误差评价仪表的性能。最大引用误差又称为满度(引用)相对误差,是仪表基本误差的主要形式,故也常称为仪表的基本误差,它是仪表的主要质量指标。基本误差去掉百分号(%)后的数值定义为仪表的精度等级。精度等级规定取一系列标准值,通常用阿拉伯数字标在仪表的刻度盘上,等级数字外有一圆圈。我国目前规定的精度等级有 0.005、0.01、0.02、0.04、0.05、0.1、0.2、0.5、1.0、1.5、2.5、4.0、5.0 等级别。精度等级数值越小,测量的精确度越高,仪表的价格越贵。

由于仪表都有一定的精度等级,因此其刻度盘的分格值不应小于仪表的允许误差(绝对误差)值,小于允许误差的分度是没有意义的。

在正常工作条件下使用时,工业上常用的各等级仪表的基本误差不超过表 1.1 所规定的值。

表 1.1　仪表的精度等级和基本误差

精度等级	0.1	0.2	0.5	1.0	1.5	2.5	4.0	5.0
基本误差	±0.1%	±0.2%	±0.5%	±1.0%	±1.5%	±2.5%	±4.0%	±5.0%

【例 1.1】　某温度计的量程为 0～500 ℃,校验时该表的最大绝对误差为 6 ℃,试确定该仪表的精度等级。

解　根据题意知 $|\Delta x|_m = 6$ ℃,$A_m = 500$ ℃,代入式(1.5)得

$$\gamma_m = \frac{|\Delta x|_m}{A_m} \times 100\% = \frac{6}{500} \times 100\% = 1.2\%$$

从表 1.1 可知,该温度计的基本误差为 1.0%～1.5%,因此该表的精度等级应定为 1.5 级。

【例 1.2】　现有精度等级为 0.5 级、量程 0～300 ℃ 和精度等级为 1.0 级、量程为 0～100 ℃ 的两个温度计,欲测量 80 ℃ 的温度,选用哪一个温度计好? 为什么?

解　0.5 级温度计测量时可能出现的最大绝对误差、测量 80 ℃ 可能出现的最大示值相对误差分别为

$$|\Delta x|_{m1} = \gamma_{m1} \cdot A_{m1} = 0.5\% \times (300 - 0) = 1.5$$

$$\gamma_{x1} = \frac{|\Delta x|_{m1}}{x} \times 100\% = \frac{1.5}{80} \times 100\% = 1.875\%$$

1.0 级温度计测量时可能出现的最大绝对误差、测量 80 ℃时可能出现的最大示值相对误差分别为

$$|\Delta x|_{m2} = \gamma_{m2} \cdot A_{m2} = 1.0\% \times (100 - 0) = 1$$

$$\gamma_{x2} = \frac{|\Delta x|_{m2}}{x} \times 100\% = \frac{1}{80} \times 100\% = 1.25\%$$

计算结果 $\gamma_{x1} > \gamma_{x2}$，显然用 1.0 级温度计比用 0.5 级温度计测量更好。

因此在选用仪表时，不能单纯追求高精度，而是应兼顾精度等级和量程，最好使测量值落在仪表满度值的 2/3 以上区域。

1.2.2　测量误差的分类

在测量过程中，被测量千差万别，影响测量工作的因素非常多，使得测量误差的表现形式也多种多样，因此测量误差有不同的分类方法。

1）按误差表现的规律划分

（1）系统误差

对同一被测量进行多次重复测量时，若误差固定不变或者按照一定规律变化，这种误差称为系统误差。

系统误差主要是由测量系统本身不完备或者环境条件的变迁造成的，如所使用仪器仪表的误差、测量方法的不完善、各种环境因素的波动，以及测量者个体差异等原因。

系统误差反映了测量值偏离真值的程度，可用"正确度"一词表征。

系统误差是有规律的。按其表现特点可分为固定不变的恒值系差和遵循一定规律变化的变值系差。系统误差一般可通过实验或分析的方法，查明其变化的规律及产生的原因，因此它是可以预测的，也是可以消除的。

（2）随机误差

对同一被测量进行多次重复测量时，若误差的大小随机变化、不可预知，这种误差称为随机误差。

随机误差是由很多复杂因素的微小变化引起的，尽管这些不可控微小因素中的一项对测量值的影响甚微，但这些因素的综合作用造成了各次测量值的差异。

随机误差反映了测量结果的"精密度"，即各个测量值之间相互接近的程度。

随机误差的某个单值是没有规律、不可预料的，但从多次测量的总体上看，随机误差又服从一定的统计规律。大多数服从正态分布规律，即

$$f(\Delta x) = \frac{1}{\sigma\sqrt{2\pi}} e^{\frac{-(\Delta x)^2}{2\sigma^2}} \tag{1.6}$$

式中　Δx——测量值的绝对误差，$\Delta x = x - L$；

　　　σ——分布函数的标准误差。

图 1.1 所示为相应的正态分布曲线。因此可以用概率论和数理统计的方法，从理论上估

计其对测量结果的影响。

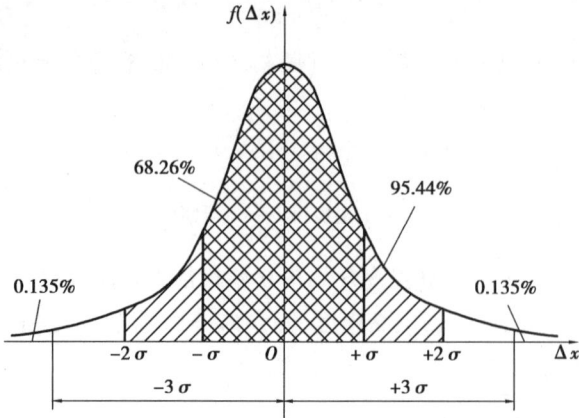

图 1.1　随机误差的正态分布曲线

测量结果符合正态分布曲线的例子非常多,如某校男生身高的分布、交流电源电压的波动等。由式(1.6)和图 1.1 不难看出,具有正态分布的随机误差具有以下 4 个特征:

①对称性:绝对值相等的正、负误差出现的概率大致相等。

②单峰性:绝对值越小的误差在测量中出现的概率越大。

③有界性:在一定的测量条件下,随机误差的绝对值不会超过一定的界限。

④抵偿性:在相同的测量条件下,当测量次数增加时,随机误差的算术平均值趋向于零。

在任何一次测量中,系统误差和随机误差一般都是同时存在的,而且两者之间并不存在绝对的界限。

(3)粗大误差

测量结果明显地偏离其实际值所对应的误差,称为粗大误差或疏忽误差,又叫过失误差。含有粗大误差的测量值称为坏值。

产生粗大误差的原因有操作者的失误、使用有缺陷的仪器、实验条件的突变等。

正确的测量结果中不应包含粗大误差。实际测量时必须根据一定的准则判断测量结果中是否包含有坏值,并在数据记录中将所有的坏值都予以剔除。同时还可采取提高操作人员的工作责任心,以及对测量仪器进行经常性检查、维护、校验和修理等方法,减少或消除粗大误差。

(4)缓变误差

数值随时间而缓慢变化的误差称为缓变误差。

缓变误差产生的原因主要是测量仪表零件的老化、失效、变形等。这种误差在短时间内不易察觉,但在较长的时间后会显露出来。

通常可以采用定期校验的方法及时修正缓变误差。

2)按被测量与时间关系划分

(1)静态误差

被测量稳定不变时所产生的测量误差称为静态误差。

（2）动态误差

被测量随时间迅速变化时,系统的输出量在时间上却跟不上输入量的变化,这时所产生的误差称为动态误差。例如,用水银温度计插入 100 ℃ 沸水中,水银柱不可能立即上升到 100 ℃,此时读数必然产生动态误差。

此外,按测量仪表的使用条件分类,可将误差分为基本误差和附加误差;按测量技能和手段分类,误差又可分为工具误差和方法误差。

1.3　传感器及其基本特性

现代信息技术包括计算机技术、通信技术和传感器技术等。计算机相当于人的大脑,通信相当于人的神经,而传感器则相当于人的感觉器官。如果没有各种精确可靠的传感器去检测原始数据并提供真实的信息,即使是性能非常优越的计算机,也无法发挥其应有的作用。

1.3.1　传感器的定义

从广义上讲,传感器就是能够感觉外界信息,并能按一定规律将这些信息转换成可用的输出信号的器件或装置。这一概念包含了以下 3 个方面的含义:

①传感器是一种能够完成提取外界信息任务的装置。

②传感器的输入量通常指非电量,如物理量、化学量、生物量等;而输出量是便于传输、转换、处理、显示等的物理量,主要是电量信号。例如,电容式传感器的输入量可以是压力、位移、速度等非电量信号;输出量则是电压信号。

③传感器的输出量与输入量之间精确地保持一定规律。

1.3.2　传感器的组成

传感器一般由敏感元件、转换元件和转换电路 3 个部分组成,如图 1.2 所示。

被测量（非电量）→ 敏感元件 →（非电量）→ 转换元件 →（电参量）→ 转换电路 →（电量）输出量

图 1.2　传感器组成框图

1）敏感元件

敏感元件是传感器中能直接感受被测量的部分,即直接感受被测量,并输出与被测量成确定关系的某一物理量。例如,弹性敏感元件将压力转换为位移,且压力与位移之间保持一定的函数关系。

2）转换元件

转换元件是传感器中将敏感元件输出量转换为适于传输和测量的电信号部分。例如,应变式压力传感器中的电阻应变片将应变转换成电阻的变化。

3）转换电路

转换电路将电量参数转换成便于测量的电压、电流、频率等电量信号。例如,交、直流电桥,放大器,振荡器,电荷放大器等。

应该注意的是,并不是所有的传感器必须同时包括敏感元件和转换元件。如果敏感元件直接输出的是电量,它就同时兼为转换元件,如热电偶;如果转换元件能直接感受被测量,而输出与之成一定关系的电量,此时的传感器就没有敏感元件,如压电元件。

1.3.3 传感器的分类

传感器千差万别,种类繁多,分类方法也不尽相同,常用的分类方法有以下 4 种类型。

1)按被测物理量分类

传感器按被测物理量可分为温度、压力、流量、物位、位移、加速度、磁场、光通量传感器等类型。这种分类方法明确表明了传感器的用途,便于使用者选用,如压力传感器用于测量压力信号。

2)按工作原理分类

传感器按工作原理可分为电阻式传感器、热敏传感器、光敏传感器、电容式传感器、电感式传感器、磁电式传感器等,这种方法表明了传感器的工作原理,有利于传感器的设计和应用。例如,电容传感器就是将被测量转换成电容值的变化。表 1.2 列出了这种分类方法中各种类型传感器的名称及典型应用。

3)按转换能量供给形式分类

传感器按转换能量供给形式可分为能量变换型(发电型)和能量控制型(参量型)两种。

能量变换型传感器在进行信号转换时不需要另外提供能量,就可将输入信号能量变换为另一种形式的能量输出,如热电偶传感器、压电式传感器等。

能量控制型传感器工作时必须有外加电源,如电阻、电感、电容、霍尔式传感器等。

4)按工作机理分类

传感器按工作机理可分为结构型传感器和物性型传感器两种。

结构型传感器是指被测量变化时引起了传感器结构发生改变,从而引起输出电量变化。例如,电容式压力传感器就属于这种传感器,外加压力变化时,电容极板发生位移,结构改变引起电容值变化,输出电压也发生变化。

物性型传感器是利用物质的物理或化学特性随被测参数变化的原理构成,一般没有可动结构部分,易小型化,如各种半导体传感器。

习惯上常把工作原理和用途结合起来命名传感器,如电容式压力传感器、电感式位移传感器等,见表1.2。

1.3.4 传感器的基本特性

传感器的基本特性是指传感器的输出与输入之间的关系。由于传感器测量的参数一般有两种形式:一种是不随时间的变化而变化(或变化极其缓慢)的静态特性;另一种是随时间的变化而变化的动态特性。传感器动态特性的研究方法与控制理论中介绍的相似,故不再赘述,下面仅介绍静态特性的一些指标。

表 1.2　传感器分类表

传感器分类		转换原理	传感器名称	典型应用
转换形式	中间参量			
电参数	电阻	移动电位器触点改变电阻	电位器式传感器	位移
		改变电阻丝或片的尺寸	电阻丝应变传感器、半导体应变传感器	微应变、力、负荷
		利用电阻的温度效应（电阻温度系数）	热丝传感器	气流速度、液体流量
			电阻温度传感器	温度、辐射热
			热敏电阻传感器	温度
		利用电阻的光敏效应	光敏电阻传感器	光强
		利用电阻的湿度效应	湿敏电阻传感器	湿度
	电容	改变电容的几何尺寸	电容式传感器	压力、负荷、位移
		改变电容的介电常数		液位、厚度、含水量
电参数	电感	改变磁路几何尺寸、导磁体位置	电感式传感器	位移
		涡流去磁效应	涡流式传感器	位移、厚度、硬度
		利用压磁效应	压磁式传感器	压力
		改变互感	差动变压器	位移
			自整角机	位移
			旋转变压器	位移
	频率	改变谐振回路中的固有参数	振弦式传感器	压力
			振筒式传感器	气压
			石英谐振传感器	力、温度等
	计数	利用莫尔条纹	光栅式传感器	大角位移、大直线位移
		改变互感	感应同步器	
		利用数字编码	角度编码器	
	数字	利用数字编码	角度编码器	大角位移
电量	电动势	温差电动势	热电偶传感器	温度、热流
		霍尔效应	霍尔式传感器	磁通、电流
		电磁感应	磁电式传感器	速度、加速度
		光电效应	光电池传感器	光强
	电荷	辐射电离	电离室	离子计数、放射性强度
		压电效应	压电式传感器	动态力、加速度

传感器的静态特性是指传感器输入信号处于稳定状态时,其输出与输入之间呈现的关系。表示为

$$y = a_0 + a_1 x + a_2 x^2 + \cdots + a_n x^n \tag{1.7}$$

式中　y——传感器输出量;

　　　x——传感器输入量;

　　　a_0——传感器的零位输出;

　　　a_1——传感器的灵敏度;

　　　$a_2, a_3, \cdots, a_n$——非线性项系数。

衡量静态特性的主要指标有精确度、稳定性、灵敏度、线性度、迟滞和可靠性等。

1)精确度

精确度是反映测量系统中系统误差和随机误差的综合评定指标。与精确度有关的指标有精密度、准确度和精确度。

(1)精密度

精密度说明测量系统指示值的分散程度。精密度反映了随机误差的大小,精密度高则随机误差小。

(2)准确度

准确度说明测量系统的输出值偏离真值的程度。准确度是系统误差大小的标志,准确度高则系统误差小。

(3)精确度

精确度是准确度与精密度两者的总和,常用仪表的基本误差表示。精确度高表示精密度和准确度都高。

如图1.3所示的射击例子有助于对准确度、精密度及精确度3个概念的理解。图1.3(a)表示准确度高而精密度低;图1.3(b)表示精密度高而准确度低;图1.3(c)表示准确度和精密度都高,即它的精确度高。

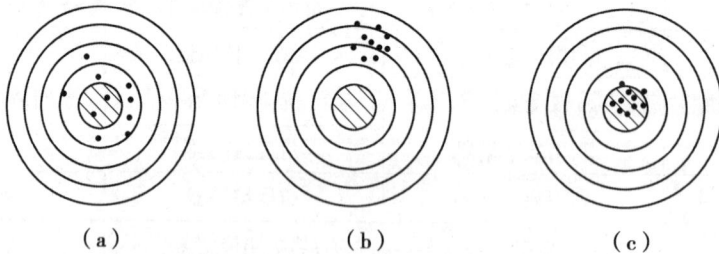

（a）　　　　　　　（b）　　　　　　　（c）

图1.3　射击例子

2)稳定性

传感器的稳定性常用稳定度和影响系数表示。

(1)稳定度

稳定度是指在规定工作条件范围和规定时间内,传感器性能保持不变的能力。传感器在工作时,内部随机变动的因素有很多。例如,发生周期性变动,漂移或机械部分的摩擦等都会

引起输出值的变化。

稳定度一般用重复性的数值和观测时间的长短表示。例如，某传感器输出电压值每小时变化 1.5 mV，可写成稳定度为 1.5 mV/h。

（2）影响系数

影响系数是指由外界环境变化引起传感器输出值变化的量。一般传感器都有给定的标准工作条件，如环境温度 20 ℃、相对湿度 60%、大气压力 101.33 kPa、电源电压 220 V 等。而实际工作时的条件通常会偏离标准工作条件，这时传感器的输出也会发生变化。

影响系数常用输出值的变化量与影响量的变化量的比值表示，如某压力表的温度影响系数为 200 Pa/℃，即表示环境温度每变化 1 ℃，压力表的示值变化 200 Pa。

3）灵敏度

灵敏度 S 是指传感器在稳态下输出变化量 Δy 与输入变化量 Δx 的比值，即

$$S = \frac{\mathrm{d}y}{\mathrm{d}x} \approx \frac{\Delta y}{\Delta x} \tag{1.8}$$

显然灵敏度表示静态特性曲线上相应点的斜率。对于线性传感器，灵敏度为一个常数；对于非线性传感器，灵敏度则为一个变量，随着输入量的变化而变化，如图 1.4 所示。

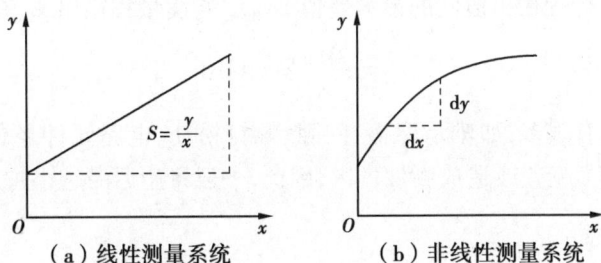

（a）线性测量系统　　　　（b）非线性测量系统

图 1.4　灵敏度的定义

灵敏度的量纲取决于传感器输入、输出信号的量纲。例如，压力传感器灵敏度的量纲可表示为 mV/Pa。对于数字式仪表，灵敏度以分辨力表示。所谓分辨力是指数字式仪表最后一位数字所代表的值。一般地，分辨力数值小于仪表的最大绝对误差。

在实际中，一般希望传感器的灵敏度高，且在满量程范围内保持恒定值，即传感器的静态特性曲线为直线。

4）线性度

线性度 γ_L，又称非线性误差，是指传感器实际特性曲线与其理论拟合直线之间的最大偏差 Δy_{Lmax} 与传感器满量程输出 y_{FS} 的百分比，即

$$\gamma_L = \frac{\Delta y_{Lmax}}{y_{FS}} \times 100\% \tag{1.9}$$

理论拟合直线选取方法不同，线性度的数值也就不同。如图 1.5 所示为传感器线性度示意图，图中的拟合直线是一条将传感器的零点与对应于最大输入量的最大输出值点（满量程点）连接起来的直线，这条直线称为端基直线，由此得到的线性度称为端基线性度。

实际上,人们总是希望线性度越小越好,即传感器的静态特性接近于拟合直线,这时传感器的刻度是均匀的,读数方便且不易引起误差,容易标定。检测系统的非线性误差多采用计算机来纠正。

5)迟滞

迟滞是指传感器在正(输入量增大)、反(输入量减小)行程中输出曲线不重合的现象,如图1.6所示。

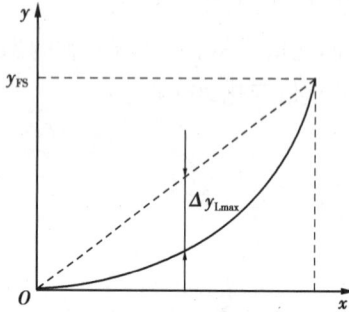

图1.5　传感器线性度示意图　　　　图1.6　传感器迟滞示意图

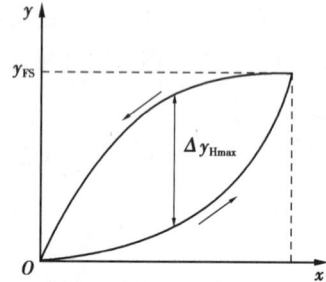

迟滞 γ_H 用正、反行程输出值间的最大差值 Δy_{Hmax} 与满量程输出 y_{FS} 的百分比表示,即

$$\gamma_H = \pm \frac{\Delta y_{Hmax}}{y_{FS}} \times 100\% \tag{1.10}$$

造成迟滞的原因有很多,如轴承摩擦、间隙、螺钉松动、电路元件老化、工作点漂移、积尘等。迟滞会引起分辨力变差或造成测量盲区,因此,一般希望迟滞越小越好。

6)可靠性

可靠性是指传感器或检测系统在规定的工作条件和规定的时间内,具有正常工作性能的能力。它是一种综合性的质量指标,包括可靠度、平均无故障工作时间、平均修复时间和失效率。

(1)可靠度

传感器在规定的使用条件和工作周期内,达到所规定性能的概率。

(2)平均无故障工作时间(MTBF)

MTBF是指相邻两次故障期间传感器正常工作时间的平均值。

(3)平均修复时间(MTTR)

MTTR是指排除故障所花费时间的平均值。

(4)失效率

失效率是指在规定的条件下工作到某个时刻,检测系统在连续单位时间内发生失效的概率。对可修复性的产品,又称故障率。

失效率是时间的函数,如图1.7所示。一般分为3个阶段:早期失效期、偶然失效期及衰老失效期。

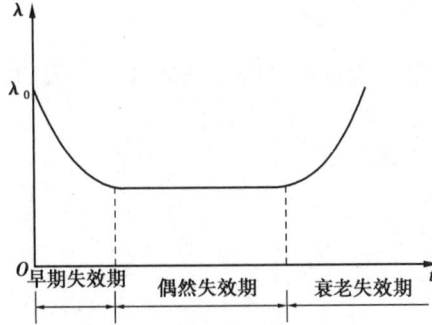

图 1.7　失效率变化曲线

1.4　传感器的敏感元件

物体在外力作用下改变原来尺寸或形状的现象称为变形。若外力去掉后物体又能完全恢复其原来的尺寸和形状,这种变形称为弹性变形。具有弹性变形特性的物体称为弹性元件。

弹性元件在传感器技术中占有极其重要的地位。它首先把力、力矩转换成相应的应变或位移,然后配合各种形式的传感元件,将被测力、力矩变换成电量。

根据弹性元件在传感器中的作用,可分为两种类型,即弹性敏感元件和弹性支承。前者感受力、力矩等被测参数,并通过它将被测量变换为应变、位移等,也就是通过它把被测参数由一种物理状态转换为另一种所需要的相应物理状态。它直接起到测量的作用,故称为弹性敏感元件。

1.4.1　弹性敏感材料的弹性特性

作用在弹性敏感元件上的外力与由该外力所引起的相应变形(应变、位移或转角)之间的关系称为弹性元件的弹性特性。弹性特性可由刚度或灵敏度来表示。

1)刚度

刚度是弹性敏感元件在外力作用下抵抗变形的能力,其数学表达式为

$$k = \lim_{\Delta x \to 0} \frac{\Delta F}{\Delta x} = \frac{\mathrm{d}F}{\mathrm{d}x} \tag{1.11}$$

式中　F——作用在弹性元件上的外力;

　　　x——弹性元件产生的应变。

若刚度 k 是常数,则元件的弹性特性是线性的,否则是非线性的,如图 1.8 所示。

2)灵敏度

灵敏度是刚度的倒数,可表示为

$$K = \frac{\mathrm{d}x}{\mathrm{d}F} \tag{1.12}$$

从式(1.12)可知,灵敏度就是单位力产生应变的大小。与刚度相似,如果元件弹性特性是线性的,则灵敏度为常数;若弹性特性是非线性的,则灵敏度为变数。

13

3)弹性滞后

弹性元件在弹性变形范围内,弹性特性的加载曲线与卸载曲线不重合的现象称为弹性滞后现象,如图1.9所示。

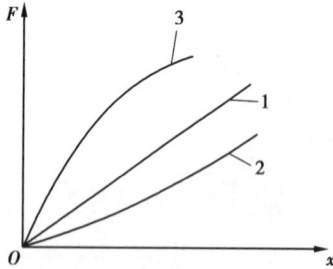

图1.8 弹性特性
1—线性;2,3—非线性

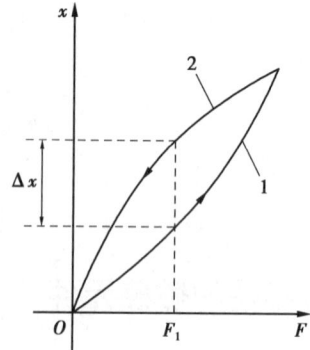

图1.9 弹性滞后现象
1—正向行程曲线;2—反方向行程曲线

4)弹性后效

弹性敏感元件所加载荷改变后,不是立即完成相应的变形,而是在一定时间间隔中逐渐完成变形的现象称为弹性后效现象。由于弹性后效存在,弹性敏感元件的变形不能迅速地随作用力的改变而改变,引起测量误差。

1.4.2 弹性敏感元件的材料及其基本要求

因为弹性敏感元件在传感器中直接参与转换和测量,所以对它有一定的要求。在任何情况下,它应保证有良好的弹性特性、足够的精度和稳定性,以及在长时间使用中和温度变化时都应保持稳定的特性。因此,对材料的基本要求如下:

①具有良好的机械特性(强度高、抗冲击、韧性好、疲劳强度高等)和良好的机械加工及热处理性能。

②良好的弹性特性(弹性极限高、弹性滞后和弹性后效小等)。

③弹性模量的温度系数小且稳定,材料的线膨胀系数小且稳定。

④抗氧化性和抗腐蚀性等化学性能良好。

1.4.3 弹性敏感元件的变换原理

下面介绍几种常用弹性敏感元件及其将力转换为所需物理量的原理。

1)弹性圆柱

柱式弹性元件具有结构简单的特点,可承受很大的载荷,根据截面形状可分为圆筒形与圆柱形两种,如图1.10所示。

在力的作用下,柱式弹性元件产生应变。在受到轴向拉或压的作用力 F 时,在与轴线成 $90°$ 的侧面上产生轴向应力和横向应力,其轴向应力的应变量为

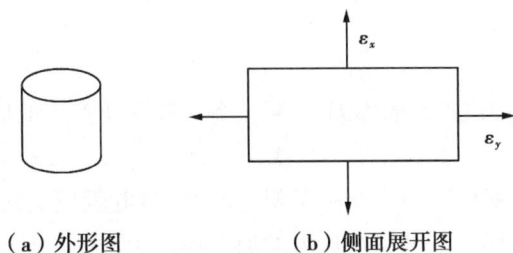

（a）外形图　　　　　（b）侧面展开图

图 1.10　弹性圆柱

$$\sigma_x = \frac{F}{S} \tag{1.13}$$

$$\varepsilon_x = \frac{F}{SE} \tag{1.14}$$

横向应力的应变量为

$$\sigma_y = -\mu \frac{F}{S} \tag{1.15}$$

$$\varepsilon_y = -\mu \frac{F}{SE} \tag{1.16}$$

式中　F——沿轴线方向的作用力；

　　　E——材料的弹性模量；

　　　μ——材料的泊松系数，一般为 0~0.5；

　　　S——圆柱的横截面积。

由上述式（1.13）、式（1.14）、式（1.15）和式（1.16）可知，圆柱的应变大小决定于圆柱的结构、横截面积、材料性质和圆柱所承受的力，而与圆柱的长度无关。

对于空心的圆柱弹性敏感元件，上述表达式都是适用的，而且空心的弹性元件在某些方面还要优于实心元件。但是空心圆柱的壁太薄时，受压力作用后将产生较明显的圆筒形变形而影响精度。

2）悬臂梁

悬臂梁可分为等截面梁和等强度梁，分别如图 1.11 和图 1.12 所示。悬臂梁是一端固定另一端自由的弹性敏感元件，它具有结构简单、加工方便的特点，在较小力的测量中应用较多。

（1）等截面梁

一端固定，另一端自由，且截面为矩形的梁称为等截面悬臂梁。等截面悬臂梁所受作用力 F 与某一位置处的应变关系可按下式计算

$$\varepsilon_x = \frac{6F(l-x)}{ESh} \tag{1.17}$$

式中　ε_x——距固定端 x 处的应变值；

　　　l——梁的长度；

　　　x——某一位置到固定端的距离；

　　　E——梁的材料的弹性模量；

S——梁的截面积；

h——梁的厚度。

由式(1.17)可知，随着位置 x 的不同，在梁上各个位置所产生的应变也是不同的。

（2）等强度梁

等截面梁的不同部位所产生的应变是不相等的，这对电阻应变式传感器中应变片粘贴的位置提出了较高的要求。而等强度梁在自由端加上作用力时，在梁上各处产生的应变大小相等。当作用力 F 加在梁的两斜边的交会点处时，等强度梁各点的应变值为

$$\varepsilon = \frac{6l}{Eb_0h^2} \times F \tag{1.18}$$

式中　　ε——梁各点的应变值；

l——梁的长度；

b_0——应变处梁的宽度；

E——梁的材料的弹性模量；

h——梁的厚度。

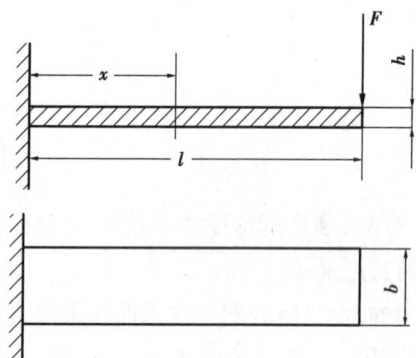

图 1.11　等截面悬臂梁

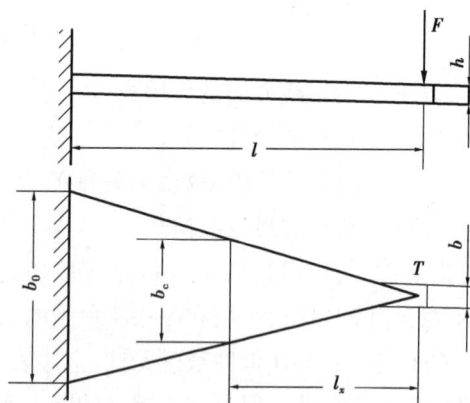

图 1.12　等强度悬臂梁

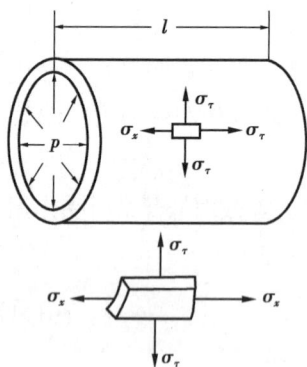

图 1.13　薄壁圆筒受力分析

3）薄壁圆筒

薄壁圆筒与弹簧管等弹性元件可将气体压力转换为应变。薄壁圆筒的壁厚一般都小于圆筒直径的 1/20，内腔与被测压力相同时，内壁均匀受压，薄壁无弯曲变形，只是均匀地向外扩张。因此，筒壁的每一单元将在轴线方向和圆周方向产生拉伸应力，如图 1.13 所示，其值为

$$\sigma_x = \frac{r_0}{2h}p \tag{1.19}$$

$$\sigma_\tau = \frac{r_0}{h}p \tag{1.20}$$

式中　　σ_x——轴向的拉伸应力；

σ_τ——圆周方向的拉伸应力；

p——筒内气体压强；

r_0——圆筒的内半径；

h——圆筒的壁厚。

轴向应力 σ_x 与周向应力 σ_τ 相互垂直,应用胡克定律,可求得这种弹性敏感元件压力-应变关系式为

$$\varepsilon_x = \frac{r_0}{2Eh}(1 - 2\mu)p \tag{1.21}$$

$$\varepsilon_\tau = \frac{r_0}{2Eh}(2 - \mu)p \tag{1.22}$$

由式(1.21)、式(1.22)可知,它的应变与圆筒的长度无关,而仅取决于圆筒的半径 r_0、厚度 h 和弹性模量 E,且轴线方向应变与圆周方向应变不相等。

4)弹簧管

弹簧管的截面形状为椭圆形、卵形或更复杂的形状。它主要在流体压力测量中作为压力敏感元件,将压力转换为弹簧管端部的位移。弹簧管大多是弯曲成 C 形的空心管子,管子的一端开口,作为固定端;另一端封死,作为自由端。C 形弹簧管的结构形状如图 1.14 所示。弹簧管的自由端连在管接头上,压力 p 通过管接头导入弹簧管的内腔,在管内压力作用下,管截面将趋于变成圆形,从而使 C 形弹簧管趋于伸直。于是,管的自由端移动。弹簧管自由端的位移便是管内压力的度量。为了减小应力,可将其制成螺旋形弹簧管,如图 1.15 所示。

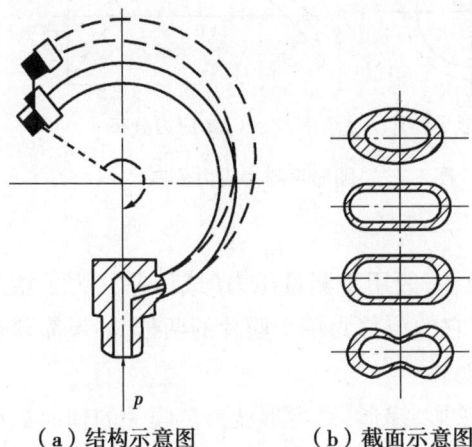

（a）结构示意图　　　（b）截面示意图

图 1.14　C 形弹簧管的结构与截面示意图

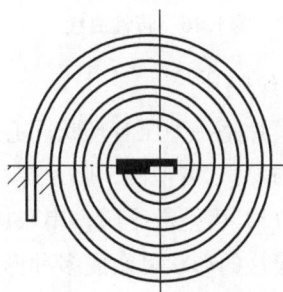

图 1.15　螺旋形弹簧管

对于椭圆形截面的薄壁弹簧管,管壁厚与短半轴之比应不超过 0.7 ~ 0.8 的范围。在一定范围内,其自由端位移 d 和所受压力 p 之间的关系呈线性特性,如图 1.16 所示。当压力超过某一压力值 p 时,特性曲线将偏离直线而上翘。

5)膜片

(1)圆形膜片

圆形膜片分平面膜片和波纹膜片两种,在相同压力情况下,波纹膜片可产生较大的挠度(位移)。

17

圆形平膜片在压力作用下,中心挠度(位移)最大,且当膜片中心的最大挠度远远小于膜片的厚度时,膜片的中心挠度正比于压力。当膜片中心的最大挠度大于或等于膜片的厚度时,圆形膜片中心的位移与压力间呈非线性关系;为了减小非线性,位移量应比膜片的厚度要小得多。

圆形平膜片在压力均匀分布的情况下,应力分布如图1.17所示,图中 σ_r, σ_t 分别为圆形平膜片各点对应的纵向应力和横向应力(切向应力)。

由图1.17(b)所示的膜片的应力分布曲线可得出以下结论:

①在圆膜的中心处,$r=0$,具有最大的正应力(拉应力),且 $\sigma_r = \sigma_t$。

②在圆膜的边缘处,$r=r_0$,纵向应力 σ_r 为最大的负应力(压应力)。

③当 $r=0.635r_0$ 时,纵向应力 $\sigma_r=0$。

④当 $r>0.635r_0$ 时,纵向应力 $\sigma_r<0$,为负应力(压应力)。

⑤当 $r=0.812r_0$ 时,横向应力 $\sigma_t=0$,但纵向应力 $\sigma_r<0$。

⑥当 $r<0.635r_0$ 时,纵向应力 $\sigma_r>0$,为正应力(拉应力)。

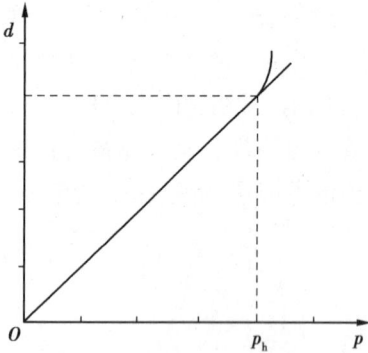

图1.16　特性曲线

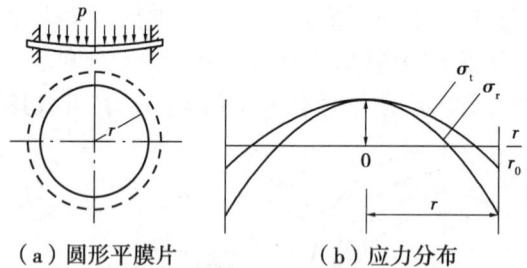

图1.17　圆形平膜片应力分布

(a)圆形平膜片　　　　(b)应力分布

(2)波纹膜片

波纹膜片是一种压有环状同心波纹的圆形薄板,一般用于测量压力(或压差),为了增加膜片中心的位移,可把两个膜片焊在一起制成膜盒,它的位移为单个膜片的两倍,如果需要得到更大的位移,可把数个膜盒串联成膜盒组。

波纹膜片的形状可做成多种形式,通常采用正弦形、梯形、锯齿形波形。膜片的轴向截面如图1.18所示,为了便于与其他零件相连接,在膜片中央留有一个光滑部分,有时还在中心焊上一块金属片,称为膜片的硬心。

在一定的压力作用下,正弦形波纹膜片给出最大的挠度;锯齿形波纹膜片给出最小的挠度,但它的特性比较接近于直线;梯形波纹膜片的特性介于上述二者之间。锯齿形波纹、梯形波纹以及正弦形波纹膜片与压力的关系,如图1.19所示。

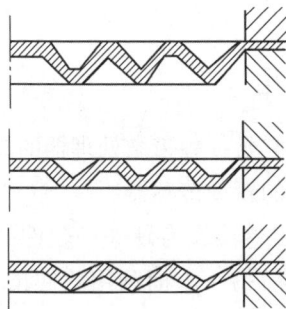

图 1.18　膜片的轴向截面

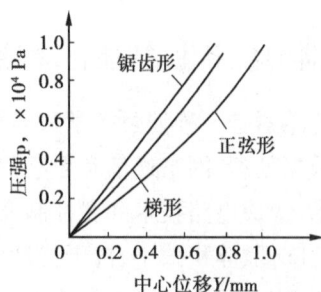

图 1.19　波纹形状与膜片特性的关系

6) 波纹管

波纹管是一种表面上有许多同心环状波形皱纹的薄壁圆管,如图 1.20 所示。在流体压力或轴向力的作用下,将伸长或缩短;在横向力作用下,波纹管将在平面内弯曲。金属波纹管的轴向容易变形,即灵敏度非常好,在变形量允许的情况下,压力或轴向力的变化与伸缩量是成比例的,因此利用它可把压力或轴向力转换为位移。

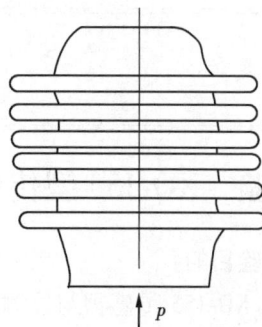

图 1.20　波纹管外形

1.4.4　传感器技术的发展趋势

从 20 世纪 80 年代起,日本就将传感器技术列为优先发展的高新技术之首,美国等西方国家也将其列为国家科技和国际技术发展的重点内容。我国从 20 世纪 80 年代以来在传感器技术方面取得了较大突破。

目前,传感器技术已从单一的物性型传感器进入功能更强大、技术高度集成的新型传感器阶段。新型传感器的开发和应用已成为现代传感器技术和系统的核心与关键。21 世纪传感器发展的总趋势是微型化、多功能化、数字化、智能化、系统化和网络化。

1.4.5　传感器的微型化

微型传感器是以微机电系统(Micro-Electro Mechanical Systems,MEMS)技术为基础的。MEMS 的核心技术是微电子机械加工技术,主要包括体硅微机械加工技术、表面硅微加工技术、LIGA 技术(即 X 光深层光刻、微电铸和微复制技术)、激光微加工技术和微型封装技术等。微型传感器具有体积小、质量轻、反应快、灵敏度高及成本低等特点。比较成熟的微型传感器有压力传感器、微加速度传感器、微机械陀螺等。

1.4.6　传感器的多功能化与集成化

由于传统的传感器只能用于检测一种物理量,但在许多应用领域中,为了能准确地反映客观事物和环境,通常需要同时测量大量参数。因此由若干种敏感元件组成的多功能传感器应运而生。将多种功能集成于一个传感器系统中,即在同一芯片上或将众多同一类型的单个传感器集成为一维、二维阵列型传感器,或集成一体化传感器。半导体、电介质材料的进一步开发和集成技术的不断发展为集成化提供了基础。

1.4.7 传感器的数字化、智能化、网络化与系统化

智能化的传感器是一种涉及多学科的新型传感器,它是一种带微处理器的具有自校准、自补偿、自诊断、数据处理、网络通信和数字信号输出功能的新型传感器。

嵌入式技术、集成电路技术和微控制器的引入,使传感器成为硬件和软件的结合体,一方面传感器的功耗降低、体积减小、抗干扰性和可靠性提高;另一方面利用软件技术实现了传感器的非线性补偿、零点漂移和温度补偿等;同时网络接口技术的应用使传感器能方便地接入工业控制网络,为系统地扩充和维护提供了极大的方便。

任务实施

实验 XO-155 型传感器与检测技术

[实验目的]

XO-155 传感器与检测技术实验装置是新推出为传感器及相关学科的教学实验而开发的适应不同类别、不同层次的专业教学实验设备。可完成"传感器原理与应用""自动检测技术""工业自动化 仪表与控制""非电量电测技术""工程检测技术及应用"等课程的教学实验。

[基本原理]

①实验用电设有熔丝短路保护,直流电源设置短路保护电路。实验连接线采用新型连接线,弹性接触,接触电阻小。

②传感器处理电路采用模块化设计,传感器部分采用独立安装方式,学校选购时可根据要求增减实验项目。实验项目还可根据新产品的开发不断拓展。

③传感器结构接近于工业检测传感器,有较高的精度,使实验内容更接近实际应用及便于用计算机做实验的特性分析及控制。

稳压电源精度高,纹波系数小。频率及转速显示采用高精度的频率计使在不同频率段保证一致的精度。直流电压表采用数字式高阻抗多量程仪表。

④从传感器、测量仪表、专用电源、温度源、气源、振动源、转动源、信号源、数据采集控制器到实验连接线等均配套齐全,其性能、精度及规格均密切结合实验的需要进行配套。

⑤主控屏功能分布采用分块式结构形式,布置合理,接线方便。面板示意,图线分明。转换电路模块正面印有传感器及电路原理图,传感器采用进口透明有机玻璃制作。

[需用器件与单元]

①输入电源:AC220 V±5% 50±1 Hz。

②额定电流:≤5 A。

③相对温度:−5 ~ 40 ℃;相对湿度:<75%(25 ℃)。

④外形尺寸:长×宽×高＝1 450 mm×700 mm×1 230 mm。

[实验步骤]

1）实验桌

实验桌桌面主材料采用三聚氰胺贴面板,台面材料采用贴面防火板,造型美观大方。桌面具有防火、绝缘、防水、防污、耐磨等功能,如图 1.21 所示。

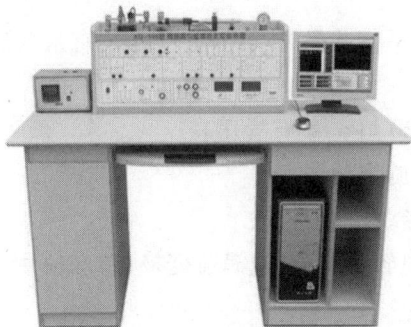

图 1.21　实验桌外形图

2）实验台

实验台由主控制屏部分、处理电路模块部分、传感器部分等构成,如图 1.22 所示。

传感器部分

上面安装传感器和振动源、转动源等机械部分下面面板为传感器的引出接插座(已从内部连接到传感器上)

处理电路部分

除电桥外内部都接上了正负15 V电源

主控制屏部分

总电源开关在最左边电脑RS232数据采集器在最右边

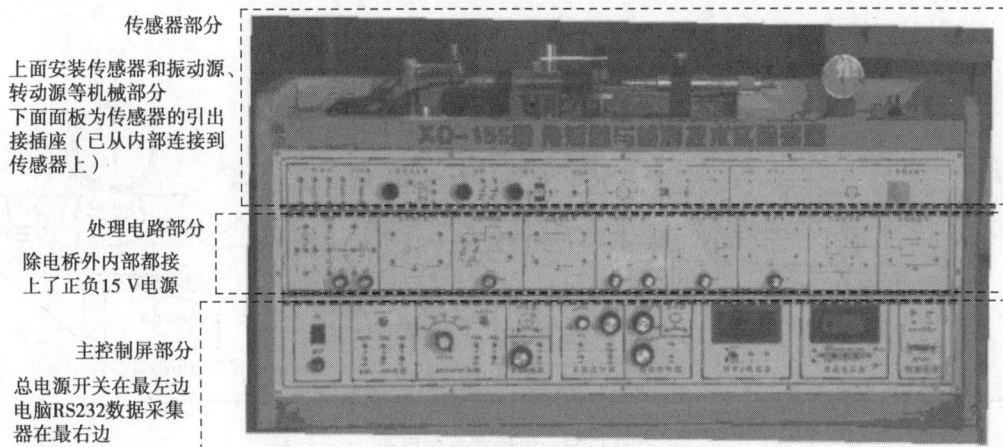

图 1.22　实验台外形图

（1）主控制屏（实验台底部）

控制屏实验用电设有熔丝短路保护,直流电源设置短路保护电路,还提供专用电源、温度源、气源、振动源、转动源、信号源、数据采集控制器,各种测试仪表等。其技术要求如下:

①多路稳压直流电源:提供高稳定,小纹波系数±15 V,+5V,(±2 ~ ±10)V 可调,2 ~ 24 V 可调 4 路直流稳压电源。具有过流保护及短路保护功能。

②信号源:可调音频信号源 0.2 ~ 10 kHz;可调低频信号源 1 ~ 30 Hz。

③转动源控制:控制转动源转速,2 ~ 24 V 输出,数字式电压显示。

④频率/转速表:可测量频率和转速。采用高精度的频率计。频率测量范围为 1 ~ 100 kHz,转速测量范围为 1 ~ 100 000 r/min。

21

⑤直流电压表:测量范围为 0~20 V,量程为 200 mV,2 V,20 V,四挡直键开关切换,具有内测与外测功能,输入阻抗大,精度高,三位半数显。

⑥温度源:加热器控制温度。

⑦转动源:转动盘速度 0~2 400 r/min(可调),与光纤、光电、涡流、磁电、霍尔传感器等配合进行测速实验。

⑧振动源:振动梁采用双平衡式悬臂梁结构,梁端装有永久磁钢,振动梁频率为 1~30 Hz(可调)。共振频率约 12 Hz。

⑨气源:手动气压源 0~20 kPa,装有气压表。

⑩传感器固定架:装有螺旋测微器。

(2)处理电路模块(实验台中部)

包括电桥、电荷放大器、电容变换器、电涡流变换、差动仪用放大器、电压放大器、移相器、相敏检波器、低通滤波器。

(3)传感器(实验台上部)

传感器(实验台上部)具体见表 1.3 的传感器器件技术指标。除部分传感器固定安装在台面上或面板上,大部分传感器独立配置,使用时才安装。

3)传感器器件及实验台机械部分

传感器器件及实验台机械部分布局图,如图 1.23 所示。

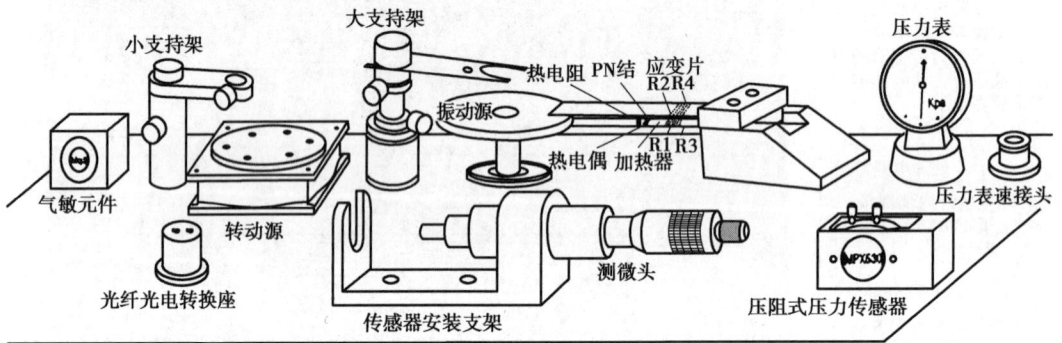

图 1.23　机械部分布局图

4)传感器器件技术指标(参考值)

传感器器件技术指标(参考值),见表 1.3。

表 1.3　传感器技术指标

序号	传感器名称	量　程	精度 B	备　注
1	电阻应变式传感器	0~500 g(200 g)	±0.5%	简易电子秤
2	差动变压器	±5 mm	±1%	
3	电容式传感器	±3 mm	±1%	
4	霍尔式位移传感器	±3 mm	±2%	
5	霍尔式转速传感器	0~2 400 r/min	±1%	

续表

序号	传感器名称	量　程	精度 B	备　注
6	磁电式传感器	0 ~ 2 400 r/min	±1%	
7	压电式传感器	1 ~ 30 Hz	±2%	
8	电涡流位移传感器	≥1 mm	±3%	
9	K 型热电偶	0 ~ 800 ℃	±3%	
10	E 型热电偶	0 ~ 800 ℃	±3%	
11	光电转速传感器	0 ~ 2 400 r/min	±1%	
12	光敏电阻	电阻随照度变化	±3%	
13	气敏传感器	$(50 ~ 2\,000) \times 10^{-6}$	±5%	对酒精敏感
14	湿敏传感器	10% ~ 95% RH	±5%	
15	PN 结温度传感器	0 ~ 200 ℃	±3%	
16	负温热敏电阻	0 ~ 200 ℃	±3%	
17	扩散硅压力传感器	0 ~ 50 kPa	±2%	差压
18	光纤位移传感器	0 ~ 3 mm	±2%	

[思考题]

简述 XO-155 传感器与检测技术实验装置由哪些部分组成以及各部分的功能。

任务小结

传感器是一种能够感觉外界信息并按一定规律将其转换成可用输出信号的器件或装置。一般由敏感元件、转换元件和转换电路 3 部分组成。有时还需加上辅助电源。

传感器的静态特性反映了输入信号处于稳定状态时的输出/输入关系。衡量静态特性的主要指标有精确度、稳定性、灵敏度、线性度、迟滞和可靠性等。

传感器的动态特性是指传感器对于随时间变化的输入信号的响应特性。时域分析主要讨论传感器在单位阶跃输入下的响应,主要从稳定性、准确性和快速性 3 个方面衡量;频域分析则是讨论传感器在正弦输入下的稳态响应,并着重从系统的幅频特性和相频特性来分析。

任务自测

1.什么是传感器? 传感器一般由哪几个部分组成? 传感器有哪些分类方法?

2.什么是传感器的静态特性? 传感器静态特性的技术指标及各自的定义是什么?

任务2 电阻式传感器

任务导航

电阻式传感器是一种能把非电量(如力、位移、扭矩等)转换成与之有对应关系的电阻值,再经过测量电桥把电阻值转换成便于传送和记录的电压(电流)信号的装置。电阻式传感器的种类很多,主要有电位器式,电阻应变式,压阻式,气敏、湿敏电阻式,热电阻传感器等类型。电阻应变式传感器和压阻式传感器采用弹性敏感元件作为传递信号的敏感元件,这些弹性敏感元件主要有弹性圆柱、悬臂梁、弹簧管、弹性膜片等。电位器式传感器主要用于非电量变化较大的测量场合;电阻应变式传感器主要用于测量变化量相对较小的场合;压阻式传感器因灵敏度高、动态响应好等特点被广泛使用。而热电阻传感器主要用于测温,将温度变化转变为电阻的变化。气敏和湿敏电阻传感器,同样是将相应的非电量转变为电阻的变化。

任务目标

1. 知识目标

(1)知道电位器式传感器、电阻应变式传感器、压阻式传感器、气敏电阻传感器、湿敏电阻传感器、热电阻传感器的工作原理及特点;

(2)理解电位器式传感器、电阻应变式传感器、压阻式传感器、气敏电阻传感器、湿敏电阻传感器、热电阻传感器的测量电路;

(3)了解电位器式传感器、电阻应变式传感器、压阻式传感器、气敏电阻传感器、湿敏电阻传感器、热电阻传感器的分类及应用。

2. 能力目标

(1)会正确操作传感器与检测技术综合实验台;

(2)会对实验数据进行分析;

(3)按操作规程进行操作,具有安全操作意识;

(4)会计算传感器的非线性误差及灵敏度;

(5)能正确按照电路要求对电阻式传感器模块等进行正确接线,并调试;

(6)完成实验报告。

3. 素质目标

(1)培养学生的质量意识和创新意识;

(2)培养学生科学严谨的工匠精神、科技报国精神;

(3)知道岗位操作规程,具有安全操作意识。

相关知识

2.1 电位器式传感器

由于电位器式传感器可以测量位移、压力、加速度、容量、高度等多种物理量,且具有结构简单、尺寸小、质量轻、价格便宜、精度高、性能稳定、输出信号大、受环境影响小等优点,因而在自动监测与自动控制中有着广泛的用途。但电位器式传感器的动触头与线绕电阻或电阻膜的摩擦存在磨损,因此,可靠性差,寿命较短,分辨力较低,动态性能不好,干扰(噪声)大,一般用于静态和缓变量的检测。

根据电位器的输出特性,电位器可分为线性电位器和非线性电位器两种。下面以线绕式电位器为例分析其特性。

2.1.1 线性电位器

线性电位器由绕于骨架上的电阻丝线圈和沿电位器滑动的滑臂,以及安装在滑臂上的电刷组成。线绕电位器传感元件有直线式、旋转式或两者相结合的形式。线性线绕电位器骨架的截面处处相等,由材料和截面均匀的电阻丝等节距绕制而成。直线位移电位器式传感器如图 2.1 所示。

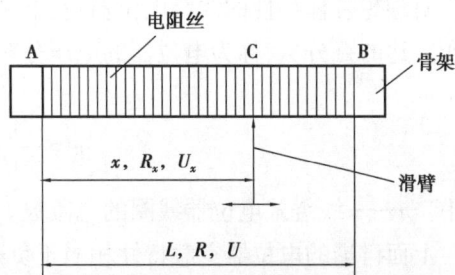

图 2.1　直线位移电位器式传感器示意图

假定全长为 L 的电位器其总电阻为 R,电阻沿长度的分布是均匀的,则当滑臂由 A 向 B 移动距离为 x 后至 C 点,则 A 点到电刷间的阻值为

$$R_x = \frac{x}{L}R \qquad (2.1)$$

若加在电位器 A,B 两端的电压为 U,则 A,C 间的输出电压为

$$U_x = \frac{x}{L}U \qquad (2.2)$$

如图 2.2 所示为电位器式角度传感器。同理,电阻与角度的关系为

$$R_\alpha = \frac{\alpha}{\theta}R \qquad (2.3)$$

输出电压与角度的关系为

$$U_\alpha = \frac{\alpha}{\theta}U \qquad (2.4)$$

电刷在电位器的线圈上移动时,线圈长度一匝一匝地变化,因此,电位器阻值不随电刷移动呈连续变化。电刷在与导线中某一匝接触的过程中,虽有微小的位移,但电阻值并无变化,因而输出电压也不改变,在输出特性曲线上对应地出现平直段;当电刷离开这一匝而与下一匝接触时,电阻突然增加一匝阻值,因此特性曲线相应出现阶跃段。这一特性称为线绕电位器的

理想阶梯特性,如图2.3所示。

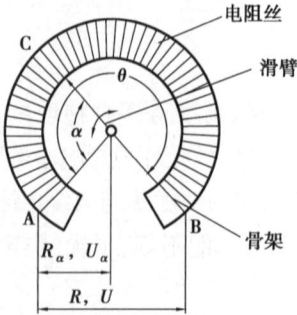

图2.2　电位器式角度传感器

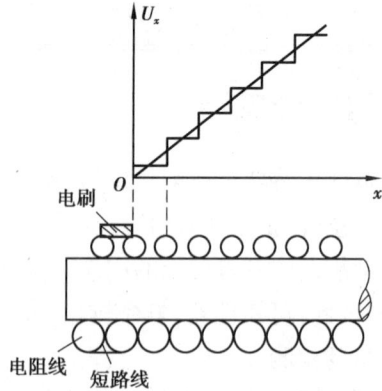

图2.3　线绕电位器的理想阶梯特性

对理想阶梯特性的线绕电位器,在电刷行程内,电位器输出电压阶梯的最大值与最大输出电压之比的百分数,称为电位器的电压分辨率,其公式为

$$e = \frac{\dfrac{U}{n}}{U} = \frac{1}{n} \times 100\%$$ （2.5）

式中　n——线绕式电位器线圈的总匝数。

上面讨论的电位器空载特性相当于负载开路或为无穷大时的情况。而一般情况下,电位器接有负载,如图2.4所示,接入负载时,由于负载电阻与电位器的比值为有限值,因此负载特性曲线与理想空载特性有一定的差异。负载特性偏离理想空载特性的偏差称为电位器的负载误差,对于线性电位器,负载误差即为其非线性误差。

线性电位器误差的大小可由下式计算:

$$\delta_f = \left[1 - \frac{1}{1 + mX(1 - X)}\right] \times 100\%$$ （2.6）

式中　$X = \dfrac{x}{L}$——电阻相对变化率;

$m = \dfrac{R}{R_f}$——电位器的负载系数。

线性电位器误差 δ_f 与 m,X 的曲线关系如图2.5所示。

由图2.5可知,无论 m 为何值,$X=0$ 和 $X=1$,即电刷分别在起始位置和最终位置时,负载误差都为0;当 $X=1/2$ 时负载误差最大,且增大负载系数时,负载误差也随之增加。

若要求负载误差在整个行程中都保持在3%以内,就必须要求在负载误差最大的 $X=1/2$ 时,其负载误差为

$$\delta_f = \left[1 - \frac{1}{1 + m \times \frac{1}{2}\left(1 - \frac{1}{2}\right)}\right] \times 100\% = \left(\frac{m}{4 + m}\right) \times 100\% < 3\%$$ （2.7）

由式(2.7)可知,$m = \dfrac{R}{R_f}$ 应小于0.12,即必须使 $R_f > 10R$。但有时负载满足不了这个条件,

一般可采取限制电位器工作区间的办法来减小误差,或将电位器的空载特性设计为某种上凸的曲线,即设计出非线性电位器,使其带负载时满足线性关系,以消除误差。

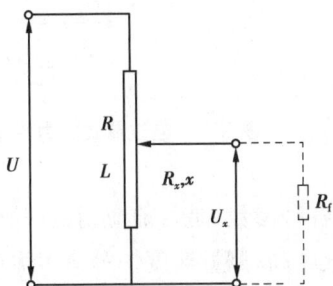

图 2.4 带负载的电位器电路

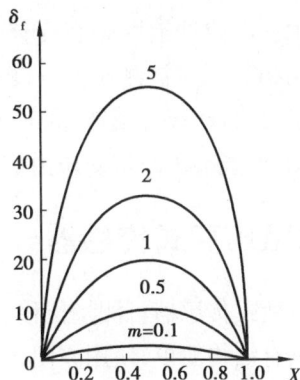

图 2.5 线性电位器误差 δ_f 与 m,X 的曲线关系

2.1.2 电位器式传感器应用

1)电位器式位移传感器

电位器式位移传感器常用于测量几毫米到几十米的位移和 $0° \sim 360°$ 的角度。

如图 2.6 所示的推杆式位移传感器可测量 $5 \sim 200$ mm 的位移。传感器由外壳、带齿条的推杆和齿轮系统组成。由 3 个齿轮组成的齿轮系统将被测位移转换成旋转运动,旋转运动通过爪牙离合器传送到线绕电位器的轴上,电位器轴上装有电刷,电刷因推杆位移而沿电位器绕组滑动,通过轴套和焊在轴套上的螺旋弹簧及电刷来输出电信号,弹簧还可保证传感器的所有活动系统复位。

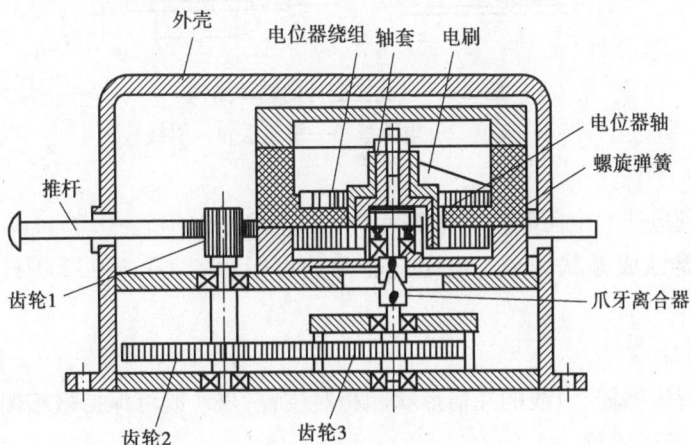

图 2.6 推杆式位移传感器

电位器式位移传感器的优点是结构简单,价格低廉,性能稳定,能承受恶劣环境条件,输出功率大,一般不需要对输出信号放大就可直接驱动伺服元件和显示仪表;其缺点是精度不高,动态响应差,不适合于测量快速变化的量。

2)电位器式压力传感器

电位器式压力传感器由弹簧管和电位器组成,如图 2.7 所示。电位器被固定在壳体上,电刷与弹簧管的传动机构相连。当被测压力 p 变化时,弹簧管的自由端产生位移,带动指针偏转,同时带动电刷在线绕电位器上滑动,就能输出与被测压力成正比的电压信号。

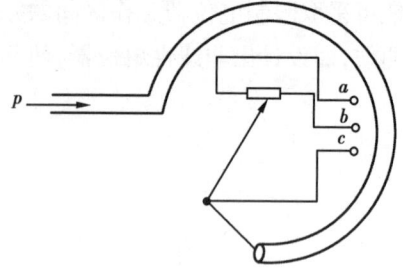

图 2.7 电位器式压力传感器

2.2 电阻应变式传感器

电阻应变式传感器可测量位移、加速度、力、力矩等各种参数,是目前应用最广泛的传感器之一。它具有结构简单,使用方便,性能稳定、可靠,灵敏度高,测量速度快等诸多优点,被广泛应用于航空、机械、电力、化工、建筑、医学等许多领域。

2.2.1 电阻应变片的种类与结构

电阻应变片(简称应变片或应变计)的种类繁多,形式各样,分类方法各异。主要的分类方法是根据敏感元件的不同,将应变计分为金属式和半导体式两大类。

1)丝式应变片

丝式应变片是将电阻丝绕制成敏感栅黏结在各种绝缘基底上而制成的,是一种常用的应变片,其基本结构如图 2.8 所示。它主要由以下 4 个部分组成。

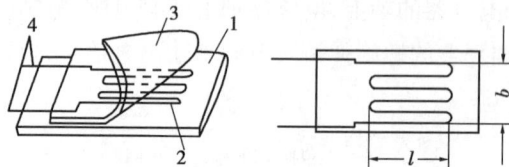

图 2.8 丝式应变片的基本结构
1—基底;2—电阻丝;3—覆盖层;4—引线

(1)敏感栅

敏感栅是实现应变与电阻转换的敏感元件,由直径为 0.015 ~ 0.05 mm 的金属细丝绕成栅状或用金属箔腐蚀成栅状制成。电阻应变片的电阻值有 60,120,200 Ω 等各种规格,以 120 Ω 最为常用。

(2)基底和盖片

基底用于保持敏感栅、引线的几何形状和相对位置;盖片既可保持敏感栅和引线的形状及相对位置,又可保护敏感栅。

(3)黏结剂

黏结剂用于将盖片和敏感栅固定于基底上,同时用于将应变片基底粘贴在试件表面某个方向和位置上,也起传递应变的作用。

（4）引线

引线是从应变片的敏感栅中引出的细金属线，常用直径为 0.1～0.15 mm 的镀锡铜线或扁带形的其他金属材料制成。

2）箔式应变片

箔式应变片利用照相制版或光刻腐蚀的方法，将电阻箔材在绝缘基底下制成各种图形而成的应变片，如图 2.9 所示。箔材厚度多为 0.001～0.01 mm。箔式应变片的应用日益广泛，在常温条件下已逐步取代了线绕式应变片。它具有以下几个主要优点：

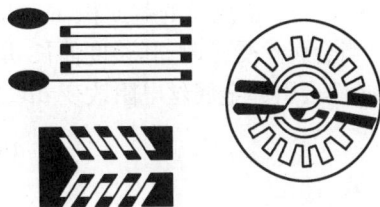

图 2.9　箔式应变片

①制造技术能保证敏感栅尺寸准确、线条均匀，可制成任意形状以适应不同的测量要求。

②敏感栅薄而宽，黏结情况好，传递试件应变性能好。

③散热性能好，允许通过较大的工作电流，从而可增大输出信号。

④敏感栅弯头横向效应可以忽略。

⑤蠕变、机械滞后较小，疲劳寿命高。

3）薄膜应变片

薄膜应变片是薄膜技术发展的产物，其厚度在 0.1 m 以下。它是采用真空蒸发或真空沉积等方法，将电阻材料在基底上制成一层各种形式的敏感栅而形成应变片。这种应变片灵敏系数高，易实现工业化生产，是一种很有前途的新型应变片。

目前，实际使用中存在的主要问题是尚难控制其电阻与温度和时间的变化关系。

4）半导体应变片

半导体应变片的优点是尺寸、横向效应、机械滞后都很小，灵敏系数极大，因而输出也大，可以不需要放大器直接与记录仪器连接，使得测量系统简化；它们的缺点是电阻值和灵敏系数的强度稳定性差，测量较大应变时非线性严重，灵敏系数随受拉或受压而变化，且分散度大，一般为 3%～5%，因而使测量结果有 ±(3%～5%)的误差。

2.2.2　电阻的应变效应

电阻应变片的工作原理基于金属的电阻应变效应：金属丝的电阻随着它所受的机械变形（拉伸或压缩）的大小而发生相应变化。

金属丝的电阻随着应变而产生变化的原因是：金属丝的电阻与材料的电阻率及其几何尺寸有关，而金属丝在承受机械变形的过程中，这两者都要发生变化，因而引起金属丝的电阻变化。

设有一根金属丝，其电阻为

$$R = \rho \frac{l}{S} \tag{2.8}$$

式中　R——金属丝的电阻，Ω；

ρ——金属丝的电阻率，$\Omega \cdot m$；

l——金属丝的长度，m；

S——金属丝的截面积,mm^2。

当金属丝受拉时,其长度伸长 dl,横截面将相应减小 dS,电阻率也将改变 $d\rho$,这些量的变化,必然会引起金属丝电阻改变 dR,即

$$dR = \frac{\rho}{S}dl - \frac{\rho l}{S^2}dS + \frac{l}{S}d\rho \tag{2.9}$$

两边分别除以 $R = \rho\frac{l}{S}$,得

$$\frac{dR}{R} = \frac{dl}{l} - \frac{dS}{S} + \frac{d\rho}{\rho} \tag{2.10}$$

因为 $S = \pi r^2$(r 为金属丝半径),得 $dS = 2\pi r dr$,因此

$$\frac{dR}{R} = \frac{dl}{l} - 2\frac{dr}{r} + \frac{d\rho}{\rho} \tag{2.11}$$

令 $\frac{dl}{l} = \varepsilon_x$(金属丝的轴向应变量),$\frac{dr}{r} = \varepsilon_y$(金属丝的径向应变量),则由式(2.11)得

$$\frac{dR}{R} = \varepsilon_x - 2\varepsilon_y + \frac{d\rho}{\rho} \tag{2.12}$$

根据材料力学原理,金属丝受拉时,沿轴向伸长,而沿径向缩短,二者之间应变的关系为

$$\varepsilon_y = -\mu\varepsilon_x \tag{2.13}$$

式中 μ——金属丝材料的泊松系数。

将式(2.13)代入式(2.12),得

$$\frac{dR}{R} = (1 + 2\mu)\varepsilon_x + \frac{d\rho}{\rho}$$

或

$$\frac{\frac{dR}{R}}{\varepsilon_x} = (1 + 2\mu) + \frac{\frac{d\rho}{\rho}}{\varepsilon_x} \tag{2.14}$$

令

$$K = \frac{\frac{dR}{R}}{\varepsilon_x} = (1 + 2\mu) + \frac{\frac{d\rho}{\rho}}{\varepsilon_x} \tag{2.15}$$

K 称为金属丝的灵敏系数,表示金属丝产生单位变形时,电阻相对变化的大小。显然,K 越大,单位变形引起的电阻相对变化越大,故灵敏度越高。

从式(2.15)可知,金属丝的灵敏系数 K 受两个因素的影响:第一项$(1+2\mu)$,它是金属丝受拉伸后,材料的几何尺寸发生变化而引起的;第二项$\frac{d\rho/\rho}{\varepsilon_x}$,它是材料发生变形时,其自由电子的活动能力和数量均发生变化的缘故,这项可能是正值,也可能为负值,但作为应变片材料都选为正值,否则会降低灵敏度。金属丝电阻的变化主要由材料的几何形变引起。

实验证明,在金属丝变形的弹性范围内,电阻的相对变化 dR/R 与应变 ε_x 是成正比的,因而 K 为常数,因此,式(2.15)以增量表示为

$$\frac{\Delta R}{R} = K\varepsilon_x \tag{2.16}$$

2.2.3 应变片测试原理

用应变片测量应变或应力时,是将应变片粘贴于被测对象之上。在外力作用下,被测对象

表面产生微小机械变形,粘贴在其表面上的应变片也随其发生相同的变化,因此应变片的电阻也发生相应的变化。如果应用仪器测出应变片的电阻值变化 ΔR,则根据式(2.16)可得到被测对象的应变值 ε_x,在材料力学中,根据应力-应变关系可得到应力值 F。其表达式为

$$F = A \cdot E \cdot \varepsilon_x \tag{2.17}$$

式中　F——试件的应力;

　　　ε_x——试件的应变;

　　　A——试件的面积。

通过弹性敏感元件转换作用,将位移、力、力矩、加速度等参数转换为应变,因此,可将应变片由测量应变扩展到测量上述参数,从而形成各种电阻应变式传感器。

【例2.1】　电阻应变片的灵敏度 $K=2$,沿纵向粘贴于直径为 0.05 m 的圆形钢柱表面,钢材的 $E=2\times10^{11}$ N/m^2,$\mu=0.3$。求钢柱受 10 t 拉力作用时,应变片电阻的相对变化量。又若应变片沿钢柱圆周方向粘贴,受同样拉力作用时,应变片电阻的相对变化量为多少?

解　$A = \dfrac{\pi}{4}D^2 = \dfrac{\pi}{4} \times 0.05^2 = 0.001\ 96\ (\text{m}^2)$

$\varepsilon_x = \dfrac{F}{AE} = \dfrac{10 \times 9.8 \times 10^3}{0.001\ 96 \times 2 \times 10^{11}} = 2.5 \times 10^{-4}$

$\varepsilon_y = -\mu\varepsilon_x = -0.75 \times 10^{-4}$

$\dfrac{\Delta R}{R} = K\varepsilon_x = 2 \times 2.5 \times 10^{-4} = 5 \times 10^{-4}$

$\dfrac{\Delta R_1}{R} = K\varepsilon_y = -1.5 \times 10^{-4}$

2.2.4　测量电路

由于弹性元件产生的机械变形微小,引起的应变量 ε_x 也很微小(通常在 5 000μ 以下),从而引起的电阻应变片的电阻变化率 dR/R 也很小。为了把微小的电阻变化率反映出来,必须采用测量电桥,把应变电阻的变化转换成电压或电流变化,从而达到精确测量的目的。

1)直流电桥工作原理

如图 2.10 所示为一直流供电的平衡电阻电桥,它的 4 个桥臂由电阻 R_1,R_2,R_3,R_4 组成。E 为直流电源,接入桥的两个顶点,从电桥的另两个顶点得到输出,其输出电压为 U_o。

当电桥输出端开路时,根据分压原理,电阻 R_1 两端的电压 $U_1 = \dfrac{R_1}{R_1+R_2}E$;电阻 R_3 两端的电压 $U_3 = \dfrac{R_3}{R_3+R_4}E$;则输出端电压 U_o 为

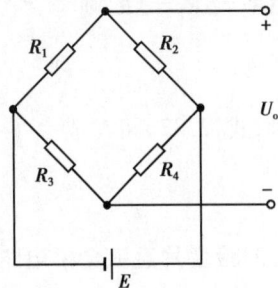

图 2.10　电阻电桥

$$U_o = U_1 - U_3 = \frac{R_1 E}{R_1 + R_2} - \frac{R_3 E}{R_3 + R_4} = \frac{R_1 R_4 - R_2 R_3}{(R_1 + R_2)(R_3 + R_4)}E \tag{2.18}$$

由式(2.18)可知,当电桥各桥臂电阻满足条件

$$R_1 R_4 = R_2 R_3 \qquad (2.19)$$

则电桥的输出电压 U_o 为 0，电桥处于平衡状态。式(2.19)即称为电桥的平衡条件。

2)电阻应变片测量电桥

应变片测量电桥在工作前应使电桥平衡(称为预调平衡)，以使工作时的电桥输出电压只与应变片感受应变所引起的电阻变化有关。初始条件为

$$R_1 = R_2 = R_3 = R_4 = R$$

(1)应变片单臂工作直流电桥

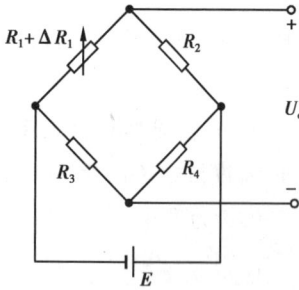

单臂工作电桥只有一只应变片 R_1 接入，如图 2.11 所示，测量时应变片的电阻变化为 ΔR。电路输出端电压为

$$U_o = \frac{(R_1 + \Delta R_1)R_4 - R_2 R_3}{(R_1 + \Delta R_1 + R_2)(R_3 + R_4)}E$$

$$U_o = \frac{R\Delta R}{2R(2R + \Delta R)}E \qquad (2.20)$$

一般情况下，$\Delta R \ll R$，因此

$$U_o \approx \frac{R\Delta R}{2R \times 2R}E = \frac{E}{4} \times \frac{\Delta R}{R} \qquad (2.21)$$

图 2.11　单臂工作直流电桥

由电阻-应变效应可知 $\dfrac{\Delta R}{R} = K\varepsilon$ ，则上式可写为

$$U_o = \frac{E}{4}K\varepsilon \qquad (2.22)$$

(2)应变片双臂直流电桥(半桥)

半桥电路中用两只应变片，把两只应变片接入电桥的相邻两支桥臂。根据被测试件的受力情况，一个受拉，一个受压，如图 2.12 所示。使两支桥臂的应变片的电阻变化大小相同、方向相反，即处于差动工作状态，此时，输出端电压为

$$U_o = \frac{(R_1 + \Delta R_1)R_4 - (R_2 - \Delta R_2)R_3}{(R_1 + \Delta R_1 + R_2 - \Delta R_2)(R_3 + R_4)}E$$

若 $\Delta R_1 = \Delta R_2 = \Delta R$，则

$$U_o = \frac{2\Delta R \times R}{2R \times 2R}E = \frac{E}{2} \times \frac{\Delta R}{R}$$

同理，式(2.22)可写成

$$U_o = \frac{E}{2}K\varepsilon \qquad (2.23)$$

3)应变片直流全桥电路

把 4 只应变片接入电桥，并且差动工作，即两个应变片受拉，两个受压，如图 2.13 所示。则

$$U_o = \frac{(R_1 + \Delta R_1)(R_4 + \Delta R_4) - (R_2 - \Delta R_2)(R_3 - \Delta R_3)}{(R_1 + \Delta R_1 + R_2 - \Delta R_2)(R_3 - \Delta R_3 + R_4 + \Delta R_4)}E \qquad (2.24)$$

若 $R_1 = R_2 = R_3 = R_4 = R$，$\Delta R_1 = \Delta R_2 = \Delta R_3 = \Delta R_4 = \Delta R$，则

$$U_o = \frac{4R \times \Delta R}{2R \times 2R}E = \frac{\Delta R}{R}E = EK\varepsilon \tag{2.25}$$

对比式(2.22)、式(2.23)、式(2.25)可知,用直流电桥做应变的测量电路时,电桥输出电压与被测应变量呈线性关系,而在相同条件下(供电电源和应变片的型号不变),差动工作电路输出信号大,半桥差动输出是单臂输出的 2 倍,全桥差动输出是单臂输出的 4 倍。即全桥工作时,输出电压最大,检测的灵敏度最高。

若全桥工作时,各应变片的应变所引起的电阻变化不等,即分别为 $\Delta R_1, \Delta R_2, \Delta R_3, \Delta R_4$,将其代入式(2.24),可得全桥工作时的输出电压为

$$U_o = \frac{E}{4}\left(\frac{\Delta R_1}{R_1} + \frac{\Delta R_2}{R_2} + \frac{\Delta R_3}{R_3} + \frac{\Delta R_4}{R_4}\right) = \frac{E}{4}K(\varepsilon_1 + \varepsilon_2 + \varepsilon_3 + \varepsilon_4) \tag{2.26}$$

在式(2.26)中,ε 可以是轴向应变,也可以是径向应变。当应变片的粘贴方向确定后,若为压应变,则 ε 以负值代入;若是拉应变,则 ε 以正值代入。

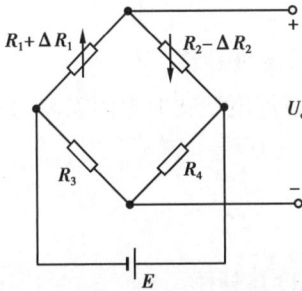

图 2.12　双臂直流电桥　　　　　　　图 2.13　直流全桥电路

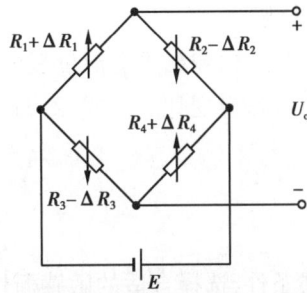

4)应变片的温度误差及其补偿

(1)温度误差

测量时,希望应变片的阻值仅随应变 ε 变化,而不受其他因素的影响,而且温度变化所引起的电阻变化与试件应变所造成的变化几乎处于相同的数量级。为补偿温度对测量的影响,要了解环境温度变化而引起电阻变化的主要因素。事实上,因环境温度改变而引起电阻变化的两个主要因素:一是应变片的电阻丝具有一定的温度系数;二是电阻丝材料与测试材料的线膨胀系数不同。

电阻丝电阻与温度关系可用下式表达

$$R_t = R_0(1 + \alpha\Delta t) = R_0 + R_0\alpha\Delta t \tag{2.27}$$

式中　R_t——温度为 t 时的电阻值;

R_0——温度为 t_0 时的电阻值;

Δt——温度的变化值;

α——敏感栅材料的电阻温度系数。

则应变片由于温度系数产生的电阻相对变化为

$$\Delta R_1 = R_0\alpha\Delta t \tag{2.28}$$

另外,如果敏感栅材料线膨胀系数与被测构件材料线膨胀系数不同,则环境温度变化时,

也将引起应变片的附加应变,其对电阻产生的变化值为

$$\Delta R_2 = R_0 \cdot K (\beta_e - \beta_g) \cdot \Delta t \qquad (2.29)$$

式中 β_e——被测构件(弹性元件)的线膨胀系数;

β_g——敏感栅(应变丝)材料的线膨胀系数。

因此,由温度变化形成的总电阻变化为

$$\Delta R = [\alpha \Delta t + K (\beta_e - \beta_g) \cdot \Delta t] R_0 \qquad (2.30)$$

而电阻的相对变化量为

$$\frac{\Delta R}{R_0} = \alpha \Delta t + K (\beta_e - \beta_g) \cdot \Delta t \qquad (2.31)$$

由式(2.31)可知,试件不受外力作用而温度变化时,粘贴在试件表面上的应变片会产生温度效应。它表明应变片输出的大小与应变计敏感栅材料的电阻温度系数 α、线膨胀系数 β_g,以及被测试材料的线膨胀系数 β_e 有关。

(2)温度补偿

为了使应变片的输出不受温度变化的影响,必须进行温度补偿。

①单丝自补偿应变片。由式(2.31)可知,使应变片在温度变化时电阻误差为零的条件是

$$\alpha_t \Delta t + K (\beta_e - \beta_g) \cdot \Delta t = 0$$

即

$$\alpha_t = - K (\beta_e - \beta_g)$$

根据上述条件,选择合适的敏感栅材料,即可达到温度自补偿。

单丝自补偿应变片的优点是结构简单,制造和使用都比较方便,但它必须在具有一定线膨胀系数材料的试件上使用,否则不能达到温度补偿的目的,因此局限性很大。

②双丝组合式自补偿应变片。这种应变片也称组合式自补偿应变计,由两种电阻丝材料的电阻温度系数符号不同(一个为正,一个为负)的材料组成。将两者串联绕制成敏感栅,若两段敏感栅电阻 R_1 和 R_2 由于温度变化而产生的电阻变化分别为 ΔR_{1t} 和 ΔR_{2t},且大小相等而符号相反,就可实现温度补偿。

③桥式电路补偿法。桥式电路补偿法也称为补偿片法,测量应变时,使用两个应变片,一片贴在被测试件的表面,另一片贴在与被测试件材料相同的补偿块上,称为补偿应变片。在工作过程中,补偿块不承受应变,仅随温度产生变形。当温度发生变化时,工作片 R_1 和补偿片 R_2 的阻值都发生变化,而它们的温度变化相同。R_1 和 R_2 为同类应变片,又贴在相同的材料上,因此 R_1 和 R_2 的变化也相同,即 $\Delta R_1 = \Delta R_2$,如图 2.14 所示,R_1 和 R_2 分别接入相邻的两桥臂,则温度变化引起的电阻变化 ΔR_1 和 ΔR_2 的作用相互抵消,这样就可起到温度补偿的作用。

桥路补偿法的优点是简单、方便,在常温下补偿效果较好;其缺点是在温度变化梯度较大的条件下,很难做到工作片与补偿片处于温度完全一致的情况,因而影响补偿效果。

④热敏电阻补偿。如图 2.15 所示,热敏电阻 R_t 与应变片处在相同的温度下,当应变片的灵敏度随温度升高而下降时,热敏电阻 R_t 的阻值下降,使电桥的输入电压随温度升高而增加,从而提高电桥的输出电压。选择合适的分流电阻 R_5 的值,可使应变片灵敏度下降对电桥输出

的影响得到很好的补偿。

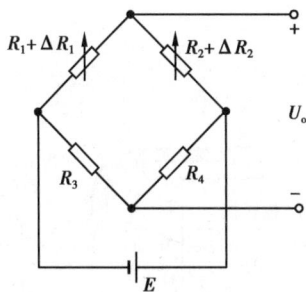

图 2.14　桥式电路补偿电路

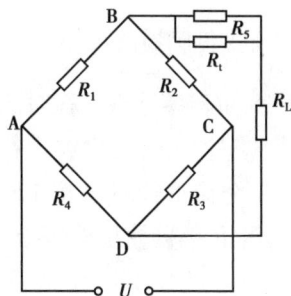

图 2.15　热敏电阻补偿电路

2.2.5　电阻应变式传感器的应用

1)测力传感器

电阻应变式传感器的最大用武之地是在称重和测力领域。这种测力传感器由应变计、弹性元件、测量电路等组成。根据弹性元件的结构形式(柱形、筒形、环形、梁式、轮辐式等)和受载性质(拉、压、弯曲、剪切等)的不同,又可分为许多种类。

(1)柱式力传感器

柱式力传感器的弹性元件如图 2.16 所示。

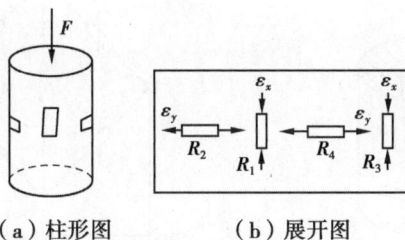

（a）柱形图　　　（b）展开图

图 2.16　应变片粘贴在柱形弹性元件上

设圆柱的有效截面积为 S、泊松比为 μ、弹性模量为 E,4 片相同特性的应变片贴在圆筒的外表面,再接成全桥形式。如外加荷重为 F;R_1,R_3 受压应力;R_2,R_4 受拉应力;则传感器的输出为

$$U_o = \frac{E}{4}K(-\varepsilon_1 + \varepsilon_2 - \varepsilon_3 + \varepsilon_4)\qquad(2.32)$$

把式(2.17)和式(2.26)代入式(2.32),得

$$U_o = \frac{E}{2}K(1+\mu)\varepsilon_x = \frac{E}{2}K(1+\mu)\frac{F}{SE}\qquad(2.33)$$

由此可见,输出 U_o 正比于荷重 F,有

$$\frac{U_o}{U_{om}} = \frac{F}{F_m}\qquad(2.34)$$

$$U_o = \frac{F}{F_m}U_{om} = K_f \frac{E}{F_m}F\qquad(2.35)$$

式中　　U_{om}——满量程时的输出电压；

　　　　K_{f}——荷重传感器的灵敏度，mV/V，$K_{\text{f}} = \dfrac{U_{\text{om}}}{E}$；

　　　　F_{m}——荷重传感器满量程时的值。

用柱式力传感器可制成称重式料位计。如图2.17所示，把3个荷重传感器按120°分布安装，支起料斗，并根据传感器输出电压信号的大小，标注料位。

【例2.2】　有一测量吊车起吊物质量的拉力传感器如图2.18（a）所示。电阻应变片 R_1、R_2、R_3、R_4 贴在等截面轴上。已知等截面轴的截面积为 0.001 96 m²，弹性模量 E 为 2.0×10^{11} N/m²，泊松比为 0.3，R_1、R_2、R_3、R_4 标称值为 120 Ω，灵敏度为 2.0，它们组成的全桥如图2.18（b）所示，桥路电压 2 V，测得输出电压 2.6 mV，求：

①等截面轴的纵向应变及横向应变；

②重物 m 有多少吨。

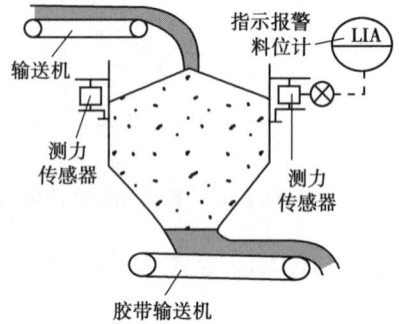

图2.17　称重式料位计

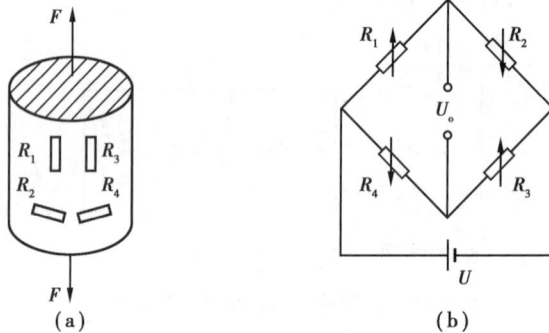

图2.18　拉力传感器

解　① $\varepsilon_x = \dfrac{F}{AE} \cdots \varepsilon_k = \dfrac{F}{AE} = \dfrac{392\ 000}{0.001\ 96 \times 2 \times 10^{11}} = 0.001$

$\varepsilon_y = -\mu \varepsilon_x = -0.3 \times 0.001 = -0.000\ 3$

$\Delta R_1 = \Delta R_3 = K \varepsilon_x R = 2 \times 0.001 \times 120 = 0.24\ (\Omega)$

$\Delta R_2 = \Delta R_4 = K \varepsilon_y R = 2 \times (-0.000\ 3) \times 120 = -0.072\ (\Omega)$

② $V_0 = \dfrac{E}{2} K (1 + \mu) \dfrac{F}{AE}$，代入数值得 $2.6 \times 10^{-3} = \dfrac{2}{2} \times 2 \times (1 + 0.3) \dfrac{F}{0.001\ 96 \times 2 \times 10^{11}}$

$F = 392\ 000\ \text{N} = 40\ \text{t}$

（2）梁式力传感器

梁式力传感器是在等强度梁上距作用点距离为 x 处，上下各粘贴4片相同的应变片，并接成全桥。用这样的方法，可制成称重电子秤、加速度传感器等。

应变式加速度传感器如图 2.19 所示。在一悬臂梁的自由端固定一质量块。当壳体与待测物一起做加速运动时,梁在质量块的惯性力的作用下发生形变,使粘贴其上的应变计阻值发生变化。检测阻值的变化即可求得待测物的加速度。

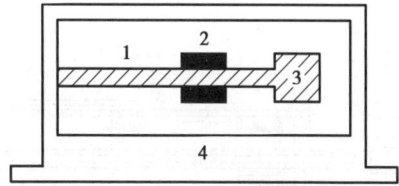

图 2.19　应变式加速度传感器
1—等强度悬臂梁;2—应变片;3—质量块

2)压力传感器

压力传感器主要用于测量流体的压力。根据其弹性体的结构形式可分为单一式和组合式两种。

(1)单一式压力传感器

单一式是指应变计直接粘贴在受压弹性膜片或筒上。图 2.20 所示为筒式应变压力传感器。其中图(a)所示为结构示意图;图(b)所示为厚底应变筒;图(c)所示为 4 片应变计布片,工作应变计 R_1,R_3 沿筒外壁周向粘贴,温度补偿应变计 R_2,R_4 贴在筒底外壁,并接成全桥。当应变筒内壁感受压力 p 时,筒外壁产生周向应变,从而改变电桥的输出。

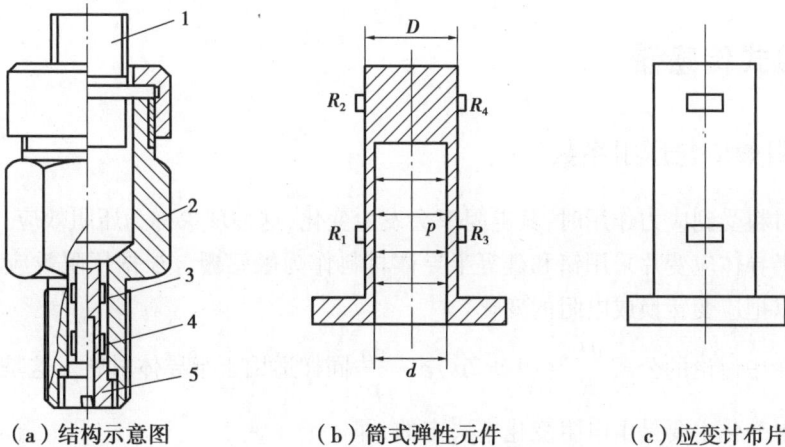

(a)结构示意图　　　　(b)筒式弹性元件　　　(c)应变计布片

图 2.20　筒式应变压力传感器
1—插座;2—基体;3—温度补偿应变计;4—工作应变计;5—应变筒

(2)组合式压力传感器

组合式压力传感器则由受压弹性元件(膜片、膜盒或波纹管)和应变弹性元件(如各种梁)组合而成。前者承受压力,后者粘贴应变计。两者之间通过传力件传递压力作用。这种结构的优点是受压弹性元件能对流体高温、腐蚀等影响起隔离作用,使应变计具有良好的工作环境。

3)位移传感器

应变式位移传感器是把被测位移量转变成弹性元件的变形和应变,然后通过应变计和应变电桥,输出正比于被测位移的电量。它可用于近测或远测静态或动态的位移量。

如图 2.21(a)所示为国产 YW 系列应变式位移传感器结构。这种传感器由于采用了悬臂梁-螺旋弹簧串联的组合结构,因此它适用于 10 ~ 100 mm 位移的测量。其工作原理如图 2.21(b)所示。

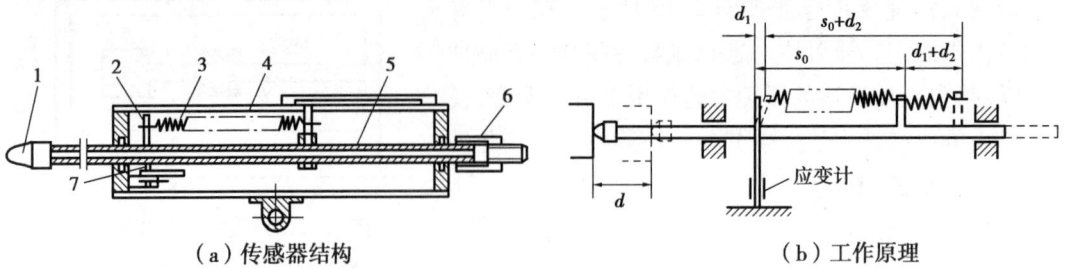

（a）传感器结构　　　　　　　　（b）工作原理

图2.21　YW型应变式位移传感器

1—测量头；2—弹性元件；3—弹簧；4—外壳；5—测量杆；6—调整螺母；7—应变计

当测量杆上的测量头产生位移时，悬臂梁测量杆推动悬臂梁，使粘贴于上面的应变片产生应变，且应变量与位移成正比，即

$$d = K\varepsilon$$

上式表明：d 与 ε 呈线性关系，其比例系数 K 与弹性元件尺寸、材料特性参数有关；ε 通过4片应变计和应变仪测得，且转换为对应电压。

2.3　压阻式传感器

2.3.1　压阻效应与压阻系数

半导体材料受到应力作用时，其电阻率会发生变化，这种现象称为压阻效应。

常见的半导体应变片采用锗和硅等半导体材料作为敏感栅。根据压阻效应，半导体和金属丝同样可以把应变转换成电阻的变化。

金属应变中讨论的公式 $\dfrac{\mathrm{d}R}{R} = (1 + 2\mu)\varepsilon + \dfrac{\mathrm{d}\rho}{\rho}$ 同样适用于半导体材料。这是因为，几何变形引起的电阻变化主要是由电阻变化率决定的，即

$$\frac{\mathrm{d}R}{R} \approx \frac{\mathrm{d}\rho}{\rho} = \pi\sigma = \pi E\varepsilon$$

可写成

$$\frac{\Delta R}{R} = \pi\sigma = \pi E\varepsilon \tag{2.36}$$

式中　π——压阻系数；

　　　σ——应力；

　　　E——弹性模量。

由于半导体材料的各向异性，当硅膜片承受外应力时，同时产生纵向（扩散电阻长度方向）压阻效应和横向（扩散电阻宽度方向）压阻效应。则有

$$\frac{\Delta R}{R} = \pi_{\mathrm{r}}\sigma_{\mathrm{r}} + \pi_{\mathrm{t}}\sigma_{\mathrm{t}} \tag{2.37}$$

式中　$\pi_{\mathrm{r}}, \pi_{\mathrm{t}}$——纵向压阻系数和横向压阻系数，其大小由所扩散电阻的晶相来决定；

　　　$\sigma_{\mathrm{r}}, \sigma_{\mathrm{t}}$——纵向应力和横向应力（切向应力），其状态由扩散电阻的所在位置决定。

半导体应变片的灵敏系数为

$$K = \frac{\dfrac{\Delta R}{R}}{\varepsilon_x} = \pi E \qquad (2.38)$$

对扩散硅压力传感器,敏感元件通常都是周边固定的圆膜片。如果膜片下部受均匀分布的压力作用时,在圆膜的中心处,具有最大的正应力(拉应力),且纵向应力和横向应力相等;在圆膜的边缘处,纵向应力 ε_x 为最大的负应力(压应力)。

2.3.2　测量原理

根据以上分析,在膜片上布置如图 2.22 所示的 4 个等值电阻。利用纵向应力 ε_x,其中两个电阻 R_2,R_3 处于 $r<0.635r_0$ 位置,使其受拉应力;而另外两个电阻 R_1,R_4 处于 $r>0.635r_0$ 位置,使其受压应力。

只要位置合适,可满足

$$\frac{\Delta R_2}{R_2} = \frac{\Delta R_3}{R_3} = -\frac{\Delta R_1}{R_1} = -\frac{\Delta R_4}{R_4} \qquad (2.39)$$

这样即可形成差动效果,通过测量电路,获得最大的电压输出灵敏度。

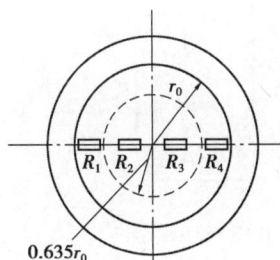

图 2.22　膜片上电阻布置图

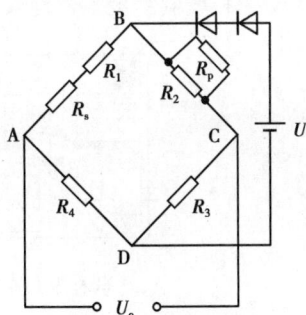

图 2.23　温漂补偿电路

2.3.3　温度补偿

压阻式传感器受到温度影响后,会引起零位漂移和灵敏度漂移,因而会产生温度误差。这是因为,在压阻式传感器中,扩散电阻的温度系数较大,电阻值随温度变化而变化,故引起传感器的零位漂移。

当温度升高,压阻系数减小时,传感器的灵敏度相应减小;反之,灵敏度增大。零位温度一般可用串联电阻的方法进行补偿,如图 2.23 所示。

串联电阻 R_s 主要起调节作用,并联电阻 R_p 则主要起补偿作用。例如,温度上升,R_s 的增量较大,则 A 点电位高于 C 点电位,$V_A - V_C$ 就是零位漂移。在 R_2 上并联一负温度系数的阻值较大的电阻 R_p,可约束 R_s 变化,从而实现补偿,以消除此温度差。

当然,如果在 R_3 上并联一个正温度系数的阻值较大的电阻,也是可行的。在电桥的电源回路中串联的二极管电压是补偿灵敏度温漂的。二极管的 PN 结为负温度特性,温度升高,压降减小。这样,当温度升高时,二极管正向压降减小,因电源采用恒压源,则电桥电压必然提高,使输出变大,以补偿灵敏度的下降。

2.3.4 压阻式传感器的应用

压阻式传感器的基本应用就是测压,但是根据不同的使用要求,其结构形式、外形尺寸和材料选择有很大的差异。例如,用于动态压力或点压力测量时,则要求体积很小;生物医学用传感器,尤其是植入式传感器,则更要求微型化,其材料选取还应考虑与生物体相容;在化工领域或在有腐蚀性气体、液体环境中使用的传感器,则要求防爆、防腐蚀等。

1)压力测量

压阻式压力传感器由外壳、硅杯和引线组成,如图2.24所示,其核心部分是一块方形的硅膜片。在硅膜片上,利用集成电路工艺制作了4个阻值相等的电阻。图中虚线圆内是承受压力区域。根据前述原理可知,R_2,R_4 所感受的是正应变(拉应变);R_1,R_3 所感受的是负应变(压应变),4个电阻之间用面积较大、阻值较小的扩散电阻引线连接,构成全桥。硅片的表面用 SiO_2 薄膜加以保护,并用铝质导线做全桥的引线。因为硅膜片底部被加工成中间薄(用于产生应变)、周边厚(起支承作用),因此又称为硅杯。硅杯在高温下用玻璃黏结剂贴在热胀冷缩系数相近的玻璃基板上。将硅杯和玻璃基板紧密地安装到壳体中,就制成了压阻式压力传感器。

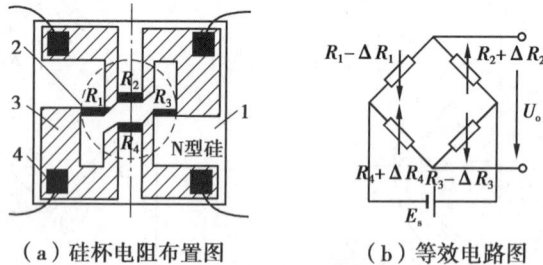

(a)硅杯电阻布置图　　　　(b)等效电路图

图2.24　压阻式压力传感器

1—单晶硅膜片;2—扩散型应变片;3—扩散电阻引线;4—电极及引线

当硅杯两侧存在压力差时,硅膜片产生变形,4个应变电阻在应力作用下,阻值发生变化,电桥失去平衡,按照电桥的工作方式,输出电压 U_o 与膜片两侧的压差 Δp 成正比,即

$$U_o = K(p_1 - p_2) = K\Delta p \qquad (2.40)$$

2)液位测量

压阻式压力传感器安装在不锈钢壳体内,并由不锈钢支架固定放置于液体底部,如图2.25所示。传感器的高压侧进气孔(用不锈钢隔离膜片及硅油隔离)与液体相通。安装高度 h_0 处的水压 $p_1 = \rho g h_1$,其中 ρ 为液体密度,g 为重力加速度。传感器的低压侧进气孔通过一根称为"背

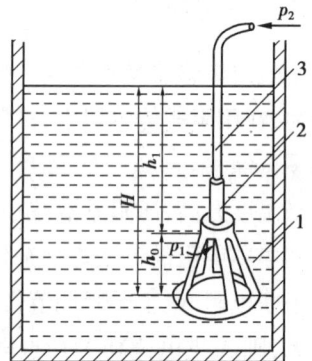

图2.25　压阻式压力传感器外形图

1—支架;2—压力传感器;3—背压管

压管"的管子与外界的仪表接口相连接。被测液位可由下式得到

$$H = h_0 + h_1 = h_0 + \frac{p_1}{\rho g} \tag{2.41}$$

这种投入式液位传感器安装方便,适用于几米到几十米混有大量污物、杂质的水或其他液体的液位测量。

2.4　气敏电阻传感器

在现代社会的工业、农业、科研、生活、医疗等许多领域中,人们往往会接触到各种各样的气体,需要测量环境中某些气体的成分及浓度。比如,煤矿瓦斯浓度的检测与报警;化工生产中气体成分的检测与控制;环境污染情况的监测;煤气泄漏;火灾报警;燃烧情况的检测与控制等。

气敏电阻传感器(以下简称"气敏电阻")可以把气体中的特定成分检测出来,并将它转换成电信号的器件,以便提供有关待测气体是否存在及其浓度的高低。根据这些电信号的强弱就可获得与待测气体在环境中存在的情况有关的信息,从而可以进行检测、控制和报警系统。

气敏电阻形式繁多。本节主要介绍检测各种还原性气体。例如,石油气、酒精蒸气、甲烷、乙烷、煤气、天然气、氢气等气敏电阻的检测原理、结构和实用线路。

1)工作原理

测量还原性气体的气敏电阻一般是用 SnO_2,InO 或 Fe_2O_3 等金属氧化物粉料添加少量铂催化剂、激活剂,按一定的比例燃烧而成的半导体器件。它的结构、测量电路如图 2.26 所示。

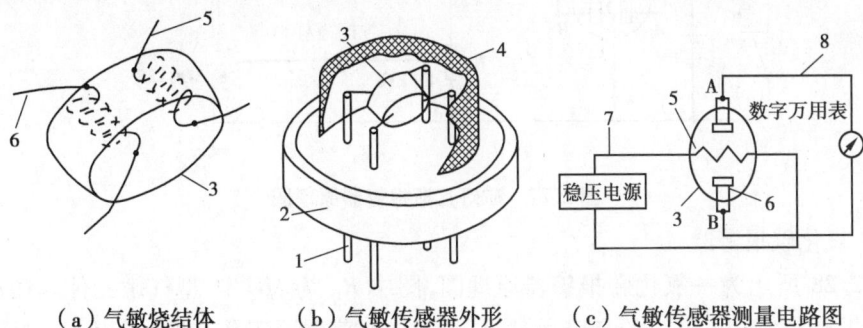

（a）气敏烧结体　　　（b）气敏传感器外形　　　（c）气敏传感器测量电路图

图 2.26　气敏传感器的结构及测量电路

1—端子;2—塑料底座;3—烧结体;4—不锈钢网;5—加热电极;
6—工作电极;7—加热回路;8—测量回路

从图 2.26(a)和(b)中可知,半导体气敏传感器是由塑料底座、电极引线、不锈钢网罩、气敏烧结体以及包裹在烧结体中的两组铂丝组成,一组为工作电极;另一组为加热电极。

气敏传感器中气敏元件的工作原理十分复杂,涉及材料的微晶结构,化学吸附及化学反应,有不同的解释模式,在高温下,N 型半导体气敏件吸附上还原性气体(如氢、一氧化碳、酒精等)气敏元件电阻将减少,还原性浓度越高,电阻下降就越多。

气敏元件工作时必须加热,加热温度为 200 ~ 300 ℃,其目的是:加速被测气体的吸附、脱

出过程;烧去气敏元件的油污或污垢物,起清洗的作用。因此,气敏电阻使用时应尽量避免置于油雾、灰尘环境中,以免老化。

气敏半导体的灵敏度较高,较适用于气体的微量检漏、浓度检测或超限报警,控制烧结体的化学成分及加热温度,可改变它对不同气体的选择性。例如,制成煤气报警器,可对居室或地下数米深处的管道漏点进行检漏,还可制成酒精检测仪,以防酒后驾车。目前,气敏电阻传感器已广泛用于石油、化工、电力、家居等各种领域。

2)实用线路

(1)矿灯瓦斯报警器

如图 2.27 所示为矿灯瓦斯报警器原理图。瓦斯探头由 QM-N5 型气敏元件、R_Q 及 4 V 矿灯蓄电池等组成。R_P 为瓦斯报警设定电位器。当瓦斯超过某一设定点时,R_P 输出信号通过二极管 VD_1 加到 VT_2 基极上,VT_2 导通,VT_3,VT_4 便开始工作。VT_3,VT_4 为互补式自激多谐振荡器,它们的工作使继电器吸合与释放,信号灯闪光报警。

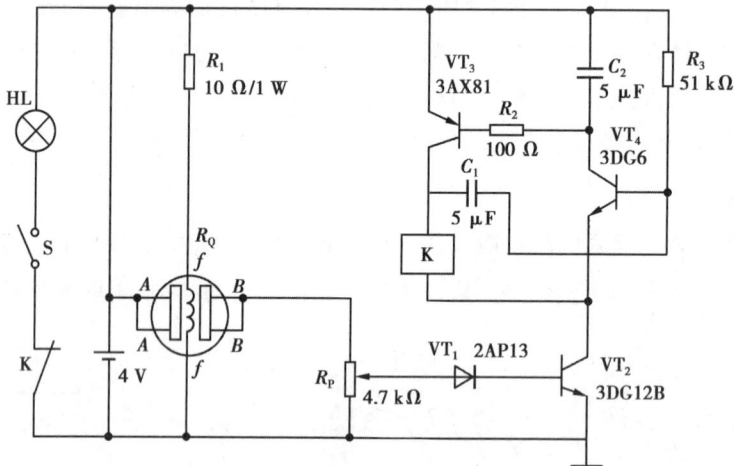

图 2.27　矿灯瓦斯报警器原理图

(2)一氧化碳报警器

如图 2.28 所示为一氧化碳报警器原理图,图中 R_Q 为 MQ-31 型气敏元件。在洁净空气中,$B—B$ 点无信号输出,VT_5 的基极通过 R_{P_2} 接地,振荡器不工作,喇叭无声。一旦气敏元件接触到一氧化碳,$B—B$ 端就有信号输出,当一氧化碳浓度较大,通过气敏元件转换成的电信号电位大于 $VT_5 \sim VT_7$ 这 3 个硅管的发射结导通电压降之和时,振荡器便开始工作,喇叭发出报警声,直至一氧化碳浓度降至安全值时才停止报警。

该报警器电路采用交、直流两种电源。电源的自动切换,采用了一只整流二极管。交流供电时,经整流滤波后,加在电路的电压约 11 V,高于电池组电压 10.5 V,VT_8 的负极电压高于正极电压,处于截止状态。当市电断电时,VT_8 立即导通,由于 $VT_1 \sim VT_4$ 反偏呈截止状态,故电流不会流入变压器二次线圈,这样便达到交、直流电自动切换的目的。

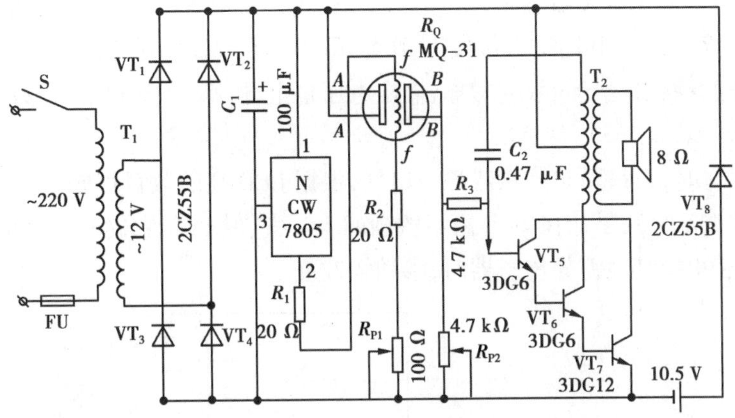

图 2.28　一氧化碳报警器电原理图

（3）自动排风扇控制器

当厨房由于油烟污染或由于液化石油气泄漏（或其他燃气）达到一定浓度时,它能自动开启排风扇,净化空气,防止事故。

如图 2.29 所示为自动排风扇控制器。该电路采用 QM-N10 型气敏传感器,它对天然气、煤气、液化石油气有较高的灵敏度,并且对油烟也敏感。传感器的加热电压直接由变压器次级（6 V）经 R_{12} 降压提供;工作电压由全波整流后,经 C_1 滤波及 R_1,VZ_5 稳压后提供。传感器负载电阻由 R_2 及 R_3 组成（更换 R_3 的大小,可调节控制信号与待测气体的浓度关系）。R_4,VD_6,C_2,IC_1 组成开机延时电路,调整使其延时为 60 s 左右（防止初始稳定状态误动作）。

当达到报警浓度时,IC_1 的两端为高电平,使 IC_4 输出高电平,此信号使 VT_2 导通,继电器吸合（启动排风扇）;组成排风扇延迟停电电路,使 IC_4 出现低电平后 10 s 才使 J 释放;另外,IC_4 输出高电平使 IC_2,IC_3 组成的压控振荡器起振,其输出使 VT_1 导通或截止交替出现,则 LED（红色）闪光报警信号。LED（绿色）为工作指示灯。

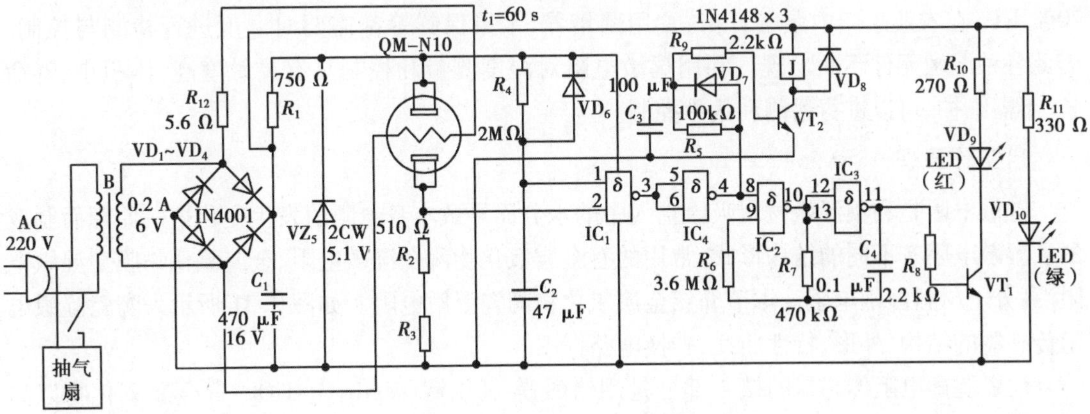

图 2.29　自动排风扇控制器

（4）简易酒精浓度测试器

如图 2.30 所示为简易酒精浓度测试器。该电路中采用 TGS812 型酒精传感器,对酒精有较高的灵敏度(对一氧化碳也敏感)。其加热及工作电压都是 5 V,加热电流约 125 mA。传感器的负载电阻为 R_1 及 R_2,其输出直接接 LED 显示驱动器 LM3914。当无酒精蒸气时,其上的输出电压很低,随着酒精蒸气的浓度增加,输出电压也上升,则 LM3914 的 LED(共 10 个)亮的数目也增加。

此测试器工作时,人只要向传感器呼一口气,根据 LED 亮的数目可知是否喝酒,并可大致了解饮酒多少。调试方法是让在 24 h 内不饮酒的人呼气,使 LED 中仅 1 个发光,然后调节(稍小一点)即可。若更换其他型号传感器时,参数需改变。

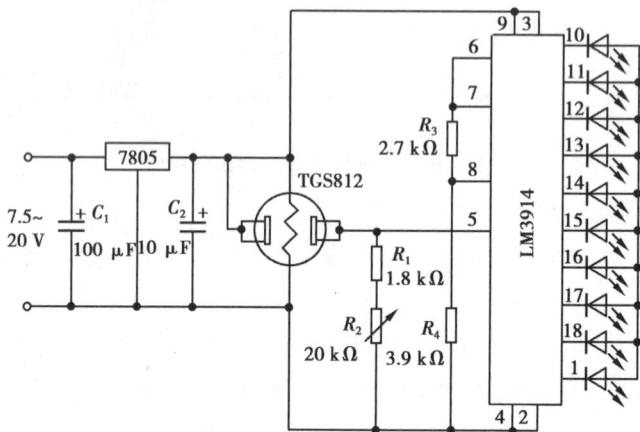

图 2.30　简易酒精浓度测试器

2.5　湿敏电阻传感器

随着现代工业技术的发展,纤维、造纸、电子、建筑、食品、医疗等部门提出了高精度、高可靠性测量和控制湿度的要求,湿度的检测与控制在现代科研、生产、生活中的地位越来越重要,比如,储粮仓库中的湿度超过某一程度时,谷物会发芽或霉变;纺织厂湿度应保持在 60% ~ 70% RH;在农业生产中湿室育苗、食用菌培养、水果保鲜等都需要对湿度进行检测与控制。因此各种湿敏元件不断出现。利用湿敏电阻对湿度测量和控制具有灵敏度高、体积小、寿命长、不需维护、可以进行遥测和集中控制。

1)工作原理

湿敏电阻是利用湿敏材料吸收空气中的水分而导致本身电阻值发生变化这一原理而制成的。湿敏电阻有不同的结构形式,常用的有金属氧化物陶瓷湿敏电阻、金属氧化物膜型湿敏电阻、高分子材料湿敏电阻。本节介绍金属氧化物陶瓷湿敏电阻。如图 2.31 所示为陶瓷湿敏电阻传感器的结构、外形、特性曲线、转换电路框图。

陶瓷湿敏电阻传感器的核心部分是用铬酸镁-氧化钛($MgCr_2O_4\text{-}TiO_2$)等金属氧化物以高温烧结工艺制成的多孔陶瓷半导体。它的气孔率高达 25% 以上,具有 1 μm 以下的细孔分布。与日常生活中常用的结构致密的陶瓷相比,其接触空气的表面显著增大,所以水蒸气极易被吸附于其表面及其空隙之中,使其电导率下降。当相对湿度从 1% RH 变化到 95% RH 时,其电阻率变化高达 4 个数量级以上,因此在测量电路中必须考虑采用对数压缩手段。

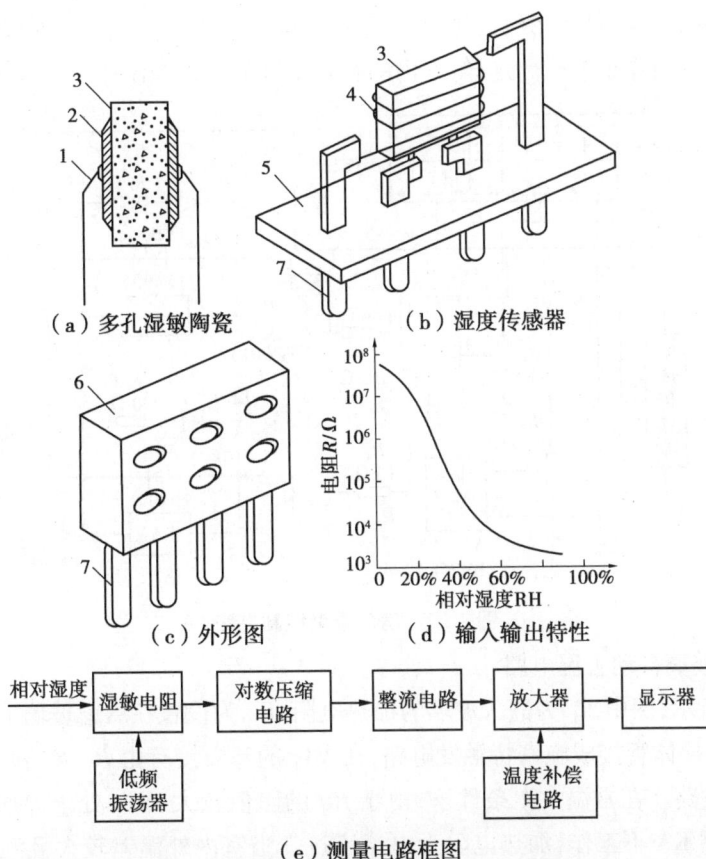

（a）多孔湿敏陶瓷　（b）湿度传感器

（c）外形图　（d）输入输出特性

（e）测量电路框图

图 2.31　湿度传感器结构、外形及特性曲线

1—引线；2—多孔性电极；3—多孔陶瓷；4—加热丝；

5—底座；6—塑料外壳；7—引脚

多孔陶瓷置于空气中易被灰尘、油烟污染，从而使感湿面积下降。如果将湿敏陶瓷加热到 400 ℃以上，就可使污物挥发或烧掉，使陶瓷恢复到初期状态，因此必须定期给加热丝通电。陶瓷湿敏电阻传感器吸湿快（10 s 左右），而脱湿要慢许多，从而产生滞后现象。当吸附的水分子不能全部脱出时，会造成重现性误差及测量误差。

2）实用线路

（1）房间湿度控制电路

房间湿度控制电路如图 2.32 所示。传感器的相对湿度值为 0～100% RH，所对应的输出信号为 1～100 mV。将传感器输出信号分成 3 路分别接在 A1 的反相输入端，A2 的同相输入端和显示器的正输入端。A1 和 A2 为开环应用，作为电压比较器，只需将 R_{P1} 和 R_{P2} 调整到适当的位置，便构成上、下限控制电路。当相对湿度下降时，传感器输出电压值也随着下降；当降到设定数值时，A1 的 1 脚电位将突然升高，使 VT$_1$ 导通，同时，LED$_1$ 发绿光，表示空气太干燥，KA$_1$ 吸合，接通超声波加湿机。当相对湿度上升时，传感器输出电压值也随着上升，升到一定数值时，KA$_1$ 释放。

相对湿度值继续上升，如超过设定值时，A2 的 7 脚将突然升高，使 VD$_2$ 导通，同时，LED$_2$

发红光,表示空气太潮湿,KA₂吸合,接通排气扇,排除空气中的潮气。相对湿度降到一定数值时,KA₂释放,排气扇停止工作。这样,室内的相对湿度就可以控制在一定范围之内。

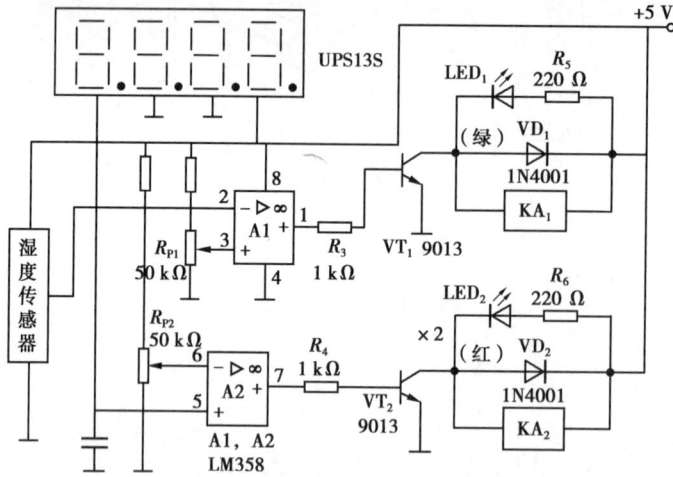

图2.32　房间湿度控制电路

（2）汽车后玻璃自动去湿电路

如图2.33所示,图中R_L为嵌入玻璃的加热电阻,R_H为设置在后窗玻璃上的湿度传感器。由VT_1和VT_2半导体管接成施密特触发电路,在VT_1的基极接有由R_1,R_2和湿度传感器电阻R_H组成的偏置电路。在常温常湿条件下,由于R_H的阻值较大,VT_1处于导通状态,VT_2处于截止状态,继电器KA不工作,加热电阻无电流流过。当室内外温差较大且湿度过大时,湿度传感器R_H的阻值减小,使VT_1处于截止状态,VT_2翻转为导通状态,继电器KA吸合,其常开触点KA_1闭合,加热电阻开始加热,后窗玻璃上的潮气被驱散。

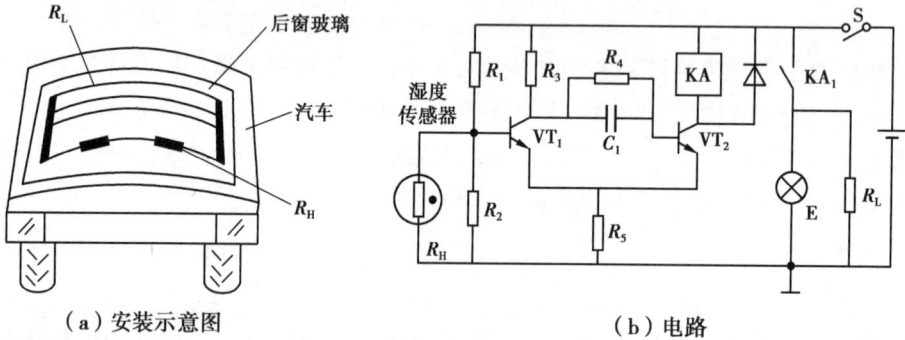

（a）安装示意图　　　　　　　　（b）电路

图2.33　汽车后玻璃自动去湿电路

（3）浴室镜面水汽清除器电路

如图2.34所示,浴室镜面水汽清除器主要由电热丝、结露传感器、控制电路等组成,其中电热丝和结露传感器安装在玻璃镜子的背面,用导线将它们与控制电路连接起来。

图2.34（b）为控制电路。图中B为HDP-07型结露传感器,用来检测浴室内空气的水汽。VT_1和VT_2组成施密特电路,它根据结露传感器感知水汽后的阻值变化,实现两种稳定状态。当玻璃镜面周围的空气湿度变低时,结露传感器阻值变小,约为2 kΩ,此时VT_1的基极电位约

为 0.5 V,VT$_2$ 的集电极为低电位,VT$_3$ 和 VT$_4$ 截止,双向晶闸管不导通。如果玻璃镜面周围的湿度增加,使结露传感器的阻值增大到 50 kΩ 时,VT$_1$ 导通,VT$_2$ 截止,其集电极电位变为高电位,VT$_3$ 和 VT$_4$ 均导通,触发晶闸管 VS 导通,加热丝 R_L 通电,使玻璃镜面加热。随着玻璃镜面温度逐步升高,镜面水汽被蒸发,从而使镜面恢复清晰。加热丝加热的同时指示灯 VD$_2$ 点亮。调节 R_1 的阻值,可使加热丝在确定的某一相对湿度条件下开始加热。

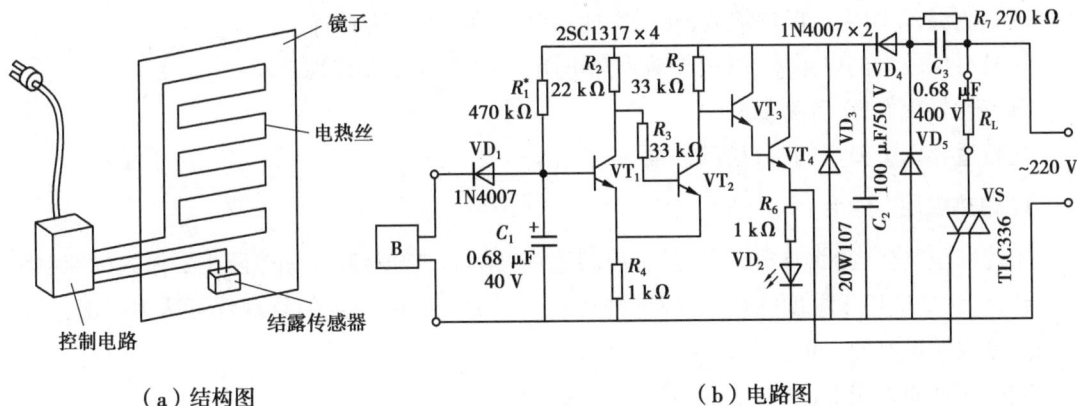

（a）结构图　　　　　　　　　　　　　（b）电路图

图2.34　浴室镜面水汽清除器电路

控制电路 C_3 降压,经整流、滤波和 VD$_3$ 稳压后供给。控制电路及电加热器的安装如图 2.33(a)所示。控制电路安装在自选的塑料盒内。将电路板水平安装并固定好;使用时,通过改变电阻 R_1 的阻值,可使加热器的通、断预先确定在某相对温度范围内。选取电热褥的高绝缘电热丝作为电加热器,其长度可根据镜面的大小来确定。参照图示的形状缝制在一块普通布上。用 801 胶将布粘在镜子的背面。粘接时,只需在布的 4 个角上涂胶,胶量不宜太大,固定住即可。此外,固定结露元件也可用此法,注意粘贴元件时不能粘污感湿膜面。

2.6　热电阻传感器

利用导体或半导体的电阻值随温度的变化而变化的特性来测量温度的感温元件称为热电阻。它可用于测量 -200 ~ 500 ℃ 的温度。大多数金属导体和半导体的电阻率都随温度发生变化,纯金属有正的温度系数,半导体有负的电阻温度系数。用金属导体或半导体制成的传感器,分别称为金属电阻温度计和半导体电阻温度计。

随着科学技术的发展,热电阻的应用范围已扩展到 1 ~ 5 K 的超低温领域。同时在 1 000 ~ 1 200 ℃ 的温度范围内也有足够好的特性。

2.6.1　金属热电阻传感器

大多数金属导体的电阻,都具有随温度变化的特性。其特性方程式为

$$R_t = R_0 \left[1 + \alpha(t - t_0) \right] \tag{2.42}$$

式中　R_t, R_0——分别为热电阻在 t ℃ 和 0 ℃ 时的电阻值;

α——热电阻的电阻温度系数(1/℃)。

对于绝大多数金属导体,α 并不是一个常数,而是温度的函数。但在一定的温度范围内,α

可近似地看成一个常数。不同的金属导体,α 保持常数所对应的温度范围不同,选作感温元件的材料应满足以下要求:

①材料的电阻温度系数 α 要大。α 越大,热电阻的灵敏度越高;纯金属的 α 比合金的高,故一般均采用纯金属做热电阻元件。

②在测温范围内,材料的物理、化学性质应稳定。

③在测温范围内,α 保持常数,便于实现温度表的线性刻度特性。

④具有比较大的电阻率,以利于减小热电阻的体积,减小热惯性。

⑤特性复现性好,容易复制。

比较适合以上要求的材料有铂、铜、铁和镍。

1)铂热电阻

铂的物理、化学性能非常稳定,是目前制造热电阻的最好材料。铂电阻主要作为标准电阻温度计,广泛地应用于温度的基准、标准的传递。它的长时间稳定的复现性可达 10^{-4} K,是目前测温复现性最好的一种温度计。

铂的纯度通常用 $W(100)$ 表示,即

$$W(100) = \frac{R_{100}}{R_0} \tag{2.43}$$

式中 R_{100}——水沸点(100 ℃)时的电阻值;

   R_0——水冰点(0 ℃)时的电阻值。

$W(100)$ 越高,表示铂丝纯度越高。国际实用温标规定:作为基准器的铂电阻,其比值 $W(100)$ 不得小于 1.392 5。目前技术水平已达到 $W(100) = 1.393 0$,与之相应的铂纯度为 99.999 5%,工业用铂电阻的纯度 $W(100)$ 为 1.387 ~ 1.390。

铂丝的电阻值与温度之间的关系:

在 0 ~ 630.755 ℃范围内为

$$R_t = R_0(1 + At + Bt^2) \tag{2.44}$$

在 -190 ~ 0 ℃范围内为

$$R_t = R_0[1 + At + Bt^2 + C(t-100)t^3] \tag{2.45}$$

式中 R_t, R_0——分别为 t ℃和 0 ℃时铂的电阻值;

   A, B, C——均为常数,对于 $W(100) = 1.391$ 有 $A = 3.968\ 47 \times 10^{-3}/℃$, $B = -5.847 \times 10^{-7}/℃^2$, $C = -4.22 \times 10^{-12}/℃^4$。

目前,我国常用的铂电阻有两种,分度号为 Pt100 和 Pt10,最常用的是 Pt100,$R(0\ ℃) = 100.00\ \Omega$。其分度表见表 2.1。

表 2.1   铂电阻(分度号为 Pt100)分度表

温度/℃	0	10	20	30	40	50	60	70	80	90
	电阻值/Ω									
-200	18.49	—	—	—	—	—	—	—	—	—
-100	60.25	56.19	52.11	48.00	43.37	39.71	35.53	31.32	27.08	22.80

续表

温度/℃	0	10	20	30	40	50	60	70	80	90
	电阻值/Ω									
−0	100.00	96.09	92.16	88.22	84.27	80.31	76.32	72.33	68.33	64.30
0	100.00	103.90	107.79	111.67	115.54	119.40	123.24	127.07	130.89	134.70
100	136.50	142.29	146.06	149.82	153.58	157.31	161.04	164.76	168.46	172.16
200	175.84	179.51	183.17	186.32	190.45	194.07	197.69	201.29	204.88	208.45
300	212.02	215.57	219.12	222.65	226.17	229.67	233.17	236.65	240.13	243.59
400	247.04	250.48	253.90	257.32	260.72	264.11	267.49	270.86	274.22	277.56
500	280.90	284.22	287.53	290.83	294.11	297.39	300.65	303.91	307.15	310.38
600	313.59	316.80	319.99	323.18	326.35	329.51	332.66	335.79	338.92	342.03
700	345.13	348.22	351.30	354.37	357.42	360.47	363.50	366.52	369.53	372.52
800	375.51	378.48	381.45	384.40	387.34	390.26	—	—	—	—

铂电阻一般由直径为 $0.05 \sim 0.07$ mm 的铂丝绕在片形云母骨架上制成,铂丝的引线采用银线,引线用双孔瓷绝缘套管绝缘,如图 2.35 所示。

2)测量电路

通常热电阻安装的地点与测试仪表有一定的距离,长连接导线的电阻在环境温度变化时也要发生变化,按如图 2.36 所示接线,导线电阻与热电阻 R_t 串联作为一个桥臂,会造成测量误差。为克服此种误差,导线连接时可采用三线制或四线制。

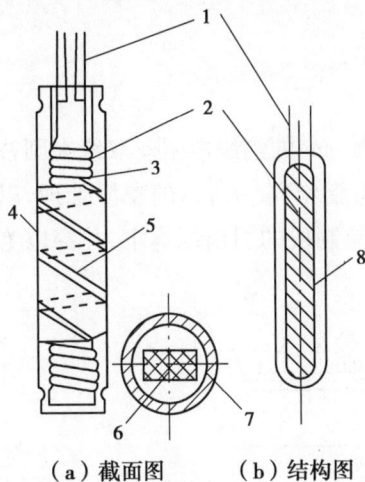

（a）截面图　（b）结构图

图 2.35　铂热电阻的构造

1—银引出线;2—铂丝;3—锯齿形云母骨架;
4—保护用云母片;5—银绑带;6—铂电阻横断面;
7—保护套管;8—石英骨架

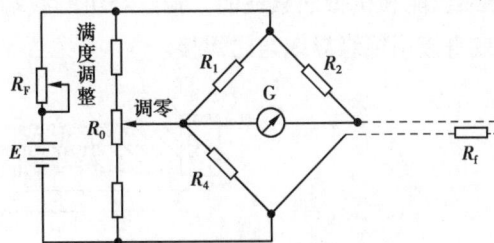

图 2.36　电阻温度计的测量电桥

（1）三线制连接法测量电路

如图 2.37 所示，热电阻 R_t 用 3 根线 L_2，L_3 和 L_g 引出。L_g 与指示电表串联，L_2，L_3 分别串入测量电桥的相邻两臂。

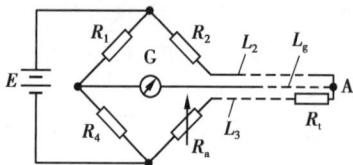

图 2.37　三线制连接法测量电路

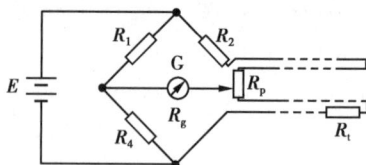

图 2.38　四线制连接法测量电路

在测量过程中，当环境温度发生变化时，导线电阻也会发生变化。当然，L_g 的电阻变化不影响电桥的平衡，L_2 和 L_3 的电阻变化可以相互平衡而自动抵消。电桥调零时，应使 $R_a + R_{t0} = R_2$，其中 R_{t0} 为热电阻在参考温度（如 0 ℃）时的电阻值。

（2）四线制连接法测量电路

三线制的缺点是可调电阻 R_a 的触点不稳定仍会导致电桥零点的变化。为克服此缺点，可采用如图 2.38 所示的四线制连接法。图中 R_p 不仅可调整电桥的平衡，而且其触点的接触电阻的变化是与指示电表串联，接在电桥的对角线内，其不稳定因素也不会影响电桥的平衡。

3）铜电阻

当测量精度要求不高、温度范围在 $-50 \sim 150$ ℃时，可采用铜电阻来代替铂电阻。铜电阻阻值与温度呈线性关系，可用式（2.46）表示为

$$R_t = R_0(1 + \alpha t) \tag{2.46}$$

式中　R_t——温度为 t ℃时的电阻值；

　　　R_0——温度为 0 ℃时的电阻值；

　　　α——铜电阻温度系数，$\alpha = (4.25 \sim 4.28) \times 10^{-3}/℃$。

铜热电阻体的结构如图 2.39 所示，它由直径约为 0.1 mm 的绝缘电阻丝双绕在圆柱形塑料支架上制成。为了防止铜丝松散，整个元件经过酚醛树脂（环氧树脂）的浸渍处理，以提高其导热性能和机械固紧性能。铜丝绕组的线端与镀银铜丝制成的引出线焊牢，并穿以绝缘套管，或直接用绝缘导线与之焊接。

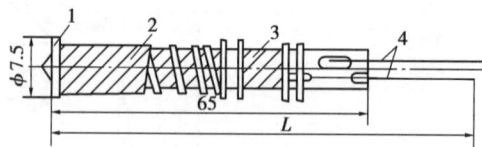

图 2.39　铜热电阻体

1—线圈骨架；2—铜热电阻丝；3—补偿组；4—铜引出线

目前，我国工业上用的铜电阻分度号为 Cu50 和 Cu100，其 $R(0 ℃)$ 分别为 50 Ω 和 100 Ω。铜电阻的电阻比 $R(100 ℃)/R(0 ℃) = 1.428 \pm 0.002$，其分度表见表 2.2、表 2.3。

表 2.2　铜电阻(分度号为 Cu50)分度表

温度/℃	0	10	20	30	40	50	60	70	80	90
	电阻值/Ω									
−200	50.00	47.85	45.70	43.55	41.40	39.24	—	—	—	—
−100	50.00	52.14	54.28	56.42	58.56	60.70	62.84	64.98	67.12	69.26
−0	71.40	73.54	75.68	77.83	79.98	82.13	—	—	—	—

表 2.3　铜电阻(分度号为 Cu100)分度表

温度/℃	0	10	20	30	40	50	60	70	80	90
	电阻值/Ω									
−200	100.00	95.70	91.40	87.10	82.80	78.49	—	—	—	—
−100	100.00	104.28	108.56	112.84	117.12	121.40	125.68	129.96	134.24	138.52
−0	142.80	147.08	151.36	155.66	159.96	164.27	—	—	—	—

4)其他热电阻

随着科学技术的不断发展,近年来对于低温和超低温测量提出了迫切的要求,开始出现了一些较新颖的热电阻,如铟电阻、锰电阻等。

(1)铟电阻

铟电阻是一种高精度低温热电阻。铟的熔点约为 150 ℃,在 4.2 ~ 15 K 温度域内其灵敏度比铂高 10 倍,故可用于不能使用铂的低温范围。其缺点是材料很软,复制性很差。

(2)锰电阻

锰电阻的特点是在 2 ~ 63 K 的低温范围内,电阻值随温度变化很大,灵敏度高;在 2 ~ 16 K 的温度范围内,电阻率随温度的平方变化。磁场对锰电阻的影响不大,且有规律。锰电阻的缺点是脆性很大,难以控制成丝。

2.6.2　半导体热敏电阻

半导体热敏电阻的特点是灵敏度高,体积小,反应快。它是利用半导体的电阻值随温度显著变化的特性制成的,在一定的范围内根据测量获得的热敏电阻阻值的变化情况,便可知被测介质的温度变化情况。半导体热敏电阻基本可分为以下两种类型。

1)负温度系数热敏电阻(NTC)

NTC 热敏电阻研制较早,最常见的是由金属氧化物组成,如由锰、钴、铁、镍、铜等多种氧化物混合烧结而成。

根据不同的用途,NTC 又分为两类:第一类用于测量温度,它的电阻值与温度之间呈负的指数关系;第二类为负的突变型,当其温度上升到某设定值时,其电阻值突然下降,一般在各种电子电路中用于抑制浪涌电流,起保护作用。负指数型和负突变型的温度-电阻特性曲线分别如图 2.40 中的曲线 2 和曲线 1 所示。

2）正温度系数热敏电阻（PTC）

近年来，还研制出了用本征锗或本征硅材料制成的线性 PTC 热敏电阻，其线性度和互换性较好，可用于测温。其温度-电阻特性曲线如图 2.40 中的曲线 3 所示。

典型的 PTC 热敏电阻通常在钛酸钡陶瓷中加入施主杂质以增大电阻温度系数。它的温度-电阻特性曲线呈非线性，如图 2.40 中的曲线 4 所示。它在电子线路中常起限流、保护作用，当流过 PTC 的电流超过一定限度或 PTC 感受到温度超过一定限度时，其电阻值会突然增大。

热敏电阻按结构形式可分为体型、薄膜型、厚膜型 3 种；按工作方式可分为直热式、旁热式、延迟电路 3 种；按工作温区可分为常温区（-60 ~ 200 ℃）、高温区（>200 ℃）、低温区热敏电阻 3 种。热敏电阻可根据使用要求，封装加工成各种形状的探头，如珠状、片状及杆状、锥状、阵状等，如图 2.41 所示。

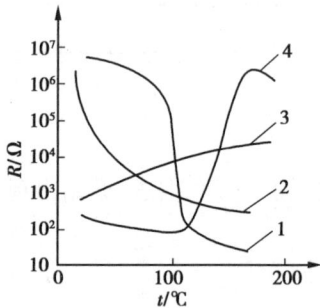

图 2.40　热敏电阻的特性曲线
1—突变型 NTC；2—负指数型 NTC；
3—线性型 PTC；4—突变型 PTC

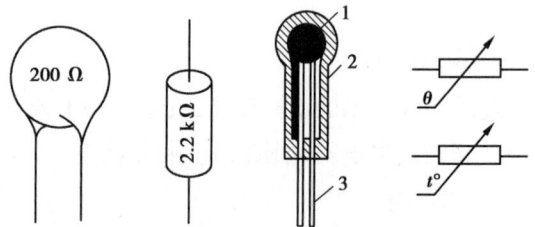

图 2.41　热敏电阻的结构外形与符号
1—热敏电阻；2—玻璃外壳；3—引出线

2.6.3　集成温度传感器

集成温度传感器是近几年来迅速发展起来的一种新颖半导体器件，它与传统的温度传感器相比，具有测温精度高、重复性好、线性优良、体积小巧、热容量小、使用方便等优点，具有明显的实用优势。

所谓的集成温度传感器，就是在一块极小的半导体芯片上集成了包括敏感器件、信号放大电路、温度补偿电路、基准电源电路等在内的各个单元，它使传感器与集成电路融为一体，提高了传感器的性能，是实现传感器智能化、微型化、多功能化、提高检测灵敏度，实现大规模生产的重要保证。

集成温度传感器从它们输出信号的形式来分，可分成电压型和电流型两种。它们的温度系数大致为：电压型是 10 mV/℃，在 25 ℃（298 K）时输出电压值为 2.98 V（如日本电气公司 UPC616A，国产 SL616ET 产品）；电流型是 1 μA/℃，在 25 ℃（298 K）时输出电流 298 μA（如美国 AD 公司的 AD590，国产 SL590 产品）。因此，很容易从它们输出信号的大小直接换算到热力学温度值，非常直观。

1) AD590 系列集成温度传感器

AD590 是电流型集成温度传感器,其输出电流与环境的热力学温度成正比,因此可以直接制成热力学温度仪。AD590 有 I,J,K,L,M 等型号系列,采用金属管壳封装,外形及电路符号如图 2.42 所示,各引脚功能见表 2.4。

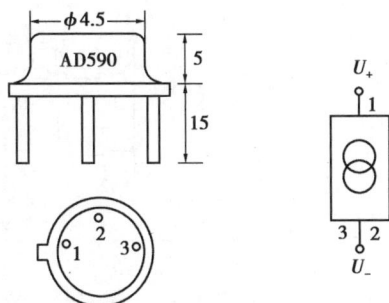

图 2.42　AD590 外形和电路符号

表 2.4　AD590 引脚功能

引脚编号	符　号	功　能
1	U_+	电源正端
2	U_-	电流输出端
3	—	金属管外壳,一般不用

如图 2.43(a)和(b)分别示出电流与温度特性和电流与电压特性。AD590 可用于制作低成本的温度检测装置,其优点是不需要线性化电路、精密电压放大器、精密电阻和冷端补偿。由于高阻抗电流输出,所以长线上的电阻对器件工作影响不大,适于做远距离测量。高输出阻抗 710 MΩ,又能极好地消除电源电压漂移和纹波的影响,电源由 5 V 变到 10 V 时,最大只有 1 A 的电流变化,相当于 1 ℃ 的等价误差。输出特性也使得 AD590 易于多路化,可以使用 CMOS 多路转换器来开/关器件的输出电流或逻辑门的输出,作为器件的工作电源来切换。

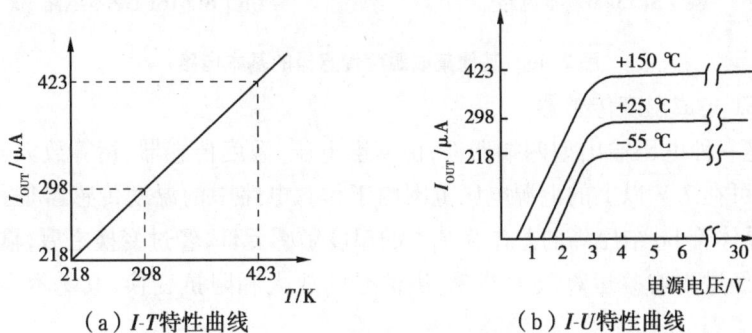

（a）I-T特性曲线　　　　　　（b）I-U特性曲线

图 2.43　AD590 特性曲线

在实际应用时,通常将 AD590 的电流输出转换成电压,利用如图 2.44 所示的方法通过 1 kΩ 电阻,使输出灵敏度达 1 mV/K。若用摄氏温度作为检温单位,并希望在 0 ℃ 时,温度传感器电路输出也为0,则可利用如图2.45所示的方法由运放和基准电源组成二点调整电路,调节方法是:在0 ℃时调节R_1,使U_o = 0 V;在100 ℃时调节R_2,使U_o = 10 V,则灵敏度可达100 mV/℃。在图2.45中,AD581是一个10 V基准电源。该电路的另一个作用是改善非线性误差,在精密测温时有较高的精度。

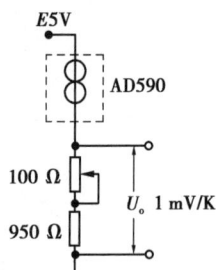

图2.44　U-I 转换电路

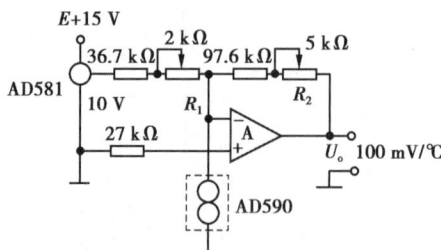

图2.45　基准点可调整电路

2)其他类型的国产集成温度传感器

(1)SL134M 集成温度传感器

SL134M是一种电流型三端器件,基本电路如图2.46(a)所示,它是利用晶体管的电流密度差来工作的。使用时,需在R端与V_-端之间接一外接电阻,就可构成一个温度敏感的电流源,当该电阻取224 Ω时,则有I = 1 μA/℃的输出特性。

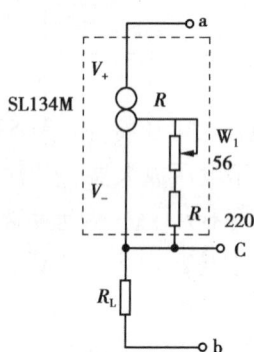

（a）SL134M基本电路

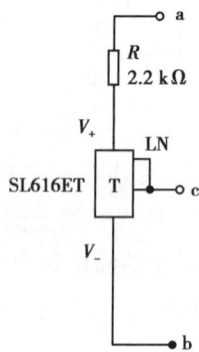

（b）SL616ET基本电路

图2.46　其他集成温度传感器的基本电路

(2)SL616ET 集成温度传感器

SL616ET是一种电压输出型四端器件,由基准电压、温度传感器、运算放大器3部分电路组成,整个电路可在7 V以上的电源电压范围内工作。电路中的温度传感器是利用工作在不同电流密度的晶体管bc结压降的差作为基本的温度敏感元件,经过变换之后,输出10 mV/℃的电压信号,并经过高增益运算放大器,提供信号的放大和阻抗变换,其基本电路如图2.46(b)所示。

3)典型应用

(1)温度控制电路

如图2.47所示为用AD590做可变温度控制电路的原理图,此图如同一个闭环电路。热电件产生的温度经 AD590 检测后产生电流控制比较器 A,然后驱动复合晶体管改变电热丝电流控制温度,R_H 和 R_L 为 R_{SET} 设置了最高和最低的限制,控制点由 R_{SET} 调节。

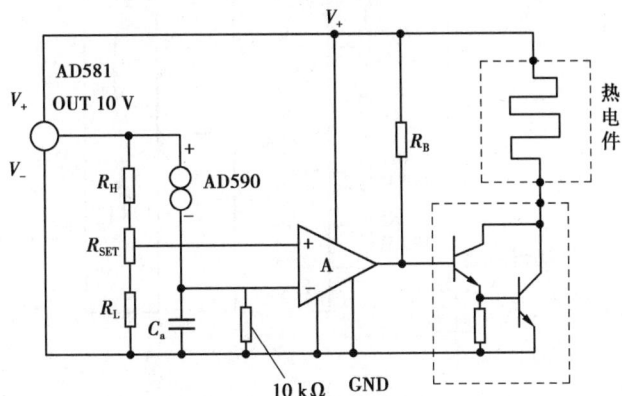

图 2.47　温度控制电路

(2)数字温控电路

如图 2.48 所示为 AD590 与一个 8 位 D/A 的组合电路,它能够以数字方式控制温度在 0~51 ℃,设定点步长为 0.2 ℃,图中的 AD559 是一个 8 位 D/A 转换器(可用 5G7520 取代),AD580 是一个 2.5 V 基准电源(可用 5G1403 取代)。为了防止外部噪声引起的跳变,比较器 A 输出有 0.1 ℃的滞后特性,由 5.1 MΩ 和 6.8 kΩ 的电阻确定。

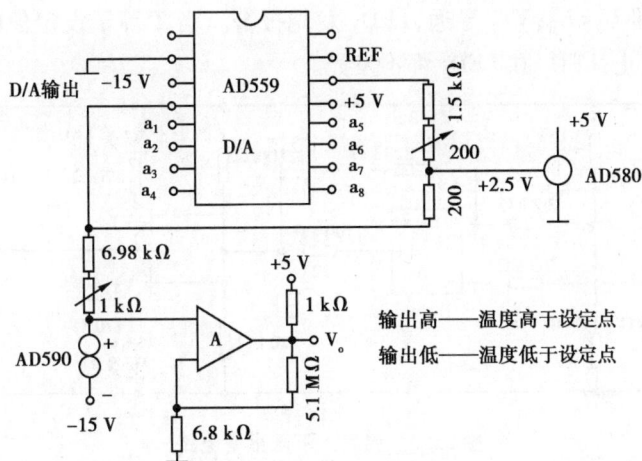

图 2.48　数字温控电路

(3)采用集成温度传感器的数字式温度计

由集成温度传感器 AD590 及 A/D 转换器 7106 等组成的数字式温度计,其电路如图 2.49 所示。

图 2.49 中的 AD590 是电流输出型温度传感器,其线性电流输出为 1 μA/℃,该温度计在 0~100 ℃测温范围内的测量精度为±0.7 ℃。电位器 R_{P1} 用于调整基准电压,以达到满量程调节;电位器 R_{P2} 用于在 0 ℃时调零。当被测温度变化时,流过 R_1 的电流不同,使 A 点电位发生变化,检测此电位即能检测到被测温度的大小。

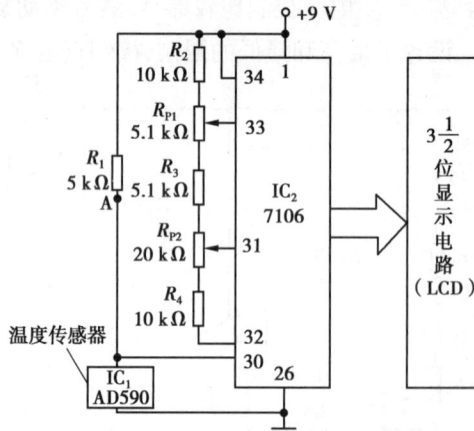

图 2.49 集成温度传感器的数字式温度计

（4）温度上下限报警

如图 2.50 所示，此电路中要用运放构成迟滞电压比较器，晶体管 VT_1 和 VT_2 根据运放输入状态而导通或截止，R_T，R_1，R_2，R_3 构成一个输入电桥，则

$$U_{ab} = E\left(\frac{R_1}{R_1 + R_T} - \frac{R_3}{R_3 + R_2}\right) \tag{2.47}$$

当 T 升高时，R_T 减小，此时 $U_{ab}>0$，即 $U_a>U_b$，VT_1 导通，LED_1 发光报警。当 T 下降时，R_T 增加，此时 $U_{ab}<0$，即 $U_a<U_b$，VT_2 导通，LED_2 发光报警。当 T 等于设定值时，$U_{ab}=0$，即 $U_a=U_b$，VT_1 和 VT_2 都截止，LED_1 和 LED_2 都不发光。

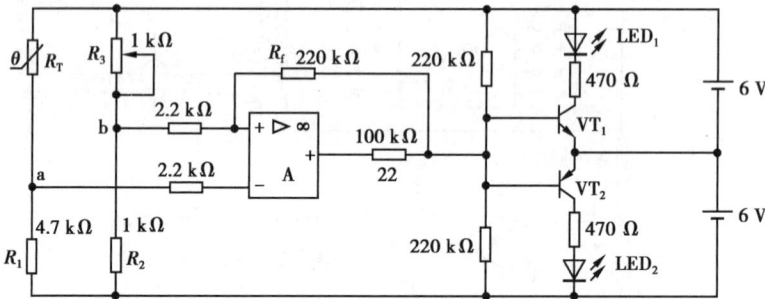

图 2.50 温度上下限报警电路

（5）电动机保护器

电动机往往由于超负荷、缺相及机械传动部分发生故障等原因造成绕组发热，当温度升高到超过电机允许的最高温度时，将会烧坏电机。利用 PTR 热敏电阻具有正温度系数这一特性可实现电机的过热保护。如图 2.51 所示为电动机保护器电路。图中 RT_1，RT_2，RT_3 为 3 只特性相同的 PTR 开关型热敏电阻，为了保护的可靠性，热敏电阻应埋设在电机绕组的端部。3 只热敏电阻分别与 R_1，R_2，R_3 组成分压器，并通过 VD_1，VD_2，VD_3 与单结半导体 VT_1 相连接。当某一绕组过热时，绕组端部的热敏电阻的阻值将会急剧增大，使分压点的电压达到单结半导体的峰值电压时 VT_1 导通，产生的脉冲电压触发晶闸管 VS_2 使之导通，继电器 K 工作，常闭触点 K_1 断开，切断接触器 KM 的供电电源，从而使电动机断电，电动机得到保护。

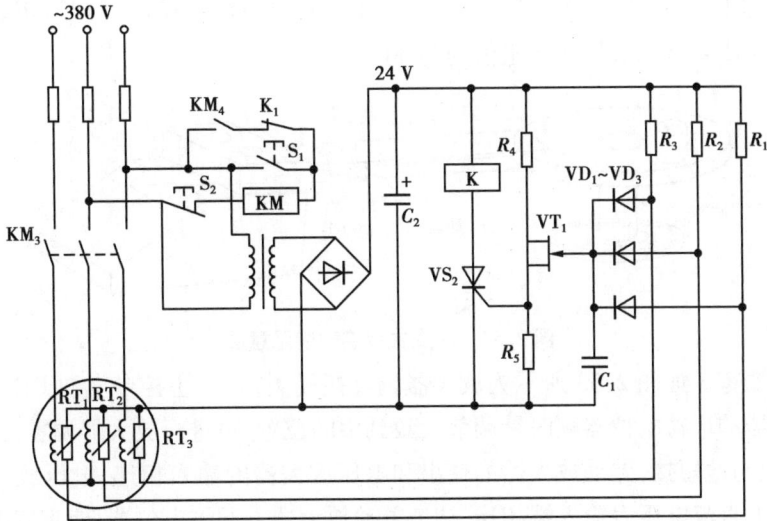

图 2.51　电动机测温电路

任务实施

实验 1　金属箔式应变片——单臂电桥性能

[实验目的]

了解金属箔式应变片的应变效应,单臂电桥工作原理及性能。

[基本原理]

电阻丝在外力作用下发生机械变形时,其电阻值发生变化,拉伸时电阻增大,压缩时电阻减少,且与轴向应变成正比,这就是电阻应变效应,描述电阻应变效应的关系式为

$$\Delta R/R = K\varepsilon \tag{2.48}$$

式中　$\Delta R/R$——电阻丝电阻相对变化;

　　　K——应变灵敏系数;

　　　$\varepsilon = \Delta L/L$——电阻丝长度相对变化。

金属箔式应变片就是通过光刻、腐蚀等工艺制成的应变敏感元件,通过它转换被测部位受力状态变化、电桥的作用完成电阻到电压的比例变化,电桥的输出电压反映了相应的受力状态。对单臂电桥输出电压 $U_{01} = EK\varepsilon/4$。

[需用器件与单元]

电桥、差动仪用放大器、电压放大器、应变式传感器、砝码、直流电压表、±15 V 电源、±4 V电源。

[实验步骤]

①根据如图 2.52 所示传感器中各应变片已接入了面板左上方的 R_1,R_2,R_3,R_4。加热丝

贴在应变传感器上,也接入了面板左上方,用时插入+5 V 直流电源,可用万用表进行测量判别,$R_1 = R_2 = R_3 = R_4 = 350 \ \Omega$,加热丝阻值约为 50 Ω。

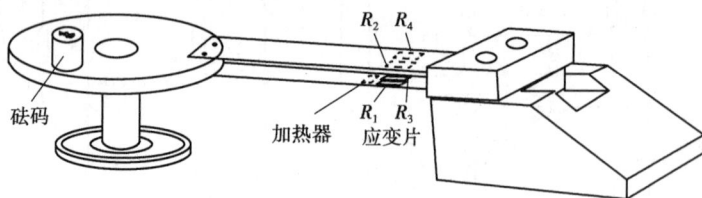

图 2.52　应变式传感安装示意图

②放大器调零。如图 2.53 所示为放大器调零接线图,合上主控台电源开关,将差动放大器和电压放大器的增益电位器顺时针调节大致到中间位置,再进行放大器调零,方法为将差放的正、负输入端与地短接,差动放大器的输出和电压放大器的输入相连,电压放大器的输出端与主控台面板上直流电压表输入端相连,调节差动放大器上调零电位器,使直流电压表显示为零(直流电压表的切换开关打到 2 V 挡)。关闭主控台电源。

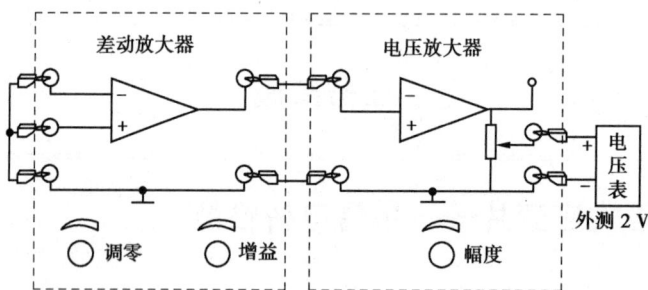

图 2.53　应变式传感器单臂电桥实验放大器调零接线图

③将应变式传感器其中一个应变片 R_4(即模板左上方的 R_4)接入电桥作为一个桥臂与内电阻 R_1,R_2,R_3 接成直流电桥(R_1,R_2,R_3 模块内已连接好),接好电桥调零电位器 W_1,接上桥路电源 ±4 V(从挡位电源引入),如图 2.54 所示。检查接线无误后,合上主控台电源开关。调节 W_1,使直流电压表显示为零。

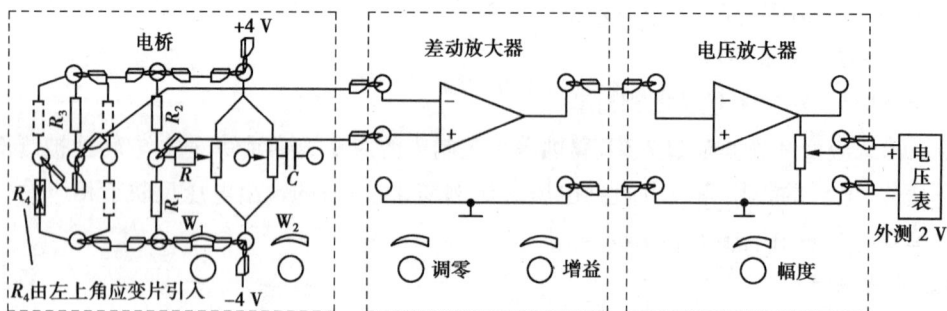

图 2.54　应变式传感器单臂电桥实验接线图

④在电子秤上放置一只砝码,读取直流电压表数值,依次增加砝码和读取相应的直流电压表值,直到 200 g 砝码加完。记下实验结果填入表 2.5,关闭电源。

表 2.5　实验结果数据表

质量/g									
电压/mV									

⑤根据表 2.5 计算系统灵敏度 S:$S = \Delta u / \Delta W$(Δu 输出电压变化量;ΔW 质量变化量);计算非线性误差:$\delta_{fl} = \Delta m / yF \cdot S \times 100\%$,式中 Δm 为输出电压值(多次测量时为平均值)与拟合直线的最大偏差;$yF \cdot S$ 为满量程输出平均值。

[思考题]

单臂电桥时,作为桥臂电阻应变片应选用①正(受拉)应变片;②负(受压)应变片;③正、负应变片均可以。

实验 2　压阻式压力传感器测压力

[实验目的]

了解扩散硅压阻式压力传感器测量压力的原理和方法。

[实验原理]

扩散硅压阻式压力传感器在单晶硅的基片上扩散出 P 型或 N 型电阻条,接成电桥。在压力作用下根据半导体的压阻效应,基片产生应力,电阻条的电阻率产生很大变化,引起电阻的变化,我们把这一变化引入测量电路,则其输出电压的变化反映了所受的压力变化。

[需用的器件与单元]

测微头、手动压力源(带三通连接导管)、压力表(带速接头)、压阻式压力传感器、差动放大器、电压放大器、直流电压表、直流稳压源。

[实验步骤]

①三通连接管中硬管一端插入主控台上的压力表速接插座中(注意管子拉出时请用手按住气源插座边缘往内压,则硬管可轻松拉出)。其余两根软导管分别与手动压力源和压力传感器接通。这里选用的差压传感器两只气嘴中,一只为高压嘴,另一只为低压嘴。本实验模板压力传感器有 4 端:3 端接 $+V_a$,1 端接地线,2 端为 V_{0+},4 端为 V_{0-}。实验安装及传感器接插座如图 2.55 所示。

②如图 2.56 所示接线。差动放大器上增益旋钮可调放大倍数,电压放大器输出引到直流电压表的正极插座。将显示选择开关拨到外测、20 V 挡,反复调节旋钮 W_1(增益旋钮旋到满度的 1/2)使直流电压表显示为零。

③旋动测微头,顶动注射器,逐步由小到大增加压力,在 4～14 kPa 每上升 1 kPa 分别读取压力表读数,将相应的直流电压表值填入表 2.6。

表 2.6　压力传感器输出电压与输入压力值

P/kPa										
V_{op-p}/V										

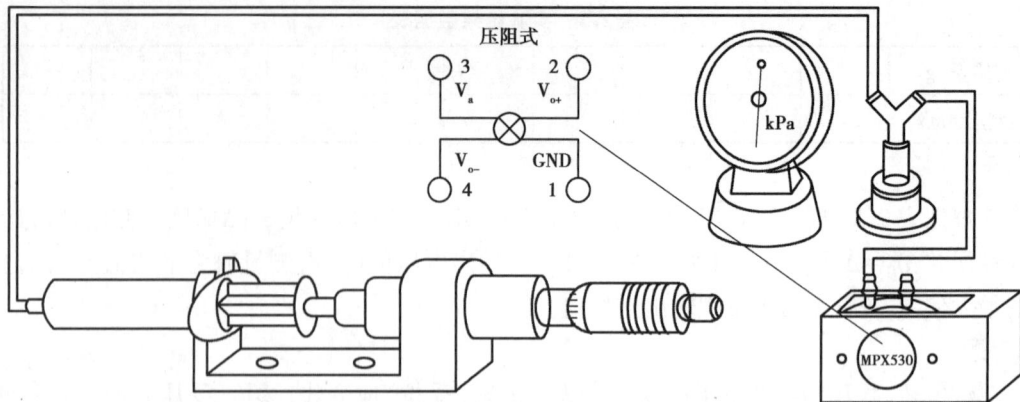

图 2.55　压阻式压力传感实验安装示意图

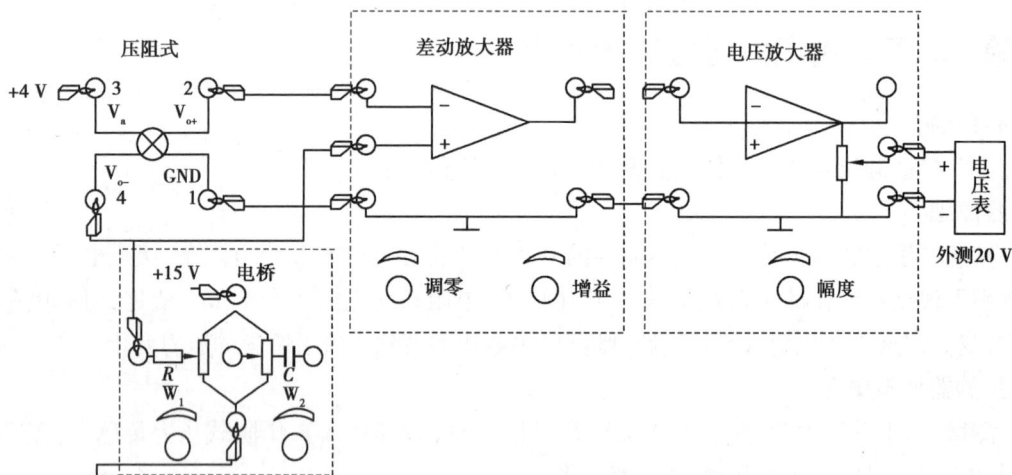

图 2.56　压阻式压力传感器测压力实验接线图

④根据表 2.6 计算本系统的灵敏度和非线性误差。

⑤如果要将本实验装置做成一个 12 kPa 的压力计,则必须对电路进行标定,过程如下:当气压为零时,调节 W_2 使直流电压表显示 0.00 V;输入 12 kPa 气压,调节 W_1 使直流电压表显示 1.200 V,重复这个过程直到达到足够的精度即可。

[思考题]

思考利用本系统如何进行真空度测量。

实验 3　气敏电阻式传感器测酒精

[实验目的]

了解气敏电阻式传感器(简称"气敏传感器")的工作原理及特性。

[实验原理]

气敏传感器是由微型 Al_2O_3 陶瓷管 SnO_2 敏感层,测量电极和加热器构成。在正常情况下,SnO 敏感层在一定的加热温度下具有一定的表面电阻值(10 MΩ 左右),当遇到有一定含量的酒精成分的气体时,其表面电阻值迅速下降,通过检测回路可将这变化的电阻值转成电信号输出。

[需用的器件与单元]

气敏传感器、酒精棉球、电桥、直流稳压电源±10 V 输出挡。

[实验步骤]

①如图 2.57 所示,了解气敏传感器在实验台上的位置及符号。

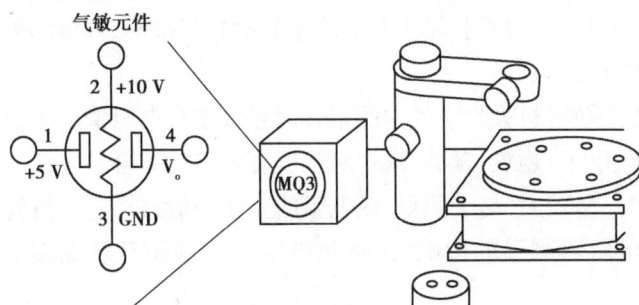

图 2.57　气敏传感器位置及符号

②如图 2.58 所示为连接电路。

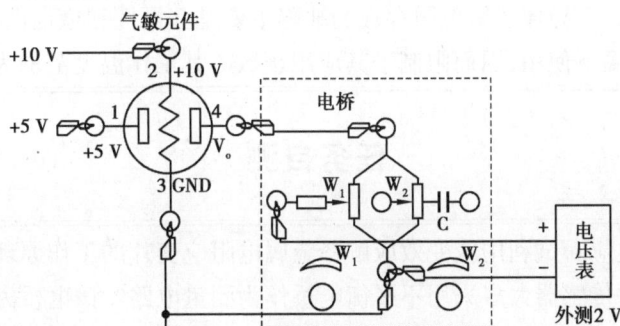

图 2.58　气敏传感器接线图

③准备好酒精棉球。给气敏传感器预热数分钟(按正常的工作标准应为 24 h),若时间较短可能产生较大的测试误差。

④将酒精棉球逐步靠近传感器,观察电压表电压是否上升,移开酒精球,观察电压表电压是否下降。

⑤在已知所测酒精浓度的情况下,调整 W_1 可进行输出的标定。

[思考题]

试分析酒精对气敏传感器影响。

任务小结

电位器式传感器是把机械量转化为电信号的转换元件,一般用于静态和缓变量的检测。根据电位器的输出特性,可分为线性电位器和非线性电位器。

电阻应变片传感器的工作原理是基于电阻应变效应,即金属丝的电阻随它所受的机械变形而发生相应变化。电阻应变式传感器可测量位移、加速度、力、力矩等各种参数,是目前应用最广泛的传感器之一。它具有结构简单,使用方便,性能稳定、可靠,灵敏度高,测量速度快等诸多优点,被广泛应用于航空、机械、电力、化工、建筑、医学等许多领域。

压阻式传感器工作原理基于半导体材料压阻效应,具有灵敏度高、动态性能好、精度高等特点,是应用广泛且发展迅速的一种传感器。

气敏电阻传感器是一种将检测到的气体的成分和浓度转换为电信号的传感器,可广泛用于化工生产中气体成分检测与控制;煤矿瓦斯浓度的检测与报警;环境污染的监测;煤气泄漏;燃烧情况的检测与控制。

湿敏电阻是利用湿敏材料吸收空气中的水分而导致本身电阻值发生变化这一原理而制成的,可用于纺织、造纸、电子、建筑、食品、医疗对湿度有要求的场合。

热电阻具有输出信号较大,易于测量;热电阻的变化一般要经过电桥转换成电压输出。为了避免或减少导线电阻对测温的影响,工业热电阻一般采用三线制接法,其测量温度范围为 $-200 \sim 650$ ℃。

热敏电阻是半导体测温元件,具有灵敏度高、体积小、反应快的优点,广泛应用于温度测量、电路的温度补偿及温度控制。有时也与专用电路配合以提高灵敏度或改善线性。最常用的是电桥线路。目前,半导体热敏电阻存在的缺陷主要是互换性和稳定性不够理想;其次是非线性严重,不能在高温下使用,因而限制了其应用领域。其工作温度范围为 $-50 \sim 300$ ℃。

任务自测

1. 什么叫应变效应? 试利用应变效应解释金属电阻应变片的工作原理。

2. 为什么应变片传感器大多采用不平衡电桥作为测量电路? 该电桥为什么又都采用半桥和全桥方式?

3. 简述电阻应变式传感器的温度补偿原理。

4. 何谓半导体的压阻效应? 扩散硅传感器结构有哪些特点?

5. 如图 2.59 所示为等截面梁和电阻应变片构成的测力传感器,若选用特性相同的 4 片电阻应变片 $R_1 \sim R_4$,它们不受力时阻值均为 120 Ω,灵敏度 $K=2$,在 Q 点施加作用力 F。

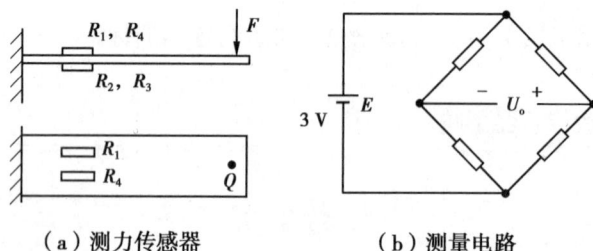

（a）测力传感器 （b）测量电路

图 2.59　测力传感器及测量电路

（1）在测量电路图 2.59（b）中,标出应变片受力情况及其符号（应变片受拉用"↑",受压用"↓"）。

（2）当作用力 $F = 20$ N 时,应变片 $\varepsilon = 4.8 \times 10^{-5}$,若作用力 $F = 80$ N 时,ε 为多少? 电阻应

变片 R_1，R_2，R_3，R_4 为何值?

(3)若每个电阻应变片阻值变化为 0.3 Ω，则输出电压为多少?（$R_L = \infty$）

6.试比较热电阻和半导体热敏电阻的异同。

7.电阻式温度传感器有哪几种? 各有何特点及用途?

8.铜热电阻的阻值 R_t 与温度 t 的关系可用式 $R_t \approx R_0(1+t)$ 表示。已知 0 ℃时铜热电阻的 R_0 为 50 Ω，温度系数为 $4.28 \times 10^{-3}/℃$，求温度为 100 ℃时的电阻值。

9.用热电阻测温为什么常采用三线制连接? 应怎样连接才能确保实现了三线制连接? 若在导线敷设至控制室后再分三线接入仪表，是否实现了三线制连接?

任务3　变磁阻式传感器

任务导航

变磁阻式传感器是利用被测量的变化使线圈电感量发生改变这一物理现象来实现测量的。根据工作原理的不同,变磁阻式传感器可分为自感式传感器、变压器式传感器、电涡流式传感器等,而自感式传感器和变压器式传感器又统称为电感式传感器。根据被测量所改变传感器的参数不同,又分为变间隙式、变面积式和螺丝管式。

任务目标

1.知识目标

(1)知道自感式传感器、变压器式传感器、电涡流式传感器的工作原理及特点;

(2)理解自感式传感器、变压器式传感器、电涡流式传感器的测量电路;

(3)了解自感式传感器、变压器式传感器、电涡流式传感器的分类及应用。

2.能力目标

(1)会正确操作传感器与检测技术综合实验台;

(2)会对实验数据进行分析;

(3)按操作规程进行操作,具有安全操作意识;

(4)会计算传感器的非线性误差及灵敏度;

(5)能正确按照电路要求对应变磁阻式传感器模块等进行正确接线,并调试;

(6)完成实验报告。

3.素质目标

(1)培养学生的安全意识和创新意识;

(2)培养学生的劳动精神,科学精神;

(3)知道岗位操作规程,具有安全操作意识。

相关知识

3.1　自感式传感器

3.1.1　基本自感式传感器

1)工作原理

基本变间隙自感式传感器由线圈、铁芯和衔铁组成,结构如图 3.1 所示。工作时衔铁与被测物体连接,被测物体的位移将引起空气间隙的长度发生变化。气隙磁阻的变化,导致了线圈电感量的变化。

线圈的电感可用下式表示为

$$L = \frac{N^2}{R_m} \qquad (3.1)$$

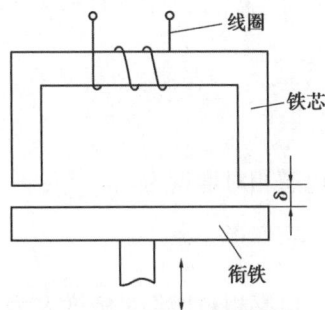

图 3.1　变间隙自感式传感器

式中　N——线圈匝数;

　　　R_m——磁路总磁阻。

磁路总磁阻由铁芯、衔铁与空气间隙 3 部分的磁阻组成,而一般情况下,铁芯与衔铁的磁阻与空气间隙磁阻相比很小,因此磁路总磁阻可近似为气隙磁阻,即

$$R_m \approx 2\frac{\delta}{\mu_0 \cdot S} \qquad (3.2)$$

式中　δ——空气间隙的长度;

　　　μ_0——空气磁导率;

　　　S——铁芯与衔铁之间的空气间隙的相对面积。

因此,式(3.1)中线圈的电感可近似地表示为

$$L = \frac{N^2 \mu_0 S}{2\delta} \qquad (3.3)$$

由式(3.3)可知,传感器中线圈的电感量的变化与气隙长度和面积之间存在确定的函数关系,改变式中气隙长度或气隙截面,均可改变电感的电感量。因此,电感式传感器又可分为变气隙长度的传感器和变气隙面积的传感器。前者常用于测量直线位移,后者常用于测量角位移。

2)灵敏度

设传感器的初始间隙长度为 δ_0,面积为 S_0,当衔铁上移 $\Delta\delta$ 时,传感器气隙长度减小 $\Delta\delta$,即 $\delta = \delta_0 - \Delta\delta$,则此时输出电感为 $L = L_0 + \Delta L$,代入式(3.3),并整理得

$$L = L_0 + \Delta L = \frac{N^2 \mu_0 S_0}{2(\delta_0 - \Delta\delta)} = \frac{L_0}{1 - \frac{\Delta\delta}{\delta_0}} = \frac{L_0\left(1 + \frac{\Delta\delta}{\delta_0}\right)}{1 - \left(\frac{\Delta\delta}{\delta_0}\right)^2} \qquad (3.4)$$

当 $\Delta\delta/\delta_0 \ll 1$ 时，$1 - \left(\frac{\Delta\delta}{\delta_0}\right)^2 \approx 1$，即 $L = L_0 + \Delta L = L_0\left(1 + \frac{\Delta\delta}{\delta_0}\right)$

$$L = L_0 - \Delta L = \frac{N^2 \mu_0 S_0}{2(\delta_0 + \Delta\delta)} = \frac{L_0}{1 + \frac{\Delta\delta}{\delta_0}} = \frac{L_0\left(1 - \frac{\Delta\delta}{\delta_0}\right)}{1 - \left(\frac{\Delta\delta}{\delta_0}\right)^2}$$

$$\Delta L = L_0 \frac{\Delta\delta}{\delta_0} \qquad (3.5)$$

则电感相对增量为

$$\frac{\Delta L}{L_0} = \frac{\Delta\delta}{\delta_0} \qquad (3.6)$$

电感相对增量灵敏度 K 为

$$K = \frac{\frac{\Delta L}{L_0}}{\Delta\delta} = \frac{1}{\delta_0} \qquad (3.7)$$

由式(3.7)可知，δ_0 越小，灵敏度就越高；但 δ_0 越小，$\Delta\delta/\delta_0 \ll 1$ 的条件不易满足，线性度差。可见变间隙式电感传感器的测量范围与灵敏度及线性度相矛盾。因此变间隙式电感传感器用于测量微小位移时是比较准确的。为了减小非线性误差，实际测量中广泛采用差动变间隙式电感传感器。

3.1.2 差动变间隙式传感器

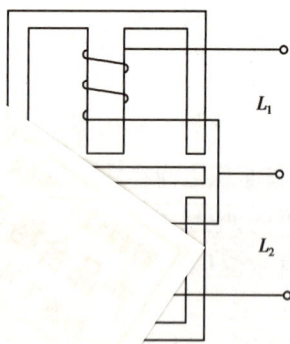

图 3.2　变间隙式电感传感器

如图 3.2 所示为差动变间隙式电感传感器的结构原理图。由图可知，它采用两个相同的传感器共用一个衔铁组成，在测量时，衔铁通过导杆与被测体相连，当被测体上下移动时，导杆带动衔铁也以相同的位移上下移动，使两个磁回路中磁阻发生大小相等、方向相反的变化，导致一个线圈的电感量增加，另一个线圈的电感量减小，形成差动形式。

差动形式-输出的总电感变化量，当 $\Delta\delta/\delta_0 \ll 1$ 时，可得

$$\Delta L = \Delta L_1 + \Delta L_2 = 2L_0 \frac{\Delta\delta}{\delta_0}$$

$$\frac{\Delta L}{L_0} = 2\frac{\Delta\delta}{\delta_0} \qquad (3.8)$$

电感相对变化量的灵敏度 K 为

$$K = \frac{\frac{\Delta L}{L_0}}{\Delta \delta} = \frac{2}{\delta_0} \qquad (3.9)$$

比较单线圈式和差动式两种变间隙式电感传感器的特性,可得到以下结论:

①差动式比单线圈式的灵敏度高一倍。

②差动式的非线性项等于单线圈非线性项乘以 $\frac{\Delta \delta}{\delta_0}$ 因子,因为 $\Delta \delta / \delta_0 \ll 1$,所以,差动式的线性度得到明显改善。

为了使输出特性能得到有效改善,要求构成差动式的两个变隙式电感传感器在结构尺寸、材料、电气参数等方面均完全一致。

3.1.3　螺管型电感式传感器

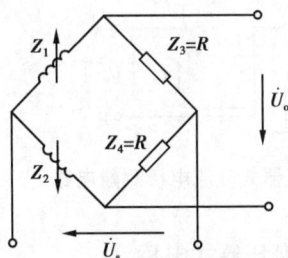

如图 3.3 所示为螺管型电感式传感器的结构图。螺管型电感式传感器的衔铁随被测对象移动,线圈磁力线路径上的磁阻发生变化,线圈电感量也因此而变化,线圈电感量的大小与衔铁位置有关。线圈的电感量 L 与衔铁进入线圈的长度 x 的关系为

$$L = \frac{4\pi^2 N^2}{l^2} \left[lr^2 + (\mu_m - 1) x r_a^2 \right] \qquad (3.10)$$

式中　l——线圈长度;

　　　r——线圈平均半径;

　　　N——线圈的匝数;

　　　x——衔铁进入线圈的长度;

　　　r_a——衔铁的半径;

　　　μ_m——铁芯的有效磁导率。

螺管型电感式传感器的灵敏度较低,但量程大且结构简单,易于制作和批量生产,是目前使用最广泛的一种电感式传感器。

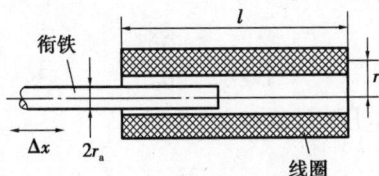

图 3.3　螺管型电感式传感器　　　　　图 3.4　电阻平衡臂电桥电路

3.1.4　测量电路

自感式传感器的测量电路有交流电桥式、交流变压器式和谐振式等几种形式。其中交流电桥是电感式传感器的主要测量电路,它的作用是将线圈电感的变化转换成电桥电路的电压或电流输出。

1) 电阻平衡臂电桥

如图 3.4 所示,电阻平衡臂电桥电路把传感器的两个线圈作为电桥的两个桥臂 Z_1 和 Z_2,另外两个相邻的桥臂用纯电阻代替。

假定图 3.4 中电桥输出端的负载为无穷大,则输出电压为

$$\dot{U}_o = \frac{\dot{U}_s Z_1}{Z_1 + Z_3} - \frac{\dot{U}_s Z_2}{Z_2 + Z_4} = \frac{Z_1 Z_4 - Z_2 Z_3}{(Z_1 + Z_2)(Z_3 + Z_4)}\dot{U}_s$$

因为

$$Z_3 = Z_4 = R$$

所以

$$\dot{U}_o = \frac{(Z_1 - Z_2)R}{(Z_1 + Z_2)2R}\dot{U}_s = \frac{Z_1 - Z_2}{2(Z_1 + Z_2)}\dot{U}_s \tag{3.11}$$

衔铁在平衡位置时,由于两线圈结构完全对称,故

$$Z_1 = Z_2 = Z_0 = R_0 + j\omega L_0$$

其中,R_0 为线圈的铜电阻。若电路的品质因数较高,则近似为

$$Z_1 = Z_2 = Z_0 = j\omega L_0$$

此时 $Z_1 - Z_2 = 0$,电桥平衡,输出为零。

当衔铁偏离中间位置时,两边气隙不等,两只电感线圈的电感量一增一减,电桥失去平衡。当衔铁向上移动时,$Z_1 = Z_0 + \Delta Z_1$,$Z_2 = Z_0 - \Delta Z_1$,把 Z_1,Z_2 代入式(3.11)中,则有

$$\dot{U}_o = \frac{(Z_0 + \Delta Z_1) - (Z_0 - \Delta Z_1)}{2(Z_0 + \Delta Z_1 + Z_0 - \Delta Z_1)} \cdot \dot{U}_s$$

$$= \frac{\dot{U}_s}{2} \cdot \frac{\Delta Z}{Z} = \frac{\dot{U}_s}{2} \cdot \frac{j\omega \Delta L}{R_0 + j\omega L_0} = \frac{\dot{U}_s}{2} \cdot \frac{\Delta L}{L_0} \tag{3.12}$$

式中　L_0——衔铁在中间位置时线圈的电感;

　　　ΔL——两线圈电感的差量。

将 $\Delta L = 2L_0 \dfrac{\Delta\delta}{\delta_0}$ 代入式(3.12)得

$$\dot{U}_o = \dot{U}_s \frac{\Delta\delta}{\delta_0} \tag{3.13}$$

电桥输出电压与 $\Delta\delta$ 有关。

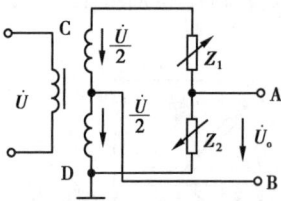

图 3.5　变压器式交流电桥测量电路

2) 交流变压器式电桥

变压器式交流电桥测量电路如图 3.5 所示,电桥两臂 Z_1,Z_2 为传感器线圈阻抗,另外两桥臂为交流变压器次级线圈的两个绕组。当负载为无穷大时,桥路输出电压为

$$\dot{U}_o = \frac{\dot{U}}{Z_1 + Z_2}Z - \frac{\dot{U}}{2} = \frac{\dot{U}}{2} \cdot \frac{Z_2 - Z_1}{Z_1 + Z_2} \tag{3.14}$$

当传感器的衔铁处于中间位置时,即 $Z_1 = Z_2 = Z$,此时 $\dot{U}_o = 0$,电桥平衡。

当衔铁上移时,即 $Z_1 = Z+\Delta Z, Z_2 = Z-\Delta Z$,则有

$$\dot{U}_\circ = -\frac{\dot{U}}{2} \times \frac{\Delta Z}{Z} = -\frac{\dot{U}}{2} \times \frac{\Delta L}{L} \qquad (3.15)$$

同理,衔铁下移时,则 $Z_1 = Z - \Delta Z, Z_2 = Z + \Delta Z$,此时

$$\dot{U}_\circ = \frac{\dot{U}}{2} \times \frac{\Delta Z}{Z} = \frac{\dot{U}}{2} \times \frac{\Delta L}{L} \qquad (3.16)$$

由式(3.15)及式(3.16)可知,衔铁上下移动相同距离时,输出电压的大小相等,方向相反。由于输出 $\dot{U}_\circ$ 是交流电压,输出指示无法判断位移方向,必须配合相敏检波电路来解决。有关相敏检波电路的工作原理将在差动变压器式传感器中讨论。

3)调幅电路

谐振电路如图 3.6 所示。图中 Z 为传感器线圈,E 为激励电源。图 3.6(b)中所示曲线为图 3.6(a)所示回路的谐振曲线。若谐振电路中激励源的频率为 f,其振荡频率 $f = 1/(2\pi \cdot \sqrt{LC})$,则可确定其工作在谐振曲线 A 点。当传感器线圈电量变化时,谐振曲线将左右移动,工作点就在同一频率的纵坐标直线上移动(如移至 B 点),于是输出电压的幅值就发生相应的变化。这种电路灵敏度很高,但非线性严重,常与单线圈自感式传感器配合,用于测量范围小或线性度要求不高的场合。

4)调频电路

如图 3.7(a)所示为调频电路的基本框图。调频电路的基本原理是传感器电感 L 变化将引起输出电压频率的变化。一般是把传感器电感 L 和电容 C 接入一个振荡回路中。当 L 变化时,振荡频率随之变化,根据 f 的大小即可测出被测量的值。如图 3.7(b)所示曲线表示 f 与 L 的特性,它具有明显的非线性关系。

由于输出为频率信号,这种电路的抗干扰能力很强,电缆长度可达 1 km,特别适合于野外现场使用。

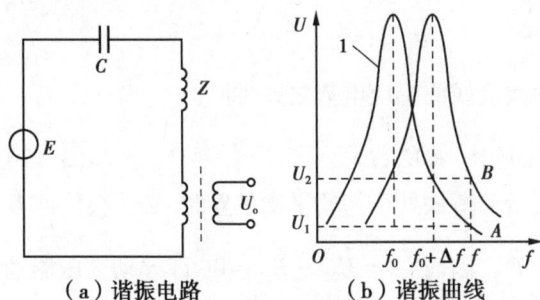

（a）谐振电路　（b）谐振曲线

图 3.6 谐振电路

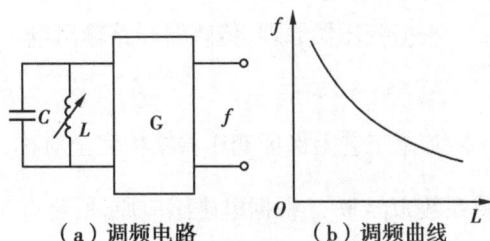

（a）调频电路　（b）调频曲线

图 3.7 调频电路

3.2 变压器式传感器

变压器式传感器根据变压器的基本原理,把被测的非电量变化转换为线圈间互感量的变

化。变压器式传感器与变压器的区别是：变压器为闭合磁路,而变压器式传感器为开磁路;变压器初、次级线圈间的互感为常数,而变压器式传感器初、次级线圈间的互感随衔铁移动而变,且两个次级绕组按差动方式工作。因此,它又被称为差动变压器式传感器。

差动变压器的结构形式较多,有变间隙式、变面积式和螺线管式等,其中应用最多的是螺线管式差动变压器,它可测量 1 ~ 100 mm 的机械位移,并具有测量精度高、灵敏度高、结构简单、性能可靠等优点。

3.2.1 螺线管式差动变压器

螺线管式差动变压器的基本结构如图 3.8 所示,它由一个初级线圈、两个次级线圈和插入线圈中央的圆柱形铁芯等组成。

差动变压器传感器中两个次级线圈反向串联,并且在忽略铁损、导磁体磁阻和线圈分布电容的理想条件下,其等效电路如图 3.9 所示,其中 U_1,I_1 为初级线圈激励电压与电流(频率为 ω);L_1,R_1 为初级线圈电感与电阻;M_1,M_2 分别为初级线圈与次级线圈 1 和 2 之间的互感;L_{21},L_{22} 和 R_{21},R_{22} 分别为两个次级线圈的电感和电阻。

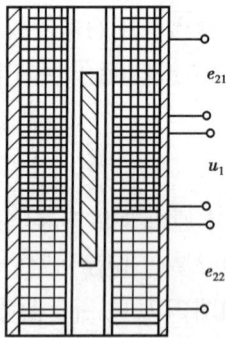

图 3.8　螺线管式差动变压器　　　　图 3.9　等效电路

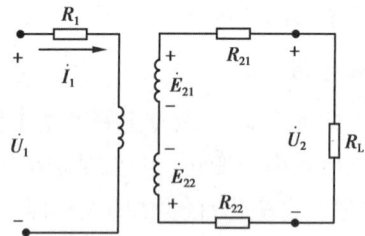

当初级绕组 N_1 加以激励电压 $\dot{U}_1$ 时,根据变压器的工作原理,在两个次级绕组中便会产生感应电势 $\dot{E}_{21}$ 和 $\dot{E}_{22}$。

根据变压器原理,传感器开路输出电压为两次级线圈感应电势之差,即

$$\dot{U}_2 = \dot{E}_{21} - \dot{E}_{22} = j\omega(M_1 - M_2)\dot{I}_1 \tag{3.17}$$

如果工艺上保证变压器结构完全对称,则当活动衔铁处于初始平衡位置时,必然会使两互感系数 $M_1 = M_2$。根据电磁感应原理,将有 $\dot{E}_{21} = \dot{E}_{22}$,因而 $\dot{U}_2 = \dot{E}_{21} - \dot{E}_{22} = 0$,即差动变压器输出电压为零。

当衔铁偏离中间位置向上移动时,由于磁阻变化,使互感 $M_1 > M_2$,即 $M_1 = M + \Delta M_1$,$M_2 = M - \Delta M_2$。在一定范围内,$\Delta M_1 = \Delta M_2 = \Delta M$,差值 $M_1 - M_2 = 2\Delta M$,于是,在负载开路情况下,输出电压为

$$\dot{U}_2 = j\omega(M_1 - M_2)\dot{I}_1 = 2j\omega\Delta M\dot{I}_1 \tag{3.18}$$

由图 3.9 可知

$$\dot{I}_1 = \frac{\dot{U}_1}{R_1 + \mathrm{j}\omega L_1} \tag{3.19}$$

所以

$$\dot{U}_2 = 2\mathrm{j}\omega\Delta M \cdot \frac{\dot{U}_1}{R_1 + \mathrm{j}\omega L_1} \tag{3.20}$$

其输出电压有效值 $U_2 = 2\omega\Delta M \cdot U_1 / \sqrt{R_1^2 + (\omega L)^2}$，与 $\dot{E}_{21}$ 同极性。

由于在一定的范围内，互感的变化 ΔM 与位移 x 成正比，所以 $\dot{U}_2$ 的变化与位移的变化成正比。且衔铁上移时，输出 $\dot{U}_2$ 与 $\dot{U}_1$ 同相位。同理，衔铁向下移动时，$M_1 < M_2$，使输出 $\dot{U}_2 = -2\mathrm{j}\omega\Delta M \cdot \dot{U}_1 / (R_1 + \mathrm{j}\omega L_1)$，其有效值 $U_2 = -2\omega\Delta M \cdot U_1 / \sqrt{R_1^2 + (\omega L_1)^2}$ 输出 $\dot{U}_2$ 与 $\dot{U}_1$ 相位相反。

实际上，当衔铁位于中心位置时，差动变压器的输出电压并不等于零，通常把差动变压器在零位移时的输出电压称为零点残余电压。它的存在使传感器的输出特性曲线不过零点，造成实际特性与理论特性不完全一致。特性曲线如图 3.10 所示。零点残余电压 U_{20} 产生的原因主要是传感器的两次级绕组的电气参数和几何尺寸不对称，以及磁性材料的非线性等问题。零点残余电压的波形十分复杂，主要由基波和高次谐波组成。基波的产生主要是因传感器的两次级绕组的电气参数、几何尺寸不对称，导致它们产生的感应电动势幅值不等、相位不同。因此，无论怎样调整衔铁位置，两线圈中感应电势都不能完全抵消，高次谐波中起主要作用的是三次谐波，产生的原因是磁性材料磁化曲线的非线性（磁饱和、磁滞）。零点残余电压一般在几十毫伏以下。在实际使用时，应设法减小，否则将会影响传感器的测量结果。

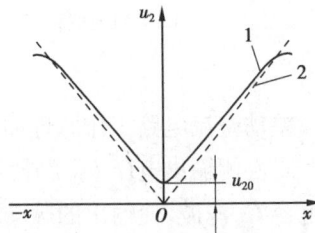

图 3.10　零点残余电动势

零点残余电动势使得传感器在零点附近的输出特性不灵敏，为测量带来误差。此值的大小是衡量差动变压器性能好坏的重要指标。

为了减小零点残余电动势，可采用以下方法：

①尽可能保证传感器尺寸、线圈电气参数和磁路对称。磁性材料要经过处理，以消除内部的残余应力，使其性能均匀稳定。

②选用合适的测量电路。例如，采用相敏整流电路，既可判别衔铁移动方向又可改善输出特性，减小了零点残余电动势。

③采用补偿线路减小零点残余电动势。在差动变压器二次侧串、并联适当数值的电阻、电容元件，当调整这些元件时，可使零点残余电动势减小。

3.2.2　测量电路

差动变压器的输出电压为交流电压，它与衔铁位移成正比，当变压器两输出电压反向串联

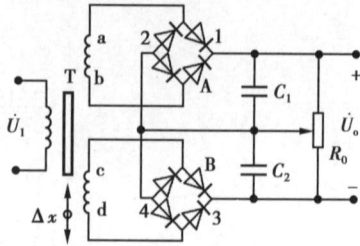

图 3.11 差动整流电路图

时,用交流电压表测量其输出值只能反映衔铁位移的大小,不能反映移动的方向,因此,常采用差动整流电路和相敏检波电路进行测量。

1)差动整流电路

如图 3.11 所示为典型的差动全波整流电压输出电路。

这种电路把差动变压器的两个次级输出电压分别全波整流,然后将整流电压的差值作为输出,电阻 R_0 用于调整零点残余电压。

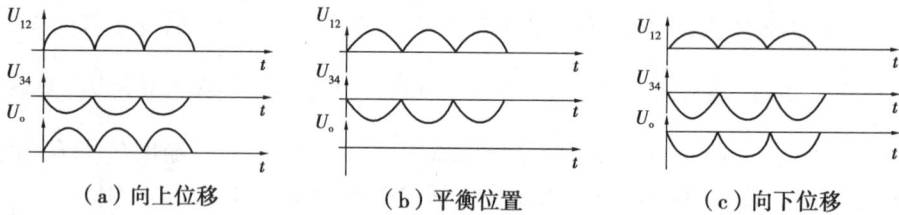

（a）向上位移　　　　　　（b）平衡位置　　　　　　（c）向下位移

图 3.12 差动整流波形

差动整流电路工作原理如下:

二次侧输出电压 U_{ab} 经桥堆 A 全波整流,使交流电变成单向脉动点电压,输出的脉动电压经电容 C_1 滤波,使输出的脉动减小。桥堆 A 输出的电压始终上正、下负,即 $U_{12}>0$。其波形如图 3.12 所示,同理,二次侧输出电压 U_{cd} 经桥堆 B 整流和电容滤波后,得到单向电压 U_{34},且 $U_{34}<0$。

当衔铁在零位时,由于 $U_{ab}=U_{cd}$,使 $U_{12}=U_{34}$,则 $U_o=U_{12}-U_{34}=0$。

当衔铁向上移动时,由于 $U_{ab}>U_{cd}$,使 $U_{12}>U_{34}$,则 $U_o=U_{12}-U_{34}>0$。

衔铁向下移动时,则电压的变化刚好相反,使 $U_{ab}<U_{cd}$,$U_{12}<U_{34}$,$U_o=U_{12}-U_{34}<0$。

衔铁在移动方向的位移越大,U_o 的输出电压值也越大,即输出 U_o 的大小反映位移大小,U_o 的正负反映位移的方向。

差动整流电路具有结构简单,不需要考虑相位调整和零点残余电压的影响,分布电容影响小和便于远距离传输等优点,因而获得广泛的应用。

2)相敏检波电路

如图 3.13 所示为二极管相敏检波电路。图中 M,O 分别为变压器 T_1,T_2 的中心抽头,u_2 为来自差动传感器的输出电压。调制电压 u_0 与 u_2 同频,要求 u_0 与 u_2 同相或反相,且 $u_0 \geqslant u_2$,以保证二极管的导通由 u_0 决定。为保证电路中 u_0 与 u_2 同频,两者由同一电源 u_1 供电,且由移向器实现 u_0 与 u_2 的同相或反相。

假如 u_0 与 u_1 同频同相,则相敏检波电路的工作原理如下:

传感器衔铁上移时,$\Delta x>0$,u_2 与 u_1 同相,则 u_2 与 u_0 同相。

u_0 处于正半周时,VD_2,VD_3 导通,VD_1,VD_4 截止,形成两条电流通路:

电流通路 1 为

$$u_{01}^+ \rightarrow C \rightarrow VD_2 \rightarrow B \rightarrow u_{22}^+ \rightarrow u_{22}^- \rightarrow R_L \rightarrow u_{01}^-$$

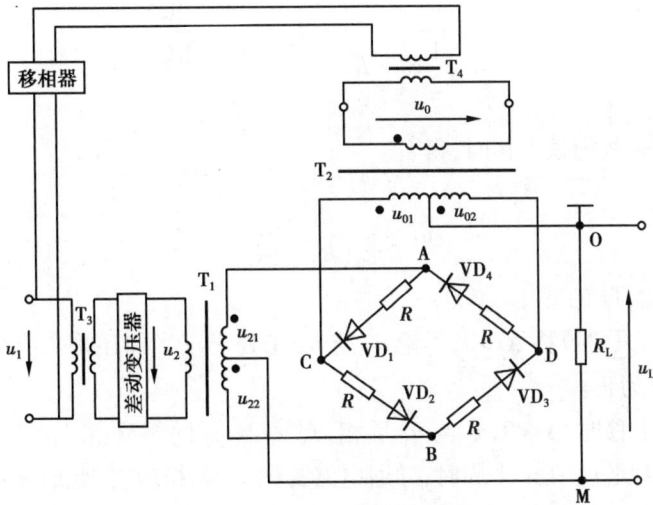

图 3.13 二极管相敏检波电路

电流通路 2 为

$$u_{02}^+ \to R_L \to u_{22}^+ \to u_{22}^- \to B \to VD_3 \to D \to u_{02}^-$$

其等效电路如图 3.14 所示。

因为 u_{01} 与 u_{02} 是由同一变压器提供且大小相等。所以由叠加原理可知，u_{01} 与 u_{02} 在 R_L 中产生的电流互相抵消，即负载 R_L 中电压由 u_{22} 决定，且 u_L 为

$$u_L = \frac{u_{22}}{\frac{1}{2}R + R_L} \cdot R_L = \frac{2R_L \cdot u_{22}}{R + 2R_L} \tag{3.21}$$

当 u_2 与 u_0 同处于负半周时，VD_1，VD_4 导通，VD_2，VD_3 截止，同样有两条电流通路：

电流通路 1 为

$$u_{01}^+ \to R_L \to u_{21}^+ \to u_{21}^- \to A \to R \to VD_1 \to C \to u_{01}^-$$

电流通路 2 为

$$u_{02}^+ \to D \to R \to VD_4 \to A \to u_{21}^- \to u_{21}^+ \to R_L \to u_{02}^-$$

其等效电路如图 3.15 所示。

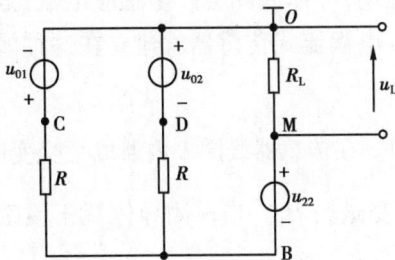

图 3.14 正半周等效电路

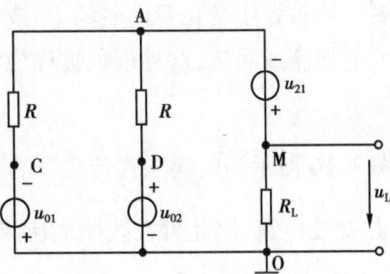

图 3.15 负半周等效电路

与 u_0 在正半周时相似，u_{01} 与 u_{02} 在 R_L 中的作用互相抵消，u_L 由 u_{21} 决定，即

$$u_{\mathrm{L}} = \frac{u_{21}}{\frac{1}{2}R + R_{\mathrm{L}}} \cdot R_{\mathrm{L}} = \frac{2R_{\mathrm{L}} \cdot u_{21}}{R + 2R_{\mathrm{L}}} \tag{3.22}$$

考虑到 $u_{21} = u_{22} = \dfrac{u_2}{2n_1}$，故衔铁上移时，得

$$u_{\mathrm{L}} = \frac{R_{\mathrm{L}}u_2}{n_1(R + 2R_{\mathrm{L}})} \tag{3.23}$$

式中 n_1——变压器 T_1 的变比。

式(3.23)说明，只要位移 $\Delta x > 0$，不论 u_2 与 u_0 是处于正半周还是负半周，在负载 R_{L} 两端得到的电压 u_{L} 始终为正。

当传感器衔铁下移时，$\Delta x < 0$，u_2 与 u_1 反相，则 u_2 与 u_0 同频反相。由于电路中二极管的导通是由 u_0 决定的，因此 u_0 在正半周时，导通电路与图 3.14 相似，但此时 u_{22} 的极性上"−"、下"+"，与 $\Delta x > 0$ 时相反。而 u_0 在负半周时，导通电路与图 3.15 相似，但 u_{21} 的极性上"+"、下"−"，也与 $\Delta x > 0$ 时相反。故此时负载端的电压为

$$u_{\mathrm{L}} = -\frac{R_{\mathrm{L}}u_2}{n_1(R + 2R_{\mathrm{L}})} \tag{3.24}$$

即 $\Delta x < 0$ 时，R_{L} 两端的输出电压与 $\Delta x > 0$ 时 R_{L} 两端的输出电压相比，相差一个符号。

由上述分析可知，相敏检波电路输出电压 u_{L} 的变化规律充分反映了被测位移量的变化规律，即 u_{L} 的值反映位移 Δx 的大小，而 u_{L} 的极性则反映了位移 Δx 的方向。

3.3   电涡流式传感器

电涡流传式感器具有结构简单、频率响应宽、灵敏度高、测量范围大、抗干扰能力强等优点，特别是它可以实现非接触式测量，因此，在工业生产和科学技术的各个领域中得到了广泛的应用。应用电涡流式传感器可实现多种物理量(如位移、振动、厚度、转速、应力、硬度等)的测量，也可用于无损探伤。

3.3.1   电涡流式传感器的工作原理

金属导体被置于变化着的磁场中，或在磁场中运动，导体内就会产生感应电流，该感应电流被称为电涡流或涡流，这种现象被称为涡流效应。电涡流式传感器就建立在这种涡流效应的基础上。

如图 3.16 所示为电涡流式传感器的工作原理图。在传感器线圈 L 内通以一交变电流 $\dot{I}_1$，由于 $\dot{I}_1$ 是交变电流，因此可在线圈周围产生一个交变磁场 H_1。当被测导体置于该磁场范围时，导体内便产生电涡流 $\dot{I}_2$，此时 $\dot{I}_2$ 将产生一个新的磁场 H_2；根据楞次定律，H_2 与 H_1 方向相反，削弱原磁场 H_1，从而导致线圈的电感量、阻抗和品质因素发生变化。

一般来讲，线圈电感量的变化与导体的电导率、磁导率、几何形状，线圈的几何参数、激励电流频率，以及线圈与被测导体之间的距离有关。如果控制上述参数中的一个参数改变，而其

余参数恒定不变,则电感量就成为此参数的单值函数。如只改变线圈与金属导体间的距离,则电感量的变化即可反映出这二者之间的距离大小变化。

3.3.2 电涡流式传感器的种类

在电涡流传感器中,磁场变化频率越高,涡流集肤效应越显著,即涡流穿透深度越小。因此,电涡流传感器根据激励频率的高低,可分为高频反射式或低频透射式两大类。

1)高频反射式电涡流传感器

目前,高频反射式电涡流传感器应用十分广泛。如图3.17所示为高频反射式电涡流传感器结构图。它由一个扁平线圈固定在框架上构成。线圈用高强度漆包铜线或银线、铼钨合金绕制而成,用胶黏剂粘在框架端部或绕制在框架内。

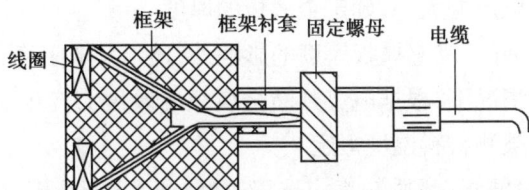

图3.16 电涡流式传感器的工作原理图

图3.17 高频反射式电涡流传感器

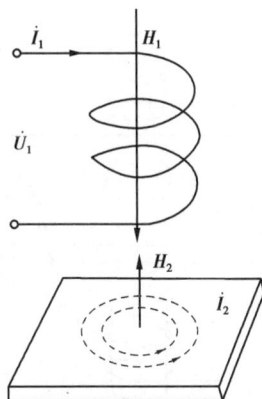

线圈框架常用高频陶瓷、聚酰亚胺、环氧玻璃纤维、氮化硼和聚四氟乙烯等损耗小、电性能好、热膨胀系数小的材料。由于激励频率较高,对所用电缆与插头要充分重视。

电涡流传感器的线圈与被测金属导体间是磁性耦合,电涡流传感器是利用这种耦合程度的变化来进行测量的。因此,被测物体的物理性质,以及它的尺寸和形状都与总的测量装置有关。一般来讲,被测物体的电导率越高,灵敏度也越高。磁导率则相反,当被测物为磁性体时,灵敏度较非磁性体低。而且被测体若有剩磁,将影响测量结果,因此应予消磁。

被测体的大小和形状也与灵敏度密切相关。若被测体为平面,被测体的直径应不小于线圈直径的1.8倍。当被测体的直径为线圈直径的一半时,灵敏度将减小一半;若直径更小时,灵敏度下降更严重。若被测体表面有镀层,镀层的性质和厚度不均匀也将影响测量精度。当测量转动或移动的被测物体时,这种不均匀将形成干扰信号。尤其当激励频率较高,电涡流的贯穿深度减小时,这种不均匀干扰影响更加突出。当被测体为圆柱形时,只有圆柱形直径为线圈直径的3.5倍以上,才不影响测量结果;两者相等时,灵敏度降低为70%左右。同样,对被测体厚度也有一定的要求。一般厚度大于0.2 mm即不影响测量结果(视激励频率而定)。铜铝等材料更可减薄到70 μm。

2)低频透射式电涡流传感器

低频透射式与高频反射式的区别在于它采用低频激励,贯穿深度大,适用于测量金属材料的厚度。其工作原理如图3.18所示。低频透射式电涡流传感器有两个线圈,一个是发射线圈

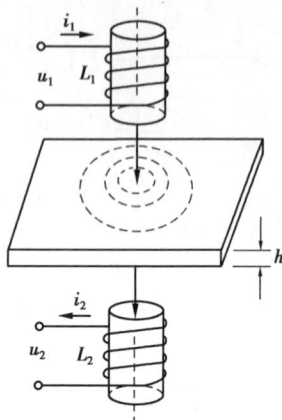

图 3.18　低频透射式电涡流传感器

L_1，在其上加入电压产生磁场；另一个是接收线圈 L_2，用以感应电动势。

发射线圈 L_1 和接收线圈 L_2 分别位于被测材料的上下方。由振荡器产生的高频电压 u 加到 L_1 的两端后，线圈中即流过一个同频交变电流，并在其周围产生一交变磁场。如果两线圈间不存在被测金属材料，线圈 L_1 的磁场就能直接贯穿线圈 L_2，于是 L_2 的两端会产生一交变电势 E。

在 L_1 与 L_2 之间放置一金属板后，L_1 产生的磁力线经过金属板，且在金属板中产生涡流，该涡流削弱了 L_1 产生的磁力线，使达到接收线圈的磁力线减少，从而使 L_2 两端的感应电势 E 减小。

由于金属板中产生涡流的大小与金属板的厚度有关，金属板越厚，则板内产生的涡流越大，削弱的磁力线越多，接收线圈中产生的电势也越小。因此，可根据接收线圈输出电压的大小，确定金属板的厚度。

金属板中涡流的大小除了受金属板厚度的影响外，还与其电阻率有关，而电阻率与温度有关。因此，在温度变化的情况下，根据电势判断金属板的厚度会产生误差。为此，在用涡流法测量金属板厚度时，要求被测材料温度恒定。

为了较好地进行厚度测量，激励频率应选得较低，通常选 1 kHz 左右。频率太高，贯穿深度小于被测厚度，不利于进行厚度测量。

通常，测薄金属板时，频率应略高些；测厚金属板时，频率应低一些。在测量电阻率较小的材料时，应选 500 Hz 左右较低的频率；测量电阻率较大的材料时，则应选用 2 kHz 较高的频率。这样，可保证在测量不同材料时能得到较好的线性度和灵敏度。

3.3.3　测量电路

根据电涡流式传感器的基本原理可知，被测量的变化被传感器转化为品质因素 Q、等效阻抗 Z 和等效电感 L 等 3 个参数，针对不同的变化参数，可用相应的测量电路来测量。电涡流传感器的测量电路可以归纳为高频载波调幅式和调频式两类。而高频载波调幅式又可分为恒定频率的载波调幅和频率变化的载波调幅两种。

1) 载波频率改变的调幅法和调频法

如图 3.19 所示为调频调幅式测量电路。

该测量电路由 3 个部分组成，即电容三点式振荡器、检波器和射极跟随器。

电容三点式振荡器的作用是将位移变化引起的振荡回路 Q 值变化转换为高频载波信号的幅值变化。为使电路具有较高的效率而自行起振，电路采用自给偏压的办法。

检波器由检波二极管和 π 形滤波器组成。采用 π 形滤波器可适应电流变化较大，而又要求纹波很小的情况，可获得平滑的波形。检波器的作用是将高频载波中的测量信号不失真地取出。

射极跟随器的输入阻抗高，并具有良好的跟随性等特点，因此采用射极输出器作为输出

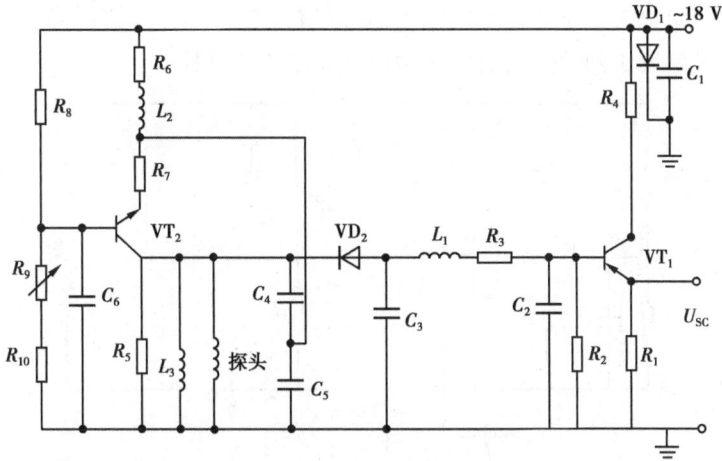

图3.19　调频调幅式测量电路

极,可获得尽可能大的不失真输出幅度值。

当无被测导体时,回路谐振于频率f_0,涡流式传感器的输出电感最大,Q值最高,因此对应的输出电压U_o最大。当被测导体接近传感器线圈时,振荡器的谐振频率发生变化,谐振曲线不但向两边移动,而且变得平坦。此时由传感器回路组成的振荡器输出电压的频率和幅值均发生变化,如图3.20所示。设其输出电压分别为$U_1,U_2,\cdots$,振荡频率分别为f_1,$f_2,\cdots$,假如直接取它的输出电压作为显示量,则这种线路就称为载波频率改变的调幅法。它直接反映了Q值变化,因此可

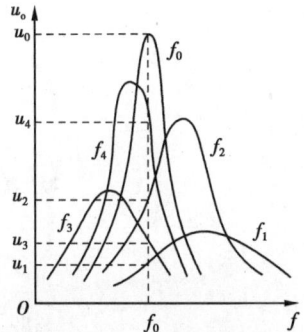

图3.20　谐振曲线

用于以Q值作为输出的电涡流传感器。若取改变了的频率作为显示量,那么就用于测量传感器的等效电感量,这种方法称为调频法。

2)调频式测量电路

调频电路与变频调幅电路相同,将传感器线圈接入电容三点式振荡回路,但所不同的是,它以振荡频率的变化作为输出信号。如欲以电压作为输出信号,则应后接鉴频器,如图3.21所示。

调频式测量电路的关键是提高振荡器的频率稳定性。通常可从环境温度变化、电缆电容变化及负载影响3个方面考虑。另外,提高谐振回路元件本身的稳定性也是提高频率稳定性的一个措施。为此,传感器线圈L采用热绕工艺绕制在低膨胀系数材料的骨架上,并配以高稳定的云母电容,或将具有适当负温度系数的电容(进行温度补偿)作为谐振电容C。此外,提高传感器探头的灵敏度也能提高仪器的相对稳定性。

3)电桥电路

如图3.22所示为电桥法的原理图,图中线圈A和B为传感器线圈。

电桥法把传感器线圈的阻抗作为电桥的桥臂,并将传感器线圈的阻抗变化转换为电压或电流的变化。无被测量输入时,电桥达到平衡。在进行测量时,由于传感器线圈的阻抗发生变

化,电桥失去平衡,将电桥不平衡造成的输出信号进行放大并检波,就可得到与被测量成正比的输出。电桥法主要用于两个电涡流线圈组成的差动式传感器。

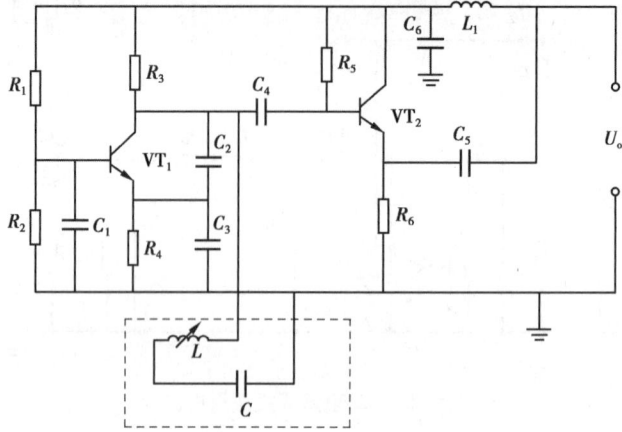

图 3.21　调频式测量电路

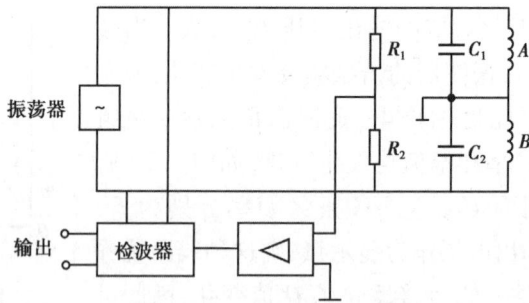

图 3.22　电桥法原理图

3.4　变磁阻式传感器的应用

3.4.1　自感式传感器的应用

1)压力测量

如图 3.23 所示为可用于测量压力的变间隙式差动电感压力传感器。它主要由 C 形弹簧管、衔铁、铁芯和线圈等组成。

当被测压力进入 C 形弹簧管时,C 形弹簧管发生变形,其自由端发生位移,带动与自由端连接成一体的衔铁运动,使线圈 1 和线圈 2 中的电感发生大小相等、符号相反的变化,即一个电感量增大,另一个电感量减小。电感的这种变化通过电桥电路转换成输出电压。由于输出电压与被测压力之间成比例关系,因此只要用检测仪表测量出输出电压,即可知被测压力的大小。

2)位移测量

如图 3.24 所示为电感测微仪的结构与原理框图。测量时测头的测端与被测件接触,被测件的微小位移使衔铁在差动线圈中移动,线圈电感值将产生变化,使这一变化量通过引线接到交流电桥,电桥的输出电压就反映被测件的位移变化量。

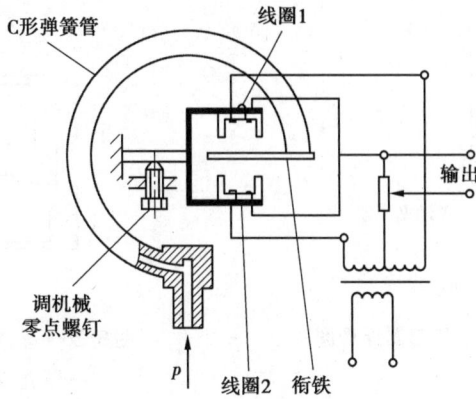

图 3.23　变间隙式差动电感压力传感器

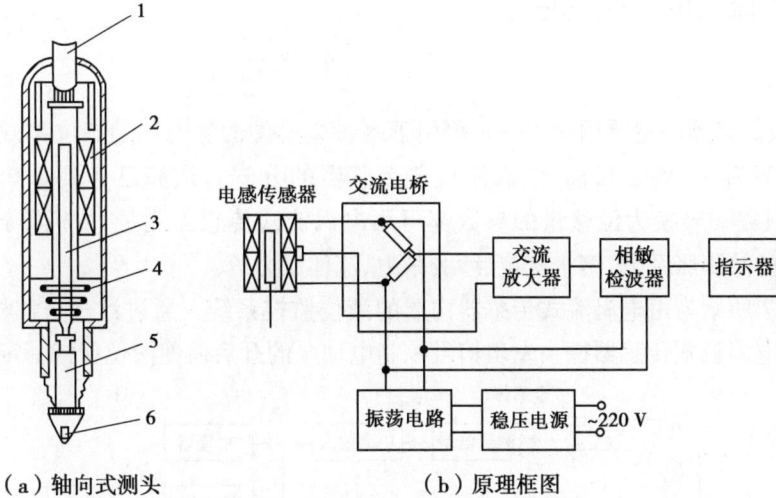

（a）轴向式测头　　　　（b）原理框图

图 3.24　电感测微仪的结构与原理框图

1—引线;2—线圈;3—衔铁;4—测力弹簧;5—导杆;6—测端

3.4.2　变压器式传感器的应用

1)加速度测量

如图 3.25 所示为测量加速度的电感传感器结构图。衔铁受加速度的作用,使悬臂弹簧受力变形,与悬臂相连的衔铁产生相对线圈的位移,从而使变压器的输出改变。而位移的大小反映了加速度的大小。

2)压力测量

差动变压器与膜片、膜盒和弹簧管等相结合,可组成压力传感器。如图 3.26 所示为微压力传感器的结构示意图。在无压力作用时,膜盒处于初始状态,与膜盒连接的衔铁位于差动变压器线圈的中心部。当压力输入膜盒后,膜盒的自由端产生位移并带动衔铁移动,差动变压器

79

产生一正比于输出压力的输出电压。

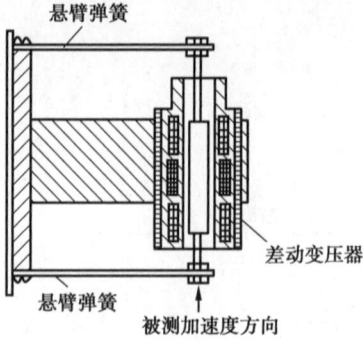

图 3.25　差动变压器式加速度传感器原理图

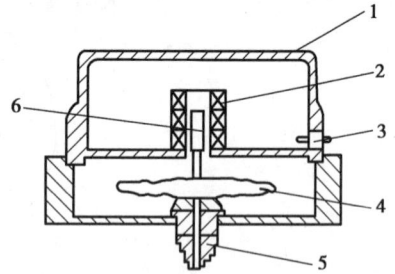

图 3.26　差动变压器式压力传感器原理图
1—罩壳;2—差动变压器;3—插头;
4—膜盒;5—接头;6—衔铁

3.4.3　电涡流式传感器的应用

1) 测位移

电涡流式传感器的主要用途之一是可用于测量金属件的静态或动态位移,最大量程达数百毫米,分辨率为 0.1%。目前,电涡流位移传感器的分辨力最高已达到 0.05 μm(量程 0～15 μm)。凡是可转换为位移量的参数都可用电涡流式传感器测量,如机器转轴的轴向窜动、金属材料的热膨胀系数、钢水液位、纱线张力、流体压力等。

如图 3.27 所示为由电涡流式传感器构成的液位监控系统。通过浮子与杠杆带动涡流板上下位移,由电涡流式传感器探头发出信号控制电动泵的开启而使液位保持一定。

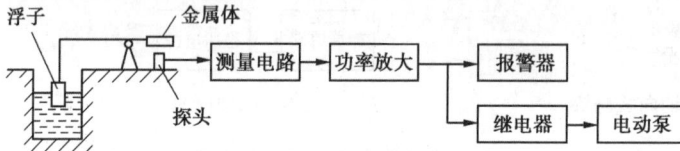

图 3.27　液位监控系统

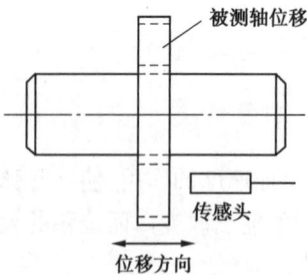

图 3.28　主轴轴向位移的工作原理图

如图 3.28 所示为用于测量汽轮机主轴轴向位移的工作原理图,涡流传感器的探头靠近主轴,当主轴轴向移动时,使涡流传感器的输出电感发生变化。

2) 测量转速

如图 3.29 所示,在一个旋转体上开一条或数条槽,或者将其做成齿状,在其旁边安装一个电涡流传感器。当旋转体运动时,电涡流式传感器将周期性地改变输出电压信号,此电压信号经过放大、整形,可用频率计指示出频率数值。此值与槽数和被测转速有关,即

$$n = \frac{f}{N} \times 60$$

式中　f——频率值,Hz;

　　　N——旋转体的槽数或齿数;

　　　n——被测轴的转速,r/min。

3)探伤

电涡流式传感器可用于检查金属的表面裂纹、热处理裂纹,以及用于焊接部位的探伤等,如图3.30所示。即使传感器与被测体距离不变,如有裂纹出现,也将引起金属的电阻率、磁导率的变化。裂纹处也可解释为有位移值的变化。这些综合参数(x,ρ,μ)的变化将引起传感器参数的变化,通过测量传感器参数的变化即可达到探伤的目的。

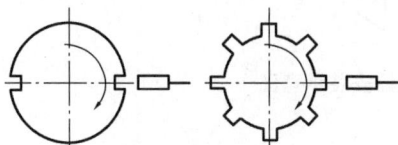

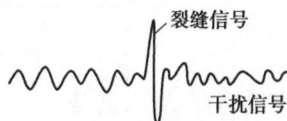

图 3.29　转速测量　　　图 3.30　用涡流探伤时的测试信号

4)测温

在较小的温度范围内,导体的电阻率与温度的关系为

$$\rho_1 = \rho_0 [1 + \alpha(t_1 - t_0)]$$

式中　ρ_1,ρ_0——分别为温度t_1与t_0时的电阻率;

　　　α——在给定温度范围内的电阻温度系数。

若保持电涡流式传感器的其他各参数不变,使传感器的输出只随被测导体电阻率而变,就可测得温度的变化。上述原理可用于测量液体、气体介质温度或金属材料的表面温度,适合于低温到常温的测量。

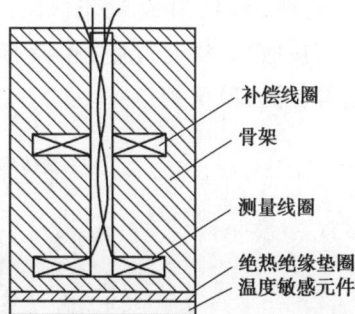

图 3.31　测温的电涡流式传感器

如图3.31所示为一种测量液体或气体介质温度的电涡流式传感器。它具有不受金属表面涂料、油、水等介质的影响,可实现非接触式测量,反应快等优点。目前已制成热惯性时间常数仅为1 ms的电涡流温度计。

除了上述应用,电涡流式传感器还可利用磁导率与硬度有关的特性实现非接触式硬度连续测量,并可用作接近开关,以及用于尺寸检测等。

任务实施

实验 1　电涡流传感器测量位移

[实验目的]

了解电涡流传感器测量位移的工作原理及特性。

[基本原理]

通以高频电流的线圈产生磁场,当有导电体接近时,因导电体涡流效应产生涡流损耗,而涡流损耗与导电体离线圈的距离有关,因此可进行位移测量。

[需用器件与单元]

电涡流传感器、电涡流变换器、直流电源、直流电压表、测微头、铁圆片。

[实验步骤]

①根据如图 3.32 所示安装电涡流传感器。

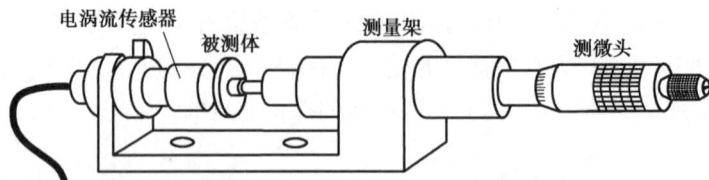

图 3.32　电涡流传感器安装示意图

②观察传感器结构,这是一个扁平绕线圈。

③在测微头端部装上铁质金属圆片,作为电涡流传感器的被测体。

④如图 3.33 所示,将电涡流传感器接入电涡流变换器中,作为振荡器的一个元件(传感器屏蔽层接地)。将电涡流变换器输出端与直流电压表正极输入相接。直流电压表量程切换开关选择外测、20 V 挡。

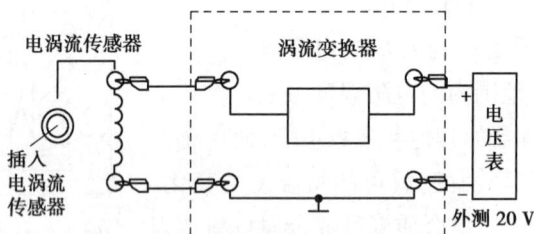

图 3.33　电涡流传感器位移实验接线图

⑤使测微头与传感器线圈端部接触,记下直流电压表读数,然后每隔 0.2 mm 读一个数,直到输出几乎不变为止。将结果列入表 3.1 中。

表 3.1　电涡流传感器位移 X 与输出电压 V 的数据

X/mm										
V/V										

⑥根据表 3.1 的数据,画出 V-X 曲线,根据曲线找出线性区域及进行位移测量时的最佳工作点,试计算量程为 1,3,5 mm 时的灵敏度和线性度(可用端基法或其他拟合直线)。

[思考题]

1.电涡流传感器的量程与哪些因素有关,如果需要测量 ±3 mm 的量程应如何设计传感器?

2.用电涡流传感器进行非接触位移测量时,如何根据量程选用传感器?

实验2　差动变压器测振动

[实验目的]

了解差动变压器测量振动的方法。

[实验原理]

利用差动变压器测量动态参数与测位移量的原理相同。

[需用的器件与单元]

差动变压器、音频振荡器、差动放大器、电桥、移相器、相敏检波器、低通滤波器、示波器、低频振荡器、振动源、直流稳压电源。

[实验步骤]

①将差动变压器按如图3.34所示,安装在振动源上。并用手按压振动台,不能使差动压器的活动杆有卡死的现象,否则必须调整安装位置。

②按如图3.35所示接线,并调整好有关部分,调整如下:检查接线无误后,合上主控台电源开关,用示波器观察 L_v 峰－峰值,调整音频振荡器幅度旋钮使 $V_{op-p}=4$ V,频率调整为5 kHz;用示波器观察相敏检波器输出,调整传感器连接支架高度,使示波器显示的波形幅值为最小;仔细调节 W_1 和 W_2 使示波器(相敏检波输出)显示的波形幅值更小,基本为零点;用手按住振动平台(让传感器产生一个大位移)仔细调节移相器和相敏检波器的旋钮,使示波器显示的波形为一个接近全波整流波形;松手,整流波形消失变为一条接近零点线(否则再调节 W_1 和 W_2)。

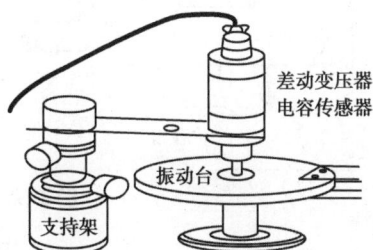

图3.34　差动变压器安装

③如图3.36所示,低频振荡器输出引入振动源的低频输入,调节低频振荡器幅度旋钮和频率旋钮,使振动平台振荡较为明显。

④用示波器观察放大器 V_0、相敏检波器的 V_0 及低通滤波器的 V_0 波形。

⑤保持低频振荡器的幅度不变,改变振荡频率用示波器观察低通滤波器的输出,读出峰－峰电压值,记下实验数据,将结果列入表3.2。

表3.2　差动变压器振荡频率 F 与输出峰－峰电压值 V_{p-p} 的数据

F/Hz								
V_{p-p}/V								

⑥根据实验结果作出梁的 F-V_{p-p} 特性曲线,指出自振频率的大致值。

⑦保持低频振荡器频率不变,改变振荡幅度,同样实验,可得到振幅—V_{p-p} 曲线(定性)。

注意事项:低频激振电压幅值不要过大,以免梁在自振频率附近振幅过大。

[思考题]

1. 如果用直流电压表来读数,需增加哪些测量单元,测量线路该如何?

2. 利用差动变压器测量振动,在应用上有些什么限制?

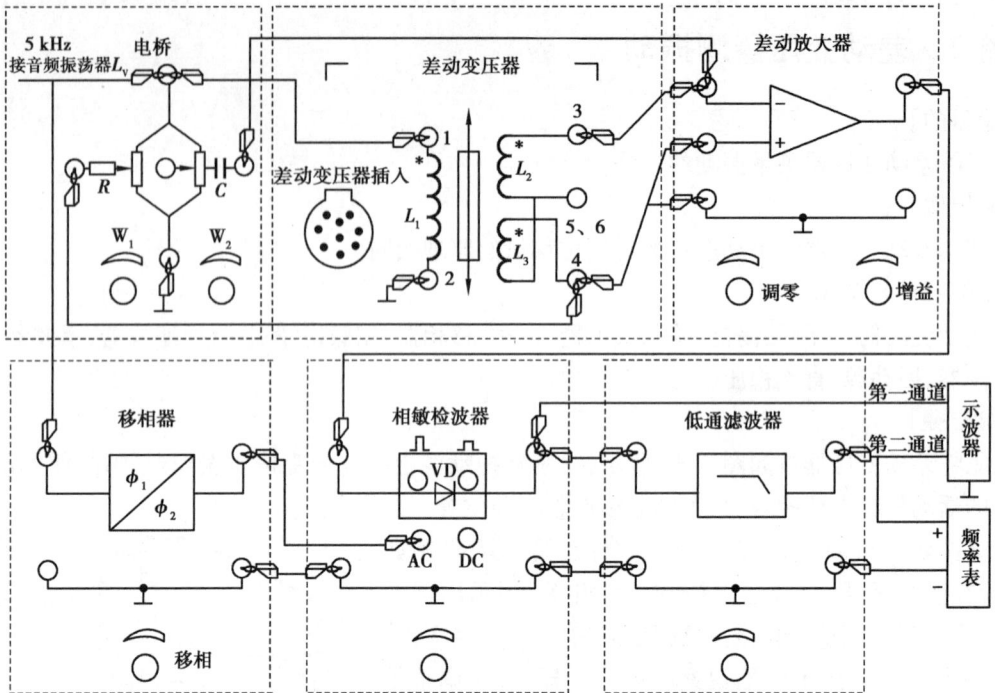

图 3.35　差动变压器振动测量实训接线图

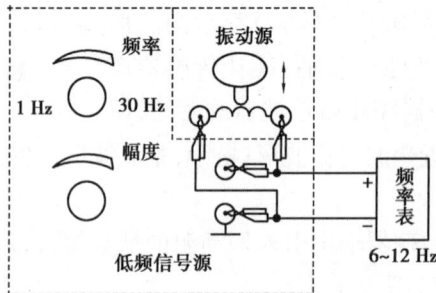

图 3.36　振动源接线图

任务小结

变磁阻式传感器利用被测量的变化使线圈电感量发生改变来实现测量。它可分为自感式传感器、变压器式传感器、电涡流式传感器等,而前两种又统称为电感式传感器。

在自感式传感器中主要介绍了变间隙传感器的工作原理。自感式变间隙传感器有基本变间隙传感器和差动变间隙式传感器两种。两者相比,后者的灵敏度比前者高一倍,且线性度得到明显改善。

变压器式传感器属于互感式传感器,把被测的非电量转换为线圈间互感量的变化。差动变压器的结构形式较多,有变隙式、变面积式和螺线管式等,其中应用得最多的是螺线管式差动变压器,它可以测量 $1 \sim 100$ mm 的机械位移,并具有测量精度高、灵敏度高、结构简单、性能可靠等优点。

电涡流式传感器具有结构简单、频率响应宽、灵敏度高、测量范围大、抗干扰能力强等优点,特别是电涡流式传感器可以实现非接触式测量,因此,在工业生产和科学技术的各个领域中得到了广泛的应用。应用电涡流式传感器可实现多种物理量的测量,也可用于无损探伤。

本任务除介绍不同类型传感器的工作原理外,还介绍了针对不同传感器的输出变量 Z, Q, L 的不同测量电路及各种传感器的应用。

任务自测

1. 简述单线圈和差动变间隙式自感传感器的工作原理和基本特性。

2. 为什么螺线管式电感传感器比变间隙式电感传感器有更大的测量范围?

3. 根据螺线管式差动变压器的基本特性,说明其灵敏度和线性度的主要特点。

4. 简述电涡流传感器的工作原理及其主要用途。

5. 气隙式电感传感器如图 3.37 所示,衔铁断面积 $S = 4$ mm×4 mm,气隙总长度 $\delta = 0.8$ mm,衔铁最大位移 $\Delta\delta = \pm0.08$ mm,激励线圈匝数 $N = 2\ 500$ 匝,导线直径 $d = 0.06$ mm,电阻率 $\rho = 1.75\times10^{-6}\Omega\cdot$m。当激励电源频率 $f = 40$ MHz 时,忽略漏磁及铁损。试计算:

(1)线圈电感值。

(2)电感的最大变化量。

(3)当线圈外断面积为 11 mm×11 mm 时其直流电阻值。

(4)线圈的品质因数。

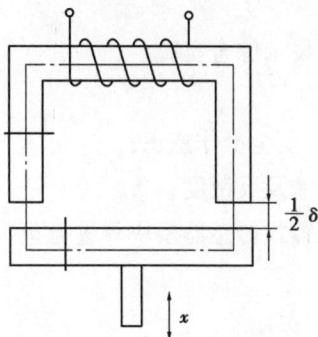

图 3.37　气隙式电感传感器

任务4 电容式传感器

任务导航

电容式传感器是将被测量的变化转换为电容量变化的一种传感器。它具有结构简单、分辨率高、抗过载能力大、动态特性好的优点,且能在高温、辐射和强烈振动等恶劣条件下工作。电容式传感器可用于测量压力、位移、振动及液位。

任务目标

1. 知识目标

(1)知道电容式传感器的工作原理及特点;

(2)理解电容式传感器的测量电路;

(3)了解电容式传感器的分类及应用。

2. 能力目标

(1)会正确操作传感器与检测技术综合实验台;

(2)会对实验数据进行分析;

(3)按操作规程进行操作,具有安全操作意识;

(4)会计算传感器的非线性误差及灵敏度;

(5)能正确按照电路要求对电容式传感器模块等进行正确接线,并调试;

(6)完成实验报告。

3. 素质目标

(1)培养学生的协作意识和信息素养;

(2)培养学生的执着专注精神,严谨认真的态度;

(3)知道岗位操作规程,具有安全操作意识。

相关知识

4.1 电容式传感器的工作原理

平行板电容器是由绝缘介质分开的两个平行金属板组成的,如图 4.1 所示,当忽略边缘效应影响时,其电容量与绝缘介质的介电常数 ε、极板的有效面积 S 以及两极板间的距离 d 有关,即

$$C = \frac{\varepsilon S}{d} \qquad (4.1)$$

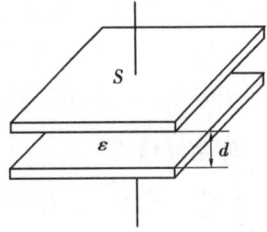

图 4.1　平行板电容器

若被测量的变化使电容的 d, S, ε 这 3 个参量中的一个参数改变,则电容量将产生变化。如果变化的参数与被测量之间存在一定的函数关系,那么被测量的变化就可直接由电容量的变化反映出来。因此,电容式传感器可分成 3 种类型:改变极板面积的变面积式、改变极板距离的变间隙式和改变介电常数的变介电常数式。

4.1.1　变面积式电容传感器

变面积式电容传感器的两个极板中,一个是固定不动的,称为定极板;另一个是可移动的,称为动极板。根据动极板相对定极板的移动情况,变面积式电容传感器又分为直线位移式和角位移式两种。

1)直线位移式

直线位移式的原理结构如图 4.2 所示,被测量通过使动极板移动,引起两极板有效覆盖面积 S 改变,从而使电容量发生变化。设动极板相对定极板沿极板长度 a 方向平移 Δx 时,电容为

$$C = \frac{\varepsilon(a - \Delta x)b}{d} = \frac{\varepsilon ab}{d} - \frac{\varepsilon \Delta x b}{d} = C_0 - \Delta C \qquad (4.2)$$

其中,$C_0 = \dfrac{\varepsilon ab}{d}$,为电容初始值;电容因位移而产生的变化量为 $\Delta C = C - C_0 = -\dfrac{\varepsilon b}{d} \cdot \Delta x = -C_0 \dfrac{\Delta x}{a}$。

电容的相对变化量为

$$\frac{\Delta C}{C_0} = -\frac{\Delta x}{a} \qquad (4.3)$$

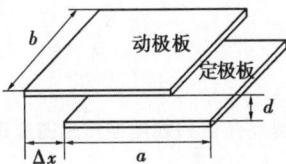

图 4.2　变面积型电容传感器原理图

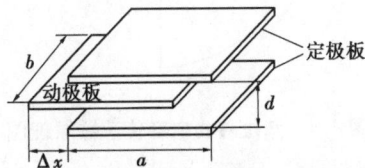

图 4.3　中间极板移动变面积式电容传感器原理图

很明显,这种传感器的输出特性呈线性,因而其量程不受范围的限制,适合于测量较大的直线位移。它的灵敏度为

$$K = \frac{\Delta C}{\Delta x} = -\frac{\varepsilon b}{d} \qquad (4.4)$$

由式(4.4)可知,变面积式传感器的灵敏度与极板间距成反比,适当减小极板间距,可提

高灵敏度。同时,灵敏度还与极板宽度成正比。

为提高测量精度,也常用如图 4.3 所示的结构形式,以减少动极板与定极板之间的相对极距可能变化而引起的测量误差。

2)角位移式

角位移式的工作原理如图 4.4 所示。当被测的变化量使动极板有一角位移 θ 时,两极板间互相覆盖的面积被改变,从而改变两极板间的电容量 C。

当 $\theta = 0$ 时,初始电容量为

$$C_0 = \frac{\varepsilon S}{d}$$

当 $\theta \neq 0$ 时,电容量就变为

$$C = \frac{\varepsilon S \dfrac{\pi - \theta}{\pi}}{d} = \frac{\varepsilon S}{d}\left(1 - \frac{\theta}{\pi}\right)$$

由上式可见,电容量 C 与角位移 θ 呈线性关系。

在实际应用中,也采用差动结构,以提高灵敏度。角位移测量用的差动式结构如图 4.5 所示。

A,B,C 均为尺寸相同的半圆形极板。A,B 固定,作为定极板,且角度相差 $180°$,C 为动极板,置于 A,B 极板中间,且能随着外部输入的角位移转动。当外部输入角度改变时,可改变极板间的覆盖有效面积,从而使传感器电容随之改变。C 的初始位置必须保证其与 A,B 的初始电容值相同。

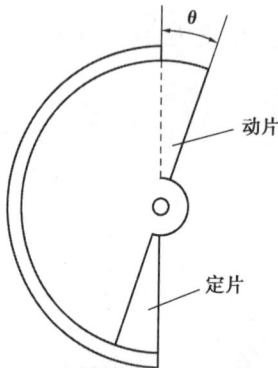

图 4.4　角位移式电容传感器原理图

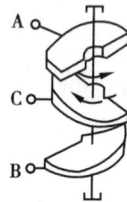

图 4.5　差动角位移式电容传感器原理图

4.1.2　变间隙式

基本的变间隙式电容传感器有一个定极板和一个动极板,如图 4.6 所示,当动极板随被测量变化而移动时,两极板的间距 d 就会发生变化,从而改变了两极板间的电容量 C。

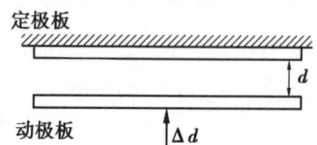

图 4.6　基本的变间隙式电容传感器

设动极板在初始位置时与定极板的间距为 d_0，此时的初始电容量为 $C_0 = \varepsilon S/d_0$，当动极板向上移动 Δd 时，电容的增加量为

$$\Delta C = \frac{\varepsilon S}{d - \Delta d_0} - \frac{\varepsilon S}{d_0} = \frac{\varepsilon S}{d} \cdot \frac{\Delta d}{d_0 - \Delta d} = C_0 \cdot \frac{\Delta d}{d_0 - \Delta d} \tag{4.5}$$

式(4.5)说明，ΔC 与 Δd 不是线性关系。但当 $\Delta d \ll d$（即量程远小于极板间初始距离）时，可认为 ΔC 与 Δd 是线性的。即

$$\Delta C = \frac{\Delta d}{d_0} C_0 \tag{4.6}$$

则有

$$\frac{\Delta C}{C_0} = \frac{\Delta d}{d_0} \tag{4.7}$$

传感器被近似看成是线性时，其灵敏度为

$$K = \frac{\Delta C}{\Delta d} = \frac{C_0}{d_0} = \frac{\varepsilon S}{d_0^2} \tag{4.8}$$

当动极板下移时的电容量 C 和 ΔC 可由学生自行推导。

由式(4.8)可知，增大 S 和减小 d_0 均可提高传感器的灵敏度，但要受到传感器体积和击穿电压的限制。此外，对于同样大小的 Δd，d_0 越小则 $\Delta d/d_0$ 越大，由此造成的非线性误差也越大。因此，这种类型的传感器一般用于测量微小的变化量。

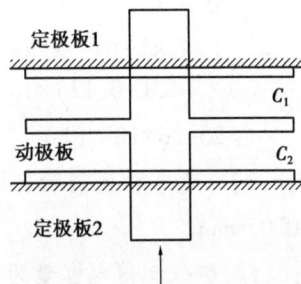

图 4.7　差动结构的变间隙式电容传感器

在实际应用中，为了改善非线性，提高灵敏度及减少电源电压、环境温度等外界因素的影响，电容传感器也常做成差动形式，如图 4.7 所示。当动极板向上移动 Δd 时，上电容 C_1 电容量增加，下电容 C_2 电容量减少，而其电容值分别为

$$C_1 = C_0 + \Delta C_1 = \frac{\varepsilon S}{d_0 - \Delta d} = \frac{\varepsilon S}{d_0} \times \frac{1}{1 - \dfrac{\Delta d}{d_0}} = \frac{C_0}{1 - \dfrac{\Delta d}{d_0}} = \frac{C_0 \left(1 + \dfrac{\Delta d}{d_0}\right)}{1 - \left(\dfrac{\Delta d}{d_0}\right)^2} \tag{4.9}$$

$$C_2 = C_0 - \Delta C_2 = \frac{\varepsilon S}{d_0 + \Delta d} = \frac{\varepsilon S}{d_0} \times \frac{1}{1 + \dfrac{\Delta d}{d_0}} = \frac{C_0}{1 + \dfrac{\Delta d}{d_0}} = \frac{C_0 \left(1 - \dfrac{\Delta d}{d_0}\right)}{1 - \left(\dfrac{\Delta d}{d_0}\right)^2} \tag{4.10}$$

当 $\Delta d \ll d_0$ 时，$1 - \left(\dfrac{\Delta d}{d_0}\right)^2 \approx 1$，$\Delta C = C_1 - C_2 = 2C_0 \dfrac{\Delta d}{d_0}$

即

$$\frac{\Delta C}{C_0} = 2\frac{\Delta d}{d_0} \tag{4.11}$$

此时传感器的灵敏度为

$$K = \frac{\Delta C}{\Delta d} = 2\frac{C_0}{d_0} = \frac{2\varepsilon S}{d_0^2} \tag{4.12}$$

与基本结构间隙式传感器相比,差动式传感器的非线性误差减少了一个数量级,而且提高了测量灵敏度,因此在实际应用中被较多采用。

【例4.1】 电容测微仪的电容器极板面积 $A = 28\ \text{cm}^2$,间隙 $d = 1.1\ \text{mm}$,相对介电常数 $\varepsilon_r = 1$,$\varepsilon_r = 8.84 \times 10^{-12}\ \text{F/m}$。

求:(1)电容器电容量;

(2)若间隙减少 0.12 mm,电容量又为多少?

解 (1) $C_0 = \dfrac{\varepsilon_0 \varepsilon_r A}{d} = \dfrac{1 \times 8.84 \times 10^{-12} \times 28 \times 10^{-4}}{1.1 \times 10^{-3}}$

$\qquad = 22.5 \times 10^{-12}(\text{F})$

(2) $C_x = \dfrac{\varepsilon_0 \varepsilon_r A}{d - \Delta d}$

$\qquad = \dfrac{1 \times 8.84 \times 10^{-12} \times 28 \times 10^{-4}}{(1.1 - 0.12) \times 10^{-3}}$

$\qquad = 25.26 \times 10^{-12}(\text{F})$

【例4.2】 电容传感器初始极板间隙 $d_0 = 1.2\ \text{mm}$,电容量为 117.1 pF,外力作用使极板间隙减少 0.03 mm。

求:(1)测微仪测得电容量为多少?

(2)若原初始电容传感器在外力作用后,引起间隙变化,测得电容量为 96 pF,则极板间隙变化了多少?变化方向又是如何?

解 (1) $C_x = C_0\left(1 + \dfrac{\Delta d}{d_0}\right) = 117.1 \times \left(1 + \dfrac{0.03}{1.2}\right) = 120(\text{pF})$

(2) C_0 从 117.1→96,故间隙增加了

$C_{x_1} = 96 = C_0\left(1 - \dfrac{\Delta d}{d}\right) = 117.1 \times \left(1 - \dfrac{\Delta d}{1.2}\right)$

$\Delta d = 1.2 \times \left(1 - \dfrac{96}{117.1}\right) = 0.216(\text{mm})$

4.1.3 变介电常数式

变介电常数式电容传感器的工作原理是当电容式传感器中的电介质改变时,其介电常数变化,从而引起电容量发生变化。

这种电容传感器有较多的结构形式,可用于测量纸张、绝缘薄膜等的厚度;也可用于测量粮食、纺织品、木材或煤等非导电固体物质的湿度,还可用于测量物位、液位、位移、物体厚度等多种物理量。

变介电常数式传感器经常采用平面式或圆柱式电容器。

1)平面式

平面式变介电常数电容传感器有多种形式,可用于测量位移,如图4.8所示。

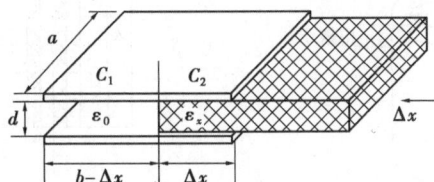

图4.8　平面式测位移传感器

假定无位移时,$\Delta x = 0$,电容初始值为

$$C_0 = \frac{\varepsilon_0 \cdot S}{d} = \frac{\varepsilon_0 \cdot a \cdot b}{d} \tag{4.13}$$

当有位移输入时,介质板向左移动,使部分介质的介电常数改变,则此时等效电容相当于 C_1,C_2 并联,即

$$C = C_1 + C_2 = \frac{\varepsilon_0 \cdot a \cdot (b - \Delta x)}{d} + \frac{\varepsilon_r \varepsilon_0 \cdot a \cdot \Delta x}{d} \tag{4.14}$$

$$\Delta C = C - C_0 = \frac{\varepsilon_r \varepsilon_0 \cdot a \cdot \Delta x}{d} - \frac{\varepsilon_0 \cdot a \cdot \Delta x}{d} = \frac{\varepsilon_r - 1}{d} \varepsilon_0 \cdot a \cdot \Delta x \tag{4.15}$$

其中,ε_0 是空气介电常数,$\varepsilon_0 = 8.86 \times 10^{-12}$,$\varepsilon_r$ 是介质的介电常数。

由此可见,电容变化量 ΔC 与位移 Δx 呈线性关系。

如图4.9所示为一种电容式测厚仪的原理图,它是直板式变介电常数式的另一种形式,可用于测量被测介质的厚度或介电常数。两电极间距为 d,被测介质厚度为 x,介电常数为 ε_x;另一种介质的介电常数为 ε。

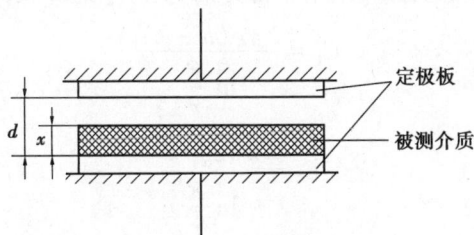

图4.9　测厚仪

该电容器的总电容 C 等于由两种介质分别组成的两个电容 C_1 与 C_2 的串联,即

$$C = \frac{C_1 C_2}{C_1 + C_2} = \frac{\dfrac{\varepsilon S}{d-x} \times \dfrac{\varepsilon_x S}{x}}{\dfrac{\varepsilon S}{d-x} + \dfrac{\varepsilon_x S}{x}} = \frac{\varepsilon \varepsilon_x S}{\varepsilon x + \varepsilon_x d - \varepsilon_x x} = \frac{\varepsilon \varepsilon_x S}{\varepsilon_x d + (\varepsilon - \varepsilon_x) x} \tag{4.16}$$

由式(4.16)可知,若被测介质的介电常数 ε_x 已知,测出输出电容 C 的值,可求出待测材料的厚度 x。若厚度 x 已知,测出输出电容 C 的值,也可求出待测材料的介电常数 ε_x。因此,可将此传感器用作介电常数 ε_x 测量仪。

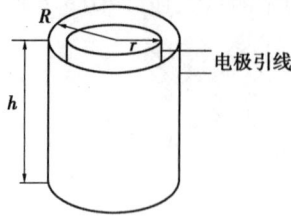

图 4.10　圆柱式电容器结构图

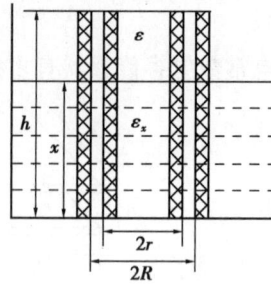

图 4.11　电容式液面计

2)圆柱式

电介质电容器大多采用圆柱式。其基本结构如图 4.10 所示,内外筒为两个同心圆筒,分别作为电容的两个极。圆柱式电容的计算公式为

$$C = \frac{2\pi\varepsilon h}{\ln\dfrac{R}{r}} \tag{4.17}$$

式中　r——内筒半径;

　　　R——外筒半径;

　　　h——筒长;

　　　ε——介电常数。

该圆柱式电容器可用于制作电容式液位计。

如图 4.11 所示为一种电容式液面计的原理图。在介电常数为 ε_x 的被测液体中,放入该圆柱式电容器,液体上面气体的介电常数为 ε,液体浸没电极的高度就是被测量 x。该电容器的总电容 C 等于上半部分的电容 C_1 与下半部分的电容 C_2 的并联,即 $C = C_1 + C_2$。因为

$$C_1 = \frac{2\pi\varepsilon(h - x)}{\ln\dfrac{R}{r}}$$

$$C_2 = \frac{2\pi\varepsilon_x \cdot x}{\ln\dfrac{R}{r}}$$

所以

$$C = C_1 + C_2 = \frac{2\pi(\varepsilon h - \varepsilon x + \varepsilon_x x)}{\ln\dfrac{R}{r}} = \frac{2\pi\varepsilon h}{\ln\dfrac{R}{r}} + \frac{2\pi(\varepsilon_x - \varepsilon)}{\ln\dfrac{R}{r}}x = a + bx \tag{4.18}$$

式中　$a = \dfrac{2\pi\varepsilon h}{\ln\dfrac{R}{r}}, b = \dfrac{2\pi(\varepsilon_x - \varepsilon)}{\ln\dfrac{R}{r}}$——均为常数。

式(4.18)表明,液面计的输出电容 C 与液面高度 x 呈线性关系。

【例 4.3】　一个用于位移测量的电容式传感器,两个极板是边长为 5 cm 的正方形,间距为 1 mm,气隙中恰好放置一个边长 5 cm、厚度 1 mm、相对介电常数为 4 的正方形介质板,该介

质板可在气隙中自由滑动。试计算：当输入位移(即介质板向某一方向移出极板相互覆盖部分的距离)分别为 0,2.5,5.0 cm 时,该传感器的输出电容值各为多少？

解　(1)输入位移为 0 时

$$C = \frac{\varepsilon s}{d} = \frac{8.85 \times 10^{-12} \times 4 \times 5^2 \times 10^{-4}}{1 \times 10^{-3}} = 88.4 \, (\text{pF})$$

(2)输入位移为 2.5 cm 时

$$C = C_1 + C_2 = \frac{\varepsilon_0 s_1}{d} + \frac{\varepsilon_0 s_2}{d} = \frac{8.85 \times 10^{-12} \times \frac{25}{2} \times 10^{-4}}{1 \times 10^{-3}} + \frac{8.85 \times 10^{-12} \times 4 \times \frac{25}{2} \times 10^{-4}}{1 \times 10^{-3}}$$

$$= 11.1 + 44.3 = 55.4 \, (\text{pF})$$

(3)输入位移为 5 cm 时

$$C_1 = \frac{\varepsilon_0 s}{d} = \frac{8.85 \times 10^{-12} \times 5^2 \times 10^{-4}}{1 \times 10^{-3}} = 22.1 \, (\text{pF})$$

【例4.4】　电容传感器初始极板间隙 $d_0 = 1.5$ mm,外力作用使极板间隙减少 0.03 mm,并测得电容量为 180 pF。求：

(1)初始电容量为多少？

(2)若原初始电容传感器在外力作用后,引起间隙变化,测得电容量为 170 pF,则极板间隙变化了多少？变化方向又是如何？

解　(1) $C_x = C_0 + \Delta C = C_0 \left(1 + \frac{\Delta d}{d_0}\right)$

$$C_0 = \frac{C_x}{1 + \frac{0.03}{1.5}} = 176.47 \, (\text{pF})$$

(2)176.47→170　故间隙增加了

$$C_{x_1} = C_0 - \Delta C = C_0 \left(1 - \frac{\Delta d}{d}\right)$$

$$\Delta d = \frac{(C_0 - C_{x_1})d_0}{C_0} = \frac{176.47 - 170}{176.47} \times 1.5 = 0.055 \, (\text{mm})$$

【例4.5】　电容测微仪的电容器极板面积 $A = 32$ cm^2,间隙 $d = 1.2$ mm,相对介电常数 $\varepsilon_r = 1$,$\varepsilon_0 = 8.85 \times 10^{-12}$ F/m。求：

(1)电容器电容量。

(2)若间隙减少 0.15 mm,电容量又为多少？

解　(1)电容器电容量

$$C_0 = \frac{\varepsilon_0 \varepsilon_r A}{d} = \frac{8.85 \times 10^{-12} \times 1 \times 32 \times 10^{-4}}{1.2 \times 10^{-3}} = 23.57 \times 10^{-12} = 23.57 \, (\text{pF})$$

(2)间隙减少后电容量为 C_x

$$C_x = \frac{\varepsilon_0 \varepsilon_r A}{d - \Delta d} = \frac{8.85 \times 10^{-12} \times 1 \times 32 \times 10^{-4}}{(1.2 - 0.15) \times 10^{-3}} = 26.94 \times 10^{-12} = 26.94 \, (\text{pF})$$

或另解

$$C_x = C_0 \times \frac{d}{d - \Delta d} = 23.57 \times \frac{1.2}{1.2 - 0.15} = 26.94(\text{pF})$$

【例 4.6】 电容传感器的初始间隙，$d_0 = 2$ mm 在被测量的作用下间隙减少了 500 μm，此时电容量为 120 pF，则电容初始值为多少？

解 因为 $\Delta c = c_0 \dfrac{\Delta \delta}{\delta_0}$

现为电容量 $c_x = c_0 + \Delta c = c_0 \dfrac{\Delta \delta}{\delta_0} + c_0 = c_0 \left(1 + \dfrac{\Delta \delta}{\delta_0}\right) = 120(\text{pF})$

故 $c_0 = \dfrac{120}{1 + \dfrac{0.5}{2}} = 96(\text{pF})$

4.2 测量电路

电容传感器的输出电容值一般十分微小，几乎都在几皮法至几十皮法之间，如此小的电容量不便于直接测量和显示，因而必须借助于一些测量电路，将微小的电容值成比例地转换为电压、电流或频率信号。

根据电路输出量的不同，可分为调幅型电路、脉宽调制型电路和调频型电路。

4.2.1 调幅型电路

这种测量电路输出的是幅值正比于或近似正比于被测信号的电压信号，以下两种是常见的电路形式。

1) 交流电桥电路

(1) 单臂桥式电路

如图 4.12 所示为单臂接法交流电桥电路，$C_0 + \Delta C$ 为电容传感器的输出电容，C_1，C_2，C_3 为固定电容，将高频电源电压 $\dot{U}_s$ 加到电桥的一对角上，电桥的另一对角线输出电压 $\dot{U}_o$。

在电容传感器未工作时，先将电桥调到平衡状态，即 $C_0 C_2 = C_1 C_3$，$\dot{U}_o = 0$。

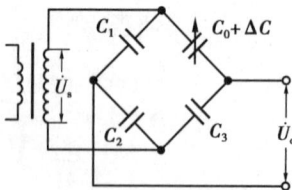

图 4.12 单臂接法交流电桥电路

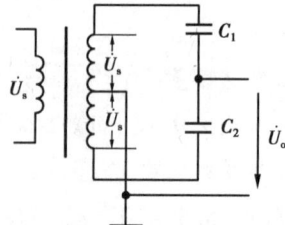

图 4.13 变压器交流电桥电路

当被测参数变化而引起电容传感器的输出电容变化 ΔC 时，电桥失去平衡，输出电压 $\dot{U}_o$ 随着 ΔC 的变化而变化。

在单臂接法中,输出电压 U_o 与被测电容 ΔC 之间是非线性关系。

(2)差动接法变压器交流电桥电路

如图 4.13 所示为差动接法变压器交流电桥电路,其中相邻两臂接入差动结构的电容传感器。

电容传感器未工作时,$C_1 = C_2 = C_0$,电路输出 $\dot{U}_o = 0$。

当被测参数变化时,电容传感器 C_1 变大,C_2 变小,即

$$C_1 = C_0 + \Delta C, C_2 = C_0 - \Delta C \tag{4.19}$$

则输出电压 U_o 与 ΔC 之间的关系可用下式表示为

$$\dot{U}_o = \frac{2\dot{U}_s \cdot Z_2}{Z_1 + Z_2} - \dot{U}_s = \frac{2\dot{U}_s Z_2 - \dot{U}_s \cdot Z_1 - \dot{U}_s \cdot Z_2}{Z_1 + Z_2}$$

$$= \frac{Z_2 - Z_1}{Z_1 + Z_2} \cdot \dot{U}_s = \frac{C_2 - C_1}{C_1 + C_2} \cdot \dot{U}_s \tag{4.20}$$

$$= \frac{(C_0 + \Delta C) - (C_0 - \Delta C)}{(C_0 + \Delta C) + (C_0 - \Delta C)} \cdot \dot{U}_s = \frac{\dot{U}_s}{C_0} \cdot \Delta C$$

式(4.20)表明,差动接法的交流电桥电路的输出电压 $\dot{U}_o$ 与被测电容 ΔC 之间呈线性关系。

2)运算放大器式测量电路

运算放大器式测量电路原理如图 4.14 所示。图中运放为理想运算放大器,其输出电压与输入电压之间的关系为

$$u_o = - u_i \frac{C_0}{C_x} \tag{4.21}$$

式中　C_0——固定电容;

　　　C_x——电容传感器。

将 $C_x = \dfrac{\varepsilon s}{d}$ 代入式(4.21),可得

$$u_o = - u_i \frac{C_0}{\varepsilon S} \cdot d \tag{4.22}$$

由式(4.22)可知,采用基本运算放大器的最大特点是电路输出电压与电容传感器的极距成正比,使基本变间隙式电容传感器的输出特性具有线性特性。

在该运算放大电路中,选择输入阻抗和放大增益足够大的运算放大器,以及具有一定精度的输入电源、固定电容,则可使用基本变间隙式电容传感器测出 0.1 μm 的微小位移。该运算放大器电路在初始状态时,若输出电压不为零,则电路存在的缺点。因此,在测量中常用如图 4.15 所示的调零电路。

在上述运算放大器电路中,固定电容 C_0 在电容传感器 C_x 的检测过程中还起到了参比测量的作用。因而当 C_0 和 C_x 结构参数及材料完全相同时,环境温度对测量的影响可以得到补偿。

4.2.2 差动脉冲宽度调制电路

如图 4.16 所示为差动脉冲宽度调制电路。图中 A_1，A_2 为理想运算放大器，组成比较器，F 为双稳态基本 RS 触发器，电阻与电容 R_1，C_1 和 R_2，C_2 分别构成充电回路。VD_1，C_1 和 VD_2，C_2 分别构成放电回路，u_r 为输入的标准电源，而将双稳态触发器的输出作为电路脉冲输出。

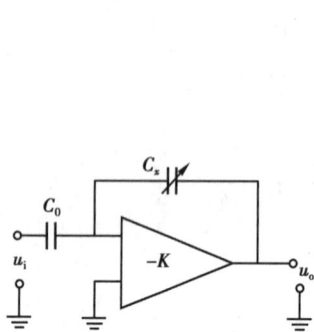

图 4.14　运算放大器式测量电路　　　　图 4.15　调零电路

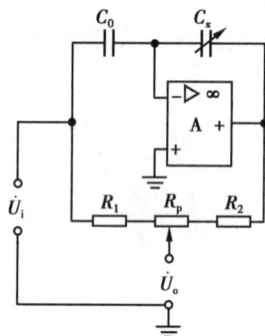

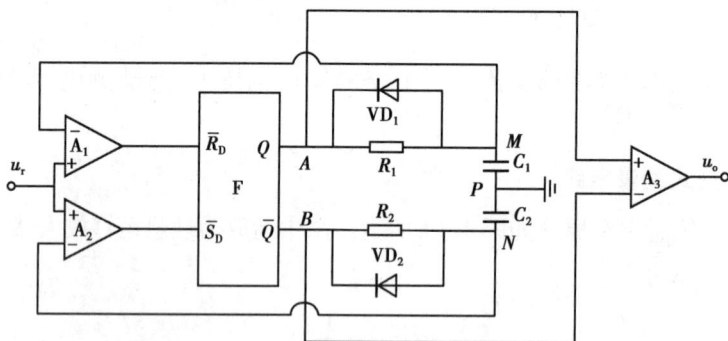

图 4.16　差动脉冲宽度调制电路

电路的工作原理：利用传感器电容充放电，使电路输出脉冲的占空比随电容传感器的电容量变化而变化，再通过低频滤波器得到对应于被测量变化的直流信号。分析如下：

当 $Q=1$，$\overline{Q}=0$ 时，A 点通过 R_1 对 C_1 充电，同时电容 C_2 通过 VD_2 迅速放电，使 N 点电压钳位在低电平。在充电过程中，M 点对地电位不断升高，当 $u_M > u_r$ 时，A_1 输出为"$-$"，即 $\overline{R}_D = 0$，此时，双稳态触发器翻转，使 $Q=0$，$\overline{Q}=1$。

当 $Q=0$，$\overline{Q}=1$ 时，N 点通过 R_2 对 C_2 充电，同时电容 C_1 通过 VD_1 迅速放电，使 M 点电压钳位在低电平。在充电过程中，N 点对地电位不断升高，当 $u_N > u_r$ 时，A_2 输出为"$-$"，即 $\overline{S}_D = 0$，此时，双稳态触发器翻转，使 $Q=1$，$\overline{Q}=0$。

此过程周而复始。

电路输出脉冲由 A，B 两点电平决定，高电平电压为 U_H，低电平为 0，其波形如图 4.17 所示。

当 $C_1=C_2$，$R_1=R_2$ 时，A 点脉冲与 B 点脉冲宽度相同，方向相反，波形如图 4.17(a)所示。

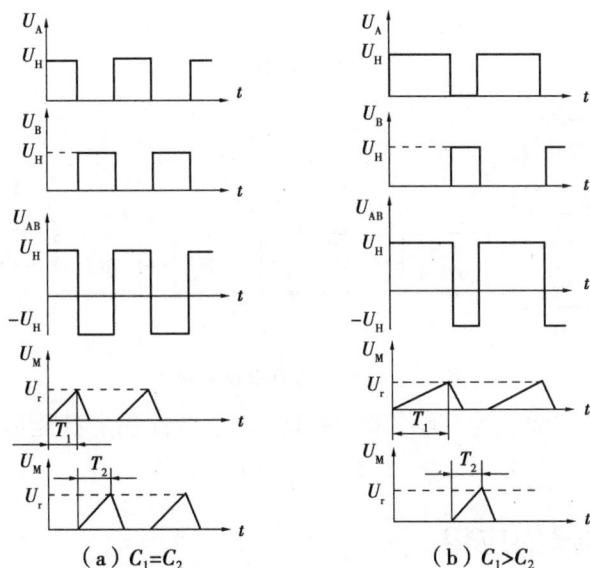

图 4.17　电路各点的充放电波形

当 C_1 增大，C_2 减小时，R_1，C_1 充电时间变长，$Q=1$ 的时间延长，u_A 的脉宽变宽；而 R_2，C_2 充电时间变短，$Q=0$ 的时间缩短，u_B 的脉宽变窄。把 A，B 接到低通滤波器，得到与电容变化相应的电压输出，即 u_o 脉冲变宽，其波形如图 4.17（b）所示。

当 C_1 减小，C_2 增大时，R_1，C_1 充电时间变短，$Q=1$ 的时间缩短，u_A 的脉宽变窄；而 R_2，C_2 充电时间变长，$Q=0$ 的时间延长，u_B 的脉宽变宽。同样，把 A，B 接到低通滤波器，得到与电容变化相应的电压输出，即 u_o 脉冲变窄。

由以上分析可知，当 $C_1=C_2$ 时，两个电容充电时间常数相等，两个输出脉冲宽度相等，输出电压的平均值为零。当差动电容传感器处于工作状态，即 $C_1 \neq C_2$ 时，两个电容的充电时间常数发生变化，R_1，C_1 充电时间 T_1 正比于 C_1，而 R_2，C_2 充电时间 T_2 正比于 C_2，这时输出电压的平均值不等于零。输出电压为

$$U_o = \frac{T_1}{T_1 + T_2} U_H - \frac{T_2}{T_1 + T_2} U_H = \frac{T_1 - T_2}{T_1 + T_2} U_H \tag{4.23}$$

当电阻 $R_1 = R_2 = R$ 时，则有

$$U_o = \frac{C_1 - C_2}{C_1 + C_2} U_H \tag{4.24}$$

由此可知，差动脉冲宽度调制型电路，其输出电压与电容变化呈线性关系。

4.2.3　调频电路

如图 4.18 所示为调频-鉴频电路原理图。该测量电路把电容式传感器与一个电感元件配合，构成一个振荡器谐振电路。当传感器工作时，电容量发生变化，导致振荡频率产生相应的变化。再经过鉴频电路将频率的变化转换为振幅的变化，经放大器放大后即可显示，这种方法称为调频法。

调频振荡器的振荡频率由下式决定：

$$f = \frac{1}{2\pi\sqrt{LC}} \tag{4.25}$$

式中　L——振荡回路电感；

　　　C——振荡回路总电容。

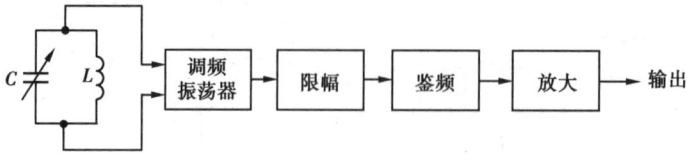

图 4.18　调频-鉴频电路原理图

调频型测量电路的主要优点：抗外来干扰能力强，特性稳定且能取得较高的直流输出信号。

4.3　电容式传感器的应用

随着新工艺、新材料的问世，特别是电子技术的发展，电容式传感器越来越广泛地得到应用。电容式传感器可用于测量直线位移、角位移、振动振幅，还可测量压力、差压力、液位、料面、粮食中的水分含量、非金属材料的涂层、油膜厚度，以及测量电介质的湿度、密度、厚度等，尤其适合测量高频振动的振幅、精密轴系回转精度、加速度等机械量，在自动检测与控制系统中也常常用作位置信号发生器。

1)电容式位移传感器

如图 4.19 所示为变面积式位移传感器结构图，这种传感器采用了差动式结构。当测量杆随被测位移运动而带动活动电极位移时，导致活动电极与两个固定电极间的覆盖面积发生变化，其电容量也相应发生变化。这种传感器有良好的线性。

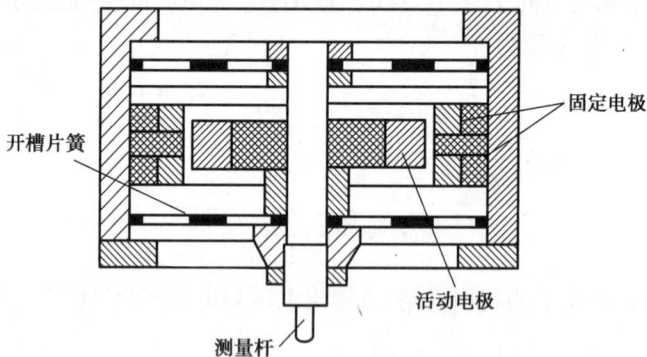

图 4.19　变面积式位移传感器结构图

2)电容式压力传感器

如图 4.20 所示为差动电容式压力传感器原理图。把绝缘的玻璃或陶瓷材料内侧磨成球面，在球面上镀上金属镀层做两固定的电极板。在两个电极板中间焊接一金属膜片，作为可动电极板，用于感受外界的压力。在动极板和定极板之间填充硅油。无压力时，膜片位于电极中间,上下两电路相等。加入压力时,在被测压力的作用下,膜片弯向低压的一边,从而使一个电容量增加,另一个电容量减少,电容量变化的大小反映了压力变化的大小。

该压力传感器可用于测量微小压差。

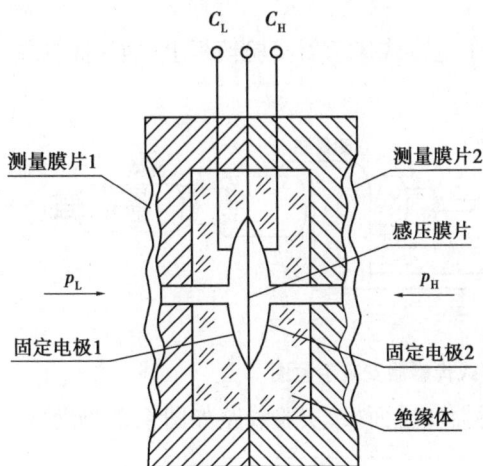

图 4.20　差动电容式压力传感器原理图

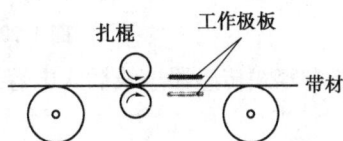

图 4.21　电容式测厚仪工作原理图

3)电容式测厚仪

电容式测厚仪的关键部件之一就是电容测厚传感器。在板材轧制过程中由它监测金属板材的厚度变化情况。其工作原理如图 4.21 所示。在被测带材的上下两边各置一块面积相等、与带材距离相同的极板,这样极板与带材就形成上下两个电容器 C_1,C_2(带材也作为一个极板)。把两块极板用导线连接起来,并用引出线引出,另外从带材上也引出一根引线,即把电容连接成并联形式,则电容测厚仪输出的总电容 $C=C_1+C_2$。

金属带材在轧制过程中不断向前送进,如果带材厚度发生变化,将引起带材与上下两个极板间距的变化,即引起电容量的变化,如果把总电容量 C 作为交流电桥的一个臂,电容的变化 ΔC 引起电桥输出的变化,然后经过放大、检波、滤波电路,最后在仪表上显示出带材的厚度。这种测厚仪的优点是带材的振动不影响测量精度。

任务实施

实验 1　电容式传感器的位移实验

[实验目的]

了解电容式传感器结构及其特点。

[基本原理]

利用平板电容 $C=\varepsilon A/d$ 和其他结构的关系式,通过相应的结构和测量电路可选择在 ε,A,d 等 3 个参数中,保持两个参数不变,而只改变其中一个参数,则可有测谷物干燥度(ε 变)测微小位移(变 d)和测量液位(变 A)等多种电容传感器。

[需用器件与单元]

电容式传感器、电容变换器、测微头、直流电压表、直流稳压源。

[实验步骤]

①按如图 4.22 所示将电容式传感器装于电容式传感器实验模板上,插头插在左上角电容式传感器的插座内。

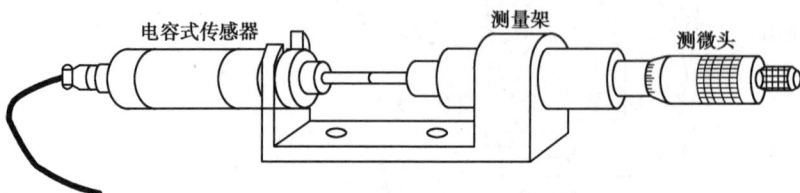

图 4.22　电容式传感器安装示意图

②将电容式传感器连线插入电容式传感器实验面板,实验线路如图 4.23 所示。

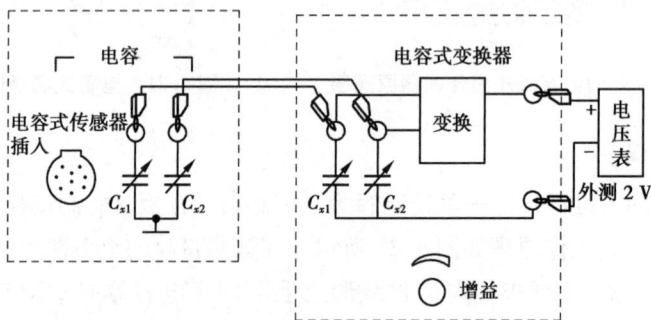

图 4.23　电容式传感器位移实验接线图

③将电容式传感器实验模板的输出端与直流电压表相接,调节增益到中间位置。

④将测微头旋至 10 mm 处,活动杆与传感器相吸合,调整测微头的左右位置,使电压表显示最小,并将测量支架顶部的螺钉拧紧,旋转测微头,每间隔 0.2 mm 记下位移 X 与输出电压值,填入表 4.1 中。将测微头回到 10 mm 处,反向旋动测微头,重复实验内容。旋动测微头推进电容传感器动极板位置。

表4.1　测量数据结果表

X/mm					$-\leftarrow$	10 mm	$+\rightarrow$					
V/mV						最小						

⑤根据表 4.1 中的数据计算电容传感器的系统灵敏度 S 和非线性误差 δ_f。

[思考题]

试设计利用 ε 的变化测谷物湿度的传感器原理及结构? 能否叙述在设计中应考虑哪些因素?

实验 2　电容式传感器测振动

[实验目的]

了解电容式传感器的动态性能的测量原理与方法。

[实验原理]

利用电容式传感器动态响应好,可以非接触测量等特点,进行动态位移测量。

[需用的器件与单元]

电容式传感器、电容变换器、测微头、低通滤波器、直流电压表、直流稳压源、振动源、双线示波器。

[实验步骤]

①传感器安装如图 4.24 所示,按如图 4.25 所示接线。电容变换器输出端接低通滤波器输入端、滤波器输出端接示波器一个通道(示波器 X 轴为 20 ms/div、Y 轴视输出大小而变)。调节传感器连接支架高度,使输出在零点附近。

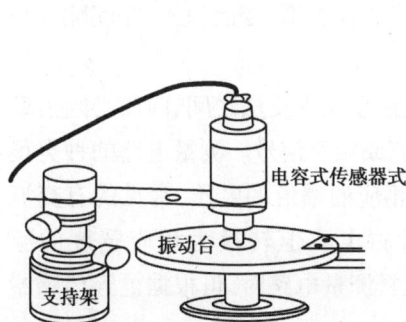

图 4.24　振动台示意图

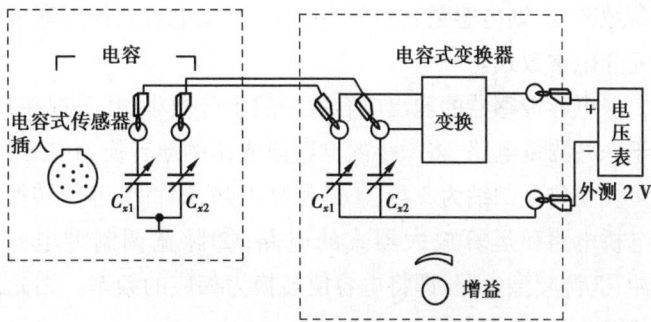

图 4.25　电容式传感器电路接线图

②低频振荡器输出端与振动源输入相接,振动频率选 6 ~ 12 Hz,幅度旋钮初始时置于最小位置。振动源接线如图 4.26 所示。

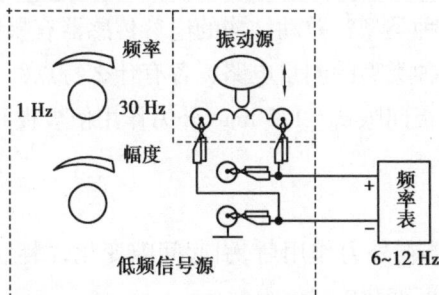

图 4.26　振动源接线图

③调节低频振荡器的频率与幅度旋钮使振动台振动幅度适中,注意观察示波器上显示的波形。

④保持低频振荡器幅度旋钮不变,改变振动频率,可以用频率表测频率。从示波器测出传感器输出的 V_{01} 峰-峰值。保持低频振荡器频率不变,改变幅度旋钮,测出传感器输出的 V_{01} 峰

-峰值。

[思考题]

1. 为了进一步提高电容式传感器灵敏度,本实验用的传感器可作何改进设计? 如何设计成所谓容栅传感器?

2. 据实验所提供的电容式传感器尺寸,计算其电容量 C_0 和移动 0.5 mm 时的变化量,本实验外圆半径 $R=8$ mm,内圆柱外半径 $r=7.25$ mm,外圆筒与内圆筒覆盖部分长度 $L=16$ mm。试设计利用 ε 的变化测谷物湿度的传感器结构。在设计中应考虑哪些因素?

任务小结

电容式传感器是将被测量的变化转换为电容量变化的一种传感器。它具有结构简单,分辨率高,抗过载能力大,动态特性好等优点,且能在高温、辐射和强烈振动等恶劣条件下工作。

平行板电容器的电容量是 $C=(\varepsilon S)/d$,只要固定 3 个参量 d,S,ε 中的两个,只要另外一个参数改变,则电容量就将发生变化,因此电容式传感器可分成 3 种类型:变面积式、变间隙式与变介电常数式。

电容传感器的输出电容值一般十分微小,几乎都在几皮法至几十皮法之间,因而必须借助于一些测量电路,将微小的电容值成比例地转换为电压、电流或频率信号。测量电路的种类很多。大致可归纳为 3 类:①调幅型电路,即将电容值转换为相应的幅值的电压,常见的有交流电桥电路和运算放大器式的电路;②脉宽调制型电路,即将电容值转换为相应宽度的脉冲;③调频型电路,即将电容值转换为相应的频率。因此,选择测量电路时,可根据电容传感器的变化量,选择合适的电路。

任务自测

1. 电容式传感器有哪几种类型? 差动结构的电容传感器有哪些优点?

2. 电容式传感器有哪几种类型的测量电路? 各有什么特点?

3. 电容式传感器初始极板间隙 $d_0=1.5$ mm,外力作用使极板间隙减少 0.03 mm,并测得电容量为 180 pF。求:

(1)初始电容量为多少?

(2)若原初始电容传感器在外力作用后,引起间隙变化,测得电容量为 170 pF,则极板间隙变化了多少? 方向又是如何变化?

4. 电容测微仪的电容器极板面积 $A=32$ cm^2,间隙 $d=1.2$ mm,相对介电常数 $\varepsilon_r=1$,$\varepsilon_0=8.85\times10^{-12}$ F/m。求:

(1)电容器电容量。

(2)若间隙减少 0.15 mm,电容量又为多少?

5. 电容式传感器的初始间隙,在 $d_0=2$ mm 被测量的作用下间隙减少了 500 μm,此时电容量为120 pF,则电容初始值为多少?

6.一个用于位移测量的电容式传感器,两个极板是边长为10 cm的正方形,间距为1 mm,气隙中恰好放置一个边长10 cm、厚度1 mm、相对介电常数为4的正方形介质板,该介质板可在气隙中自由滑动。试计算当输入位移(即介质板向某一方向移出极板相互覆盖部分的距离)分别为0,10.0 cm时,该传感器的输出电容值各为多少?

7.如图4.27所示,圆筒内装有某种液体,相对介电系数为3,$D=18$ cm,$d=6$ cm,$H=42$ cm,$h=8$ cm,$\varepsilon_0=8.85\times10^{-12}$。求:

(1)圆筒的电容值。

(2)当液位高度升高1 cm时,电容值变化多少?

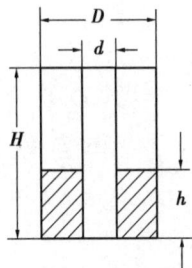

图4.27　题7图

任务5 热电偶传感器

任务导航

在工业生产过程中,温度是需要测量和控制的重要参数之一。热电式传感器是一种将温度转换为电量变化的装置。其中,热电偶应用极为广泛,具有结构简单、制造方便、测量范围广、精度高、惯性小和输出信号便于远传等优点。其中将温度转换为热电势变化的称为热电偶传感器。

任务目标

1. 知识目标

　(1)掌握热电偶的工作原理及特点;

　(2)掌握热电偶的测温电路;

　(3)了解热电偶传感器的分类及应用;

　(4)理解热电偶的材料、结构及种类。

2. 能力目标

　(1)会正确操作传感器与检测技术综合实验台;

　(2)会对实验数据进行分析;

　(3)按操作规程进行操作,具有安全操作意识;

　(4)会计算传感器的非线性误差及灵敏度;

　(5)能正确按照电路要求对热电偶传感器模块等进行正确接线并调试;

　(6)完成实验报告。

3. 素质目标

　(1)培养学生的合作意识和环保意识;

　(2)培养学生科学严谨的工匠精神,创新精神;

　(3)知道岗位操作规程,具有安全操作意识。

<h1 style="text-align:center">相关知识</h1>

5.1 热电偶基本原理

5.1.1 热电偶工作原理

1) 热电效应

将两种不同成分的导体组成一个闭合回路,如图 5.1 所示。当闭合回路的两个接点分别置于不同温度场中时,回路中将产生一个电动势。该电动势的方向和大小与导体的材料及两接点的温度有关,这种现象被称为"热电效应",两种导体组成的回路被称为"热电偶",这两种导体被称为"热电极",产生的电动势则被称为"热电动势"。热电偶的两个工作端分别被称为热端和冷端。热电偶产生的热电动势由两部分电动势组成:一部分是两种导体的接触电动势;另一部分是单一导体的温差电动势。下面以导体为例说明热电势的产生。

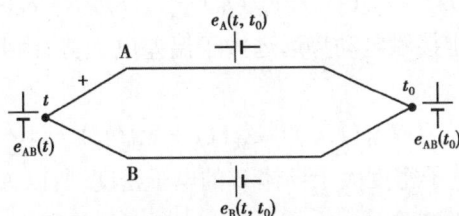

图 5.1 热电偶回路

2) 接触电动势

当 A 和 B 两种不同材料的导体接触时,由于两者内部单位体积的自由电子数目不同(即电子密度不同,分别用 N_A 和 N_B 表示),因此,电子在两个方向上扩散的速率就不一样。设 $N_A > N_B$,则导体 A 扩散到导体 B 的电子数要比导体 B 扩散到导体 A 的电子数多。所以导体 A 失去电子带正电荷,而导体 B 得到电子带负电荷。于是,在 A,B 两导体的接触界面上便形成了一个由 A 到 B 的电场。该电场的方向与扩散进行的方向相反,阻碍扩散作用的继续进行。当扩散作用与阻碍扩散的作用相等时,即自导体 A 扩散到导体 B 的自由电子数与在电场作用下自导体 B 扩散到 A 的自由电子数相等时,导体便处于一种动态平衡状态。在这种状态下,A 与 B 两导体的接触处就产生了电位差,称为接触电动势,其大小可用下式表示为

$$e_{AB}(t) = U_A(t) - U_B(t)$$
$$e_{AB}(t_0) = U_A(t_0) - U_B(t_0) \tag{5.1}$$

式中 $e_{AB}(t), e_{AB}(t_0)$——导体 A,B 在接点温度为 t 和 t_0 时形成的电动势;

$\quad\quad U_A(t), U_A(t_0)$——分别为导体 A 在接点温度为 t 和 t_0 时的电压;

$\quad\quad U_B(t), U_B(t_0)$——分别为导体 B 在接点温度为 t 和 t_0 时的电压。

由式(5.1)可知,接触电动势的大小与接点处温度高低和导体的电子密度有关。温度越高,接触电动势越大;两种导体电子密度的比值越大,接触电动势越大。

3）温差电动势

对于导体 A 或 B，若将其两端分别置于不同的温度场 t,t_0 中（$t > t_0$），则在导体内部，热端的自由电子具有较大的动能，因此向冷端移动，从而使热端失去电子带正电荷，冷端得到电子带负电荷。这样，在导体两端便产生了一个由热端指向冷端的静电场。该电场阻止电荷的进一步扩展。这样，导体两端便产生了电位差，将该电位差称为温差电动势，其表达式为

$$\begin{cases} e_A(t,t_0) = U_A(t) - U_A(t_0) \\ e_B(t,t_0) = U_B(t) - U_B(t_0) \end{cases} \tag{5.2}$$

式中　$e_A(t,t_0)$，$e_B(t,t_0)$——分别为导体 A 和 B 在两端温度为 t 和 t_0 时形成的电动势。

由式（5.2）可知，温差电动势的大小与导体的电子密度及两端温度有关。

4）热电偶回路的总电势

将导体 A 和 B 头尾相接组成回路。如果导体 A 的电子密度大于导体 B 的电子密度，且两接点的温度不相等，则在热电偶回路中存在 4 个电动势，即两个接触电动势和两个温差电动势。热电偶回路的总电势为

$$E_{AB}(t,t_0) = e_{AB}(t) - e_{AB}(t_0) - e_A(t,t_0) + e_B(t,t_0) \tag{5.3}$$

一般地，在热电偶回路中接触电动势远远大于温差电动势，因此温差电动势可忽略不计，故式（5.3）可写为

$$E_{AB}(t,t_0) = e_{AB}(t) - e_{AB}(t_0) \tag{5.4}$$

式（5.4）中，由于导体 A 的电子密度大于导体 B 的电子密度，所以 A 为正极，B 为负极。

综上所述，可以得出以下结论：

热电偶回路中热电势的大小，只与组成热电偶的导体材料和两接点的温度有关，而与热电偶的形状尺寸无关。当热电偶两电极材料固定后，热电动势便是两接点温度为 t 和 t_0 时的函数差。即

$$E_{AB}(t,t_0) = f(t) - f(t_0)$$

如果使冷端温度 t_0 保持不变，则热电动势便成为热端温度 t 的单一函数。即

$$E_{AB}(t,t_0) = f(t) - C = \varphi(t) \tag{5.5}$$

这一关系式在实际测温中得到了广泛应用。因为冷端温度 t_0 恒定，热电偶产生的热电动势只与热端的温度有关。即一定的温度对应一定的热电势，若测得热电势，便可知热端的温度 t。

用实验方法求取这个函数关系。通常令 $t_0 = 0\ ℃$，然后在不同的温差（$t - t_0$）的情况下，精确地测定出回路总热电动势，并将所测得的结果列成表格（称为热电偶分度表），供使用时查阅。

5.1.2　热电偶的基本定律

1）均质导体定律

如果热电偶回路中的两个热电极材料相同，无论两接点的温度如何，热电势均为零。

根据这个定律，可检验两个热电极材料成分是否相同（称为同名极检验法），也可检查热

电极材料的均匀性。

2) 中间导体定律

在热电偶回路中接入第三种导体,只要第三种导体和原导体的两接点温度相同,则回路中总的热电动势不变。

如图 5.2 所示,在热电偶回路中接入第三种导体 C。设导体 A 与 B 接点处的温度为 t,导体 A,B 与 C 两接点处的温度为 t_0,则回路中的总电势为

$$E_{ABC}(t,t_0) = e_{AB}(t) + e_{BC}(t_0) - e_{AC}(t_0) \tag{5.6}$$

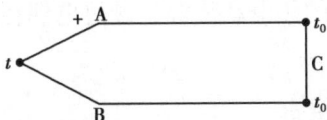

图 5.2　第三种导体接入热电偶回路

如果回路中三接点的温度相同,即 $t = t_0$,则回路总电动势必为零,即

$$e_{AB}(t_0) + e_{BC}(t_0) - e_{AC}(t_0) = 0$$

或者

$$e_{BC}(t_0) - e_{AC}(t_0) = -e_{AB}(t_0) \tag{5.7}$$

将式(5.7)代入式(5.6),可得

$$E_{ABC}(t,t_0) = e_{AB}(t) - e_{AB}(t_0) \tag{5.8}$$

热电偶的这种性质在工业生产中是很实用的,例如,可以将显示仪表或调节器作为第三种导体直接接入回路中进行测量。也可将热电偶的两端不焊接而直接插入液态金属中或直接焊在金属表面进行温度测量。

如果接入的第三种导体两端温度不相等,热电偶回路的热电动势将要发生变化,变化的大小取决于导体的性质和接点的温度。因此,在测量过程中接入的第三种导体不宜采用与热电偶热电性质相差很大的材料;否则,一旦该材料两端温度有所变化,热电动势的变动将会很大。

3) 标准电极定律

如果两种导体分别与第三种导体组成的热电偶所产生的热电动势已知,则由这两种导体组成的热电偶所产生的热电动势也就已知。

如图 5.3 所示,导体 A,B 分别与标准电极 C 组成热电偶,若它们所产生的热电动势为已知,即

$$E_{AC}(t,t_0) = e_{AC}(t) - e_{AC}(t_0)$$
$$E_{BC}(t,t_0) = e_{BC}(t) - e_{BC}(t_0)$$

则由 A,B 两导体组成的热电偶的热电势为

$$E_{AB}(t,t_0) = E_{AC}(t,t_0) - E_{BC}(t,t_0) \tag{5.9}$$

标准电极定律是一个极为实用的定律。由于纯金属和各种金属合金种类很多,因此,要确定这些金属之间组合而成的热电偶的热电动势,其工作量是极大的。但可利用铂的物理、化学性

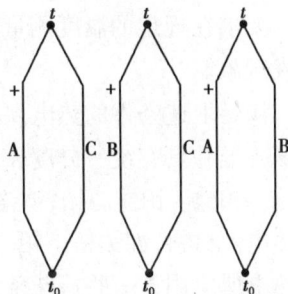

图 5.3　由 3 种导体分别组成的热电偶

质稳定,熔点高,易提纯的特性,选用高纯铂丝作为标准电极,只要测得各种金属与纯铂组成的热电偶的热电动势,则各种金属之间相互组合而成的热电偶的热电动势可根据式(5.9)直接计算出来。

例如,热端为 100 ℃,冷端为 0 ℃时,镍铬合金与纯铂组成的热电偶的热电动势为 2.95 mV,而考铜与纯铂组成的热电偶的热电动势为-4.0 mV,则镍铬和考铜所组合而成的热电偶所产生的热电动势应为 2.95 mV-(-4.0 mV)= 6.95 mV。

4)中间温度定律

热电偶在两接点温度 t,t_0 时的热电动势等于该热电偶在接点温度为 t,t_n 和 t_n,t_0 时的相应热电动势的代数和。

中间温度定律可用下式表示为

$$E_{AB}(t,t_0) = E_{AB}(t,t_n) + E_{AB}(t_n,t_0) \tag{5.10}$$

中间温度定律为补偿导线的使用提供了理论依据。它表明:若热电偶的两热电极被两根导体延长,只要接入的两根导体组成的热电偶的热电特性与被延长的热电偶的热电特性相同,且它们之间连接的两点温度相同,则总回路的热电动势与连接点温度无关,只与延长以后的热电偶两端的温度有关。

5.2 热电偶的材料、结构及种类

5.2.1 热电偶材料

根据金属的热电效应原理,组成热电偶的热电极可以是任意的金属材料,但在实际应用中,用作热电极的材料应具备以下 3 个方面的条件:

(1)测量范围广

在规定的温度测量范围内具有较高的测量精确度,有较大的热电动势。温度与热电动势的关系是单值函数。

(2)性能稳定

要求在规定的温度测量范围内使用时热电性能稳定,有较好的均匀性和复现性。

(3)化学性能好

要求在规定的温度测量范围内使用时有良好的化学稳定性、抗氧化或抗还原性能,不产生蒸发现象。

满足上述条件的热电偶材料并不多。目前,我国大量生产和使用的性能符合专业标准或国家标准并具有统一分度表的热电偶材料称为定型热电偶材料,共有 6 个品牌。它们分别是:铂铑$_{30}$-铂铑$_6$、铂铑$_{10}$-铂、镍铬-镍硅、镍铬-镍铜、铁-铜镍、铜-铜镍。此外,我国还生产一些未定型热电偶材料,如铂铑$_{13}$-铂、铱铑$_{40}$-铱、钨铼$_5$-钨铼$_{20}$ 及金铁热电偶、双铂钼热电偶等。这些非标热电偶应用于一些特殊条件下的测温,如超高温、极低温、高真空或核辐射环境等。

5.2.2 热电偶结构

热电偶温度传感器广泛应用于工业生产过程中的温度测量。根据其用途和安装位置的不同,它具有多种结构形式。

1)普通工业热电偶的结构

热电偶通常由热电极、绝缘管、保护套管和接线盒等几个主要部分组成,其结构如图 5.4 所示。现将各部分构造作简单的介绍。

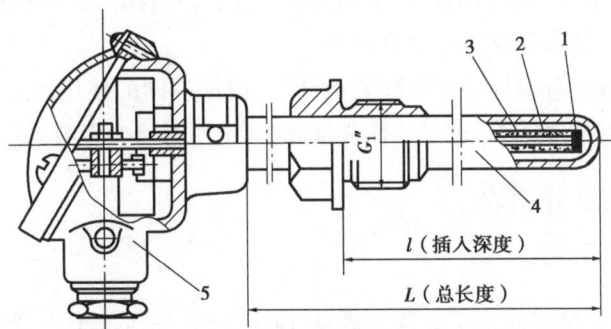

图 5.4　普通工业热电偶结构

1—测量端;2—热电极;3—绝缘管;4—保护管;5—接线盒

（1）热电极

热电极又称偶丝,是热电偶的基本组成部分。用普通金属做成偶丝,其直径一般为 0.5 ~ 3.2 mm;用贵重金属做成的偶丝,直径一般为 0.3 ~ 0.6 mm。偶丝的长度则由工作端插入在被测介质中的深度来决定,通常为 300 ~ 2 000 mm,常用的长度为 350 mm。

（2）绝缘管

绝缘管又称绝缘子,是用于热电极之间及热电极与保护套之间进行绝缘保护的零件,以防止它们之间互相短路。其形状一般为圆形或椭圆形,中间开有 2 个、4 个或 6 个孔,偶丝穿孔而过。材料为黏土质、高铝质、刚玉质等,材料选用视使用的热电偶而定。

（3）保护套管

保护套管是用于保护热电偶感温元件免受被测介质化学腐蚀和机械损伤的装置。保护套管应具有耐高温、耐腐蚀且导热性好的特性,可用作保护套管的材料有金属、非金属及金属陶瓷三大类。金属材料有铝、黄铜、碳钢、不锈钢等,其中 $1Cr_{18}Ni_9Ti$ 不锈钢是目前热电偶保护套管使用的典型材料。非金属材料有高铝质(Al_2O_3 的质量分数为 85% ~ 90%)、刚玉质(Al_2O_3 的质量分数为 99%),使用温度都在 1 300 ℃ 以上。金属陶瓷材料有氧化镁加金属钼,这种材料使用温度在 1 700 ℃,且在高温下有很好的抗氧化能力,适用于钢水温度的连续测量。形状一般为圆柱形。

（4）接线盒

热电偶的接线盒用于固定接线座和连接外界导线,起保护热电极免受外界环境侵蚀和保证外接导线与接线柱接触良好的作用。接线盒一般由铝合金制成,根据被测介质温度对象和现场环境条件要求,可设计成普通型、防溅型、防水型、防暴型等接线盒。

2)铠装热电偶

铠装热电偶是由金属套管、绝缘材料和热电极经焊接密封和装配等工艺制成的坚实的组合体。金属套管材料可以是铜、不锈钢($1Cr_{18}Ni_9Ti$)或镍基高温合金(GH_{30})等;绝缘材料常使用电熔氧化镁、氧化铝、氧化铍等的粉末;而热电极无特殊要求。套管中热电极有单支(双芯)、双支(四芯),彼此间互不接触。中国已生产 S 型、R 型、B 型、K 型、E 型、J 型和铱铑$_{40}$-铱等铠装热电偶,套管最长可达 100 m 以上,管外径最细能达 0.25 mm。铠装热电偶已达到标准化、系列化。铠装热电偶体积小,热容量小,动态响应快,可挠性好,柔软性良好,强度高,耐压、耐震、耐冲击,因此被广泛应用于工业生产过程。

铠装热电偶冷端连接补偿导线的接线盒的结构,根据不同的使用条件,有不同的形式,如简易式、带补偿导线式、插座式等,这里不作详细介绍,选用时可参考有关资料。

5.2.3 热电偶种类及分度表

1)标准型热电偶

所谓标准型热电偶,是指制造工艺比较成熟、应用广泛、能成批生产、性能优良而稳定并已列入工业标准化文件中的那些热电偶。由于标准化文件对同一型号的标准型热电偶规定了统一的热电极材料及其化学成分、热电性质和允许偏差,故同一型号的标准型热电偶互换性好,具有统一的分度表,并有与其配套的显示仪表可供选用。

国际电工委员会在 1975 年向世界各国推荐 7 种标准型热电偶。我国生产的符合 IEC 标准的热电偶有 6 种,见表 5.1。在热电偶的名称中,正极写在前,负极写在后。

表 5.1　热电偶特性表

名　称	分度号	代号	测温范围/℃	100 ℃时的热电动势/mV	特　点
铂铑$_{30}$-铂铑$_6$	B (LL-2)	WRR	50 ~ 1 280	0.033	熔点高,测温上限高,性能稳定,精度高,100 ℃以下热电动势极小,可不必考虑冷端补偿;价昂,热电动势小;只限于高温域的测量
铂铑$_{13}$-铂	R (PR)	—	−50 ~ 1 768	0.647	使用上限较高,精度高,性能稳定,复现性好;但热电动势较小,不能在金属和还原性气体中使用,在高温下使用特性会逐渐变坏,价昂;多用于精密测量
铂铑$_{10}$-铂	S (LB-3)	WRP	−50 ~ 1 768	0.646	同上,性能不如 R 热电偶,长期以来曾经作为国际温标的法定标准热电偶
镍铬-镍硅	K (EU-2)	WRN	−270 ~ 1 370	4.095	热电动势大,线性好,稳定性好,价廉;但材质较硬,在 1 000 ℃以上长期使用会引起热电动势漂移;多用于工业测量
镍铬硅-镍硅	N	—	−270 ~ 1 370	2.744	是一种新型热电偶,各项性能比 K 热电偶更好,适用于工业测量

名　称	分度号	代号	测温范围/℃	100 ℃时的热电动势/mV	特　点
镍铬-铜镍（康铜）	E（EA-2）	WRK	−270 ~ 800	6.319	热电动势比 K 热电偶大 50% 左右,线性好,耐高温,价廉;但不能用于还原性气体;多用于工业测量
铁-铜镍（康铜）	J（JC）	—	−210 ~ 760	5.269	价格低廉,在还原性气体中较稳定;但纯铁易被腐蚀和氧化;多用于工业测量
铜-铜镍（康铜）	T（CK）	WRC	−270 ~ 400	4.279	价廉,加工性能好,离散性小,性能稳定,线性好,精度高;铜在高温时易被氧化,测温上限低;多用于低温域测量,可做（−200 ~ 0 ℃）温域的计量标准

常用标准热电偶分度表,见表 5.2。

表 5.2　常用标准热电偶分度表

铂铑$_{10}$-铂热电偶(分度号为 S)分度表

工作端温度/℃	0	10	20	30	40	50	60	70	80	90
	热电动势/mV									
0	0.000	0.055	0.113	0.173	0.235	0.299	0.365	0.432	0.502	0.573
100	0.645	0.719	0.795	0.872	0.950	1.029	1.109	1.190	1.273	1.356
200	1.440	1.525	1.611	1.698	1.785	1.873	1.962	2.051	2.141	2.232
300	2.323	2.414	2.506	2.599	2.692	2.786	2.880	2.974	3.069	3.164
400	3.260	3.356	3.452	3.549	3.645	3.743	3.840	3.938	4.036	4.135
500	4.234	4.333	4.432	4.532	4.632	4.732	4.832	4.933	5.034	5.136
600	5.237	5.339	5.442	5.544	5.648	5.751	5.855	5.960	6.064	6.169
700	6.274	6.380	6.486	6.592	6.699	6.805	6.913	7.020	7.128	7.236
800	7.345	7.454	7.563	7.672	7.782	7.892	8.003	8.114	8.225	8.336
900	8.448	8.560	8.673	8.786	8.899	9.012	9.126	9.240	9.355	9.470
1 000	9.585	9.700	9.816	9.932	10.048	10.165	10.282	10.400	10.517	10.635
1 100	10.754	10.872	10.991	11.110	11.229	11.348	11.467	11.587	11.707	11.827
1 200	11.947	12.067	12.188	12.308	12.429	12.550	12.671	12.792	12.913	13.034
1 300	13.155	13.276	13.397	13.519	13.640	13.761	13.883	14.004	14.125	14.247
1 400	14.368	14.489	14.610	14.731	14.852	14.793	15.094	15.215	15.336	15.456
1 500	15.576	15.697	15.817	15.937	16.057	16.176	16.296	16.415	16.534	16.653
1 600	16.771									

铂铑₃₀-铂铑₆热电偶(分度号为 B)分度表

工作端温度/℃	0	10	20	30	40	50	60	70	80	90
	热电动势/mV									
0	−0.000	−0.002	−0.003	−0.002	0.000	0.002	0.006	0.011	0.017	0.025
100	0.033	0.043	0.053	0.065	0.078	0.092	0.107	0.123	0.140	0.159
200	0.178	0.199	0.220	0.243	0.266	0.291	0.317	0.344	0.372	0.401
300	0.431	0.462	0.494	0.527	0.561	0.596	0.632	0.669	0.707	0.746
400	0.786	0.827	0.870	0.913	0.957	1.002	1.048	1.095	1.143	1.192
500	1.241	1.292	1.344	1.397	1.450	1.505	1.560	1.617	1.674	1.732
600	1.791	1.851	1.912	1.974	2.036	2.100	2.164	2.230	2.296	2.363
700	2.430	2.499	2.569	2.639	2.710	2.782	2.855	2.928	3.003	3.078
800	3.154	3.231	3.308	3.387	3.466	3.546	3.626	3.708	3.790	3.873
900	3.957	4.041	4.126	4.212	4.298	4.386	4.474	4.562	4.652	4.742
1 000	4.833	4.924	5.016	5.109	5.202	5.297	5.391	5.487	5.583	5.680
1 100	5.777	5.875	5.973	6.073	6.172	6.273	6.374	6.475	6.577	6.680
1 200	6.783	6.887	6.991	7.096	7.202	7.308	7.414	7.521	7.628	7.736
1 300	7.845	7.953	8.063	8.172	8.283	8.393	8.504	8.616	8.727	8.839
1 400	8.952	9.065	9.178	9.291	9.405	9.519	9.634	9.748	9.863	9.979
1 500	10.094	10.210	10.325	10.441	10.558	10.674	10.790	10.907	11.024	11.141
1 600	11.257	11.374	11.491	11.608	11.725	11.842	11.959	12.076	12.193	12.310
1 700	12.426	12.543	12.659	12.776	12.892	13.008	13.124	13.239	13.354	13.470
1 800	13.585									

镍铬-镍硅热电偶(分度号为 K)分度表

工作端温度/℃	0	10	20	30	40	50	60	70	80	90
	热电动势/mV									
−0	−0.000	−0.392	−0.777	−1.156	−1.527	−1.889	−2.243	−2.586	−2.920	3.242
0	0.000	0.397	0.798	1.203	1.611	2.022	2.436	2.850	3.266	3.681
100	4.095	4.508	4.919	5.327	5.733	6.137	6.539	6.939	7.338	7.737
200	8.137	8.537	8.938	9.341	9.745	10.151	10.560	10.969	11.381	11.793
300	12.207	12.623	13.039	13.456	13.874	14.292	14.712	15.132	15.552	15.974
400	16.395	16.818	17.241	17.664	18.088	18.513	18.938	19.363	19.788	20.214
500	20.640	21.066	21.493	21.919	22.346	22.772	23.198	23.624	24.050	24.476

续表

工作端温度/℃	0	10	20	30	40	50	60	70	80	90
	热电动势/mV									
600	24.902	25.327	25.751	26.176	26.599	27.022	27.445	27.867	28.288	28.709
700	29.128	29.547	29.965	30.383	30.799	31.214	31.629	32.042	32.455	32.866
800	33.277	33.686	34.095	34.502	34.909	35.314	35.718	36.121	36.524	36.925
900	37.325	37.724	38.122	38.519	38.915	39.310	39.703	40.096	40.488	40.897
1 000	41.269	41.657	42.045	42.432	42.817	43.202	43.585	43.968	44.349	44.729
1 100	45.108	45.486	45.863	46.238	46.612	46.985	47.356	47.726	48.095	48.462
1 200	48.828	49.192	49.555	49.916	50.276	50.633	50.990	51.344	51.697	52.049
1 300	52.398									

铜-康铜热电偶(分度号为 T)分度表

工作端温度/℃	0	10	20	30	40	50	60	70	80	90
	热电动势/mV									
−200	−5.603	−5.753	−5.889	−6.007	−6.105	−6.181	−6.232	−6.258		
−100	−3.378	−3.656	−3.923	−4.177	−4.419	−4.648	−4.865	−5.069	−5.261	−5.439
−0	−0.000	−0.383	−0.757	−1.121	−1.475	−1.819	−2.152	−2.475	−2.788	−3.089
0	0.000	0.391	0.789	1.196	1.611	2.035	2.467	2.908	3.357	3.813
100	4.277	4.749	5.227	5.712	6.204	6.702	7.207	7.718	8.235	8.757
200	9.286	9.320	10.360	10.905	11.456	12.011	12.572	13.137	13.707	14.281
300	14.860	15.443	16.030	16.621	17.217	17.816	18.420	19.027	19.638	20.252
400	20.869									

2)非标准型热电偶

非标准型热电偶包括铂铑系、铱铑系及钨铼系热电偶等。

铂铑系热电偶有铂铑$_{20}$-铂铑$_5$、铂铑$_{40}$-铂铑$_{20}$等种类,其共同的特点是性能稳定,适用于各种高温测量。

铱铑系热电偶有铱铑$_{40}$-铱、铱铑$_{60}$-铱。这类热电偶长期使用的测温范围在 2 000 ℃以下,且热电动势与温度线性关系好。钨铼系热电偶有钨铼$_3$-钨铼$_{25}$、钨铼$_5$-钨铼$_{20}$等种类。它的最高使用温度受绝缘材料的限制,目前可达到 2 500 ℃左右,主要用于钢水连续测温、反应堆测温等场合。

3)薄膜热电偶

薄膜热电偶是由两种金属薄膜连接而成的一种特殊结构的热电偶,它的测量端小而薄,热容量很小,可用于微小面积上温度的测量;其动态响应快,可测得快速变化的表面温度。

应用时,因薄膜热电偶用胶黏剂紧粘在被测物表面,所以热损失很小,测量精度高。由于使用温度受胶黏剂和衬垫材料限制,故目前只能用于-200~300 ℃。

5.3　热电偶的冷端补偿

从热电效应的原理可知,热电偶产生的热电动势不仅与热端温度也有关,而且与冷端的温度也有关。只有将冷端的温度恒定,热电动势才是热端温度的单值函数。由于热电偶分度表是以冷端温度为 0 ℃ 时做出的,因此,在使用时要正确反映热端温度(被测温度),最好设法使冷端温度恒为 0 ℃;否则将产生测量误差。但在实际应用中,热电偶的冷端通常靠近被测对象,且受到周围环境温度的影响,其温度不是恒定不变的。为此,必须采取一些相应的措施进行补偿或修正,以消除冷端温度变化和不为 0 ℃ 所产生的影响。常用的有以下几种方法:

1)冷浴法

将热电偶的冷端置于温度为 0 ℃ 的恒温器内(如冰水混合物),使冷端温度处于 0 ℃。这种装置通常用于实验室或精密的温度测量。

2)补偿导线法

热电偶由于受到材料价格的限制不可能做得很长,而要使其冷端不受测温对象的温度影响,必须使冷端远离温度对象,采用补偿导线就可做到这一点。所谓补偿导线,实际上是一对材料的化学成分不同的导线,在 0~150 ℃ 温度范围内与配接的热电偶有一致的热电特性,但价格相对便宜。利用补偿导线,将热电偶的冷端延伸到温度恒定的场所(如仪表室),其实质是相当于将热电极延长。根据中间温度定律,只要热电偶和补偿导线的两个接点温度一致,是不会影响热电动势输出的。下面举例说明补偿导线的作用。

【例5.1】　采用镍铬-镍硅热电偶测量炉温。热端温度为 800 ℃,冷端温度为 50 ℃。为了进行炉温的调节及显示,采用补偿导线或铜导线两种导线将热电偶产生的热电动势信号送到仪表室进行显示,问显示值各为多少?(假设仪表室的环境温度恒为 20 ℃)

首先,由镍铬-镍硅热电偶分度表查出它在冷端温度为 0 ℃,热端温度为 800 ℃ 时的热电动势为 $E(800,0)=33.277$ mV;热端温度为 50 ℃ 时的热电动势为 $E(50,0)=2.022$ mV;热端温度为 20 ℃ 时的热电动势为 $E(20,0)=0.798$ mV。

若热电偶与仪表之间直接用铜导线连接,根据中间导体定律,输入仪表的热电动势为

$E(800,50)=E(800,0)-E(50,0)=33.277-2.022=31.255(\text{mV})$(相当于751 ℃)

若热电偶与仪表之间用补偿导线连接,相当于将热电偶延伸到仪表室,输入仪表的热电动势为

$E(800,20)=E(800,0)-E(20,0)=33.277-0.798=32.479(\text{mV})$(相当于781 ℃)

与炉内的真实温度相差分别为

$$751-800=-49(℃)$$
$$781-800=-19(℃)$$

可见,补偿导线的作用是很明显的。

常用热电偶补偿导线,见表5.3。

表5.3 常用热电偶补偿导线

补偿导线型号	配用热电偶	补偿导线材料		补偿导线绝缘层着色	
		正极	负极	正极	负极
SC	S	铜	铜镍合金	红色	绿色
KC	K	铜	铜镍合金	红色	蓝色
KX	K	镍铬合金	镍硅合金	红色	黑色
EX	E	镍硅合金	铜镍合金	红色	棕色
JX	J	铁	铜镍合金	红色	紫色
TX	T	铜	铜镍合金	红色	白色

补偿导线起到了延伸热电极的作用,达到了移动热电偶冷端位置的目的。正是由于使用补偿导线,在测温回路中产生了新的热电势,实现了一定程度的冷端温度自动补偿。

补偿导线分为延伸型(X)和补偿型(C)两种。延伸型补偿导线选用的金属材料与热电极材料相同;补偿型补偿导线所选金属材料与热电极材料不同。

在使用补偿导线时,要注意补偿导线型号与热电偶型号匹配,正负极与热电偶正负极对应连接,补偿导线所处温度不超过150 ℃,否则将造成测量误差。

3)计算修正法

在实际应用中,冷端温度并非一定为0 ℃,因此,测出的热电动势还是不能正确反映热端的实际温度。为此,必须对温度进行修正。修正公式为

$$E_{AB}(t,0) = E_{AB}(t,t_1) + E_{AB}(t_1,0) \tag{5.11}$$

式中 $E_{AB}(t,0)$——热电偶热端温度为 t,冷端温度为0 ℃时的热电动势;

$E_{AB}(t,t_1)$——热电偶热端温度为 t,冷端温度为 t_1 时的热电动势;

$E_{AB}(t_1,0)$——热电偶热端温度为 t_1,冷端温度为0 ℃时的热电动势。

【例5.2】 用镍铬-镍硅热电偶测炉温,当冷端温度为30 ℃(且为恒定时),测出热端温度为 t 时的热电动势为39.17 mV,求炉子的真实温度。(求热端温度)

由镍铬-镍硅热电偶分度表查出 $E(30,0) = 1.20$ mV,可以计算出

$$E(t,0) = 39.17 + 1.20 = 40.37(\text{mV})$$

再通过分度表查出其对应的实际温度为 $t = 977$ ℃。

4)补偿电桥法

补偿电桥法利用不平衡电桥产生的不平衡电势来补偿因冷端温度变化引起的热电势变化值,可以自动地将冷端温度校正到补偿电桥的平衡点温度上。

补偿器(补偿电桥)的应用如图5.5所示。桥臂电阻 R_1,R_2,R_3,R_{Cu} 与热电偶冷端处于相同的温度环境,R_1,R_2,R_3 均为由锰铜丝绕制的 1 Ω 电阻,R_{Cu} 是用铜导线绕制的温度补偿电阻。$E = 4$ V,是经稳压电源提供的桥路直流电源。R_s 是限流电阻,阻值因配用的热电偶的不同而不同。

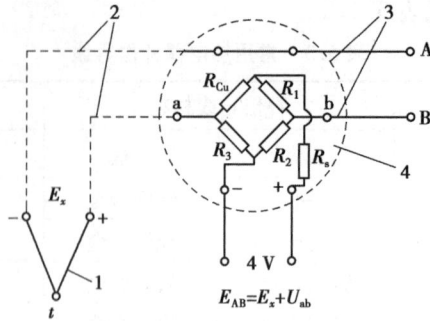

图 5.5　热电偶冷端补偿电桥
1—热电偶；2—补偿导线；
3—铜导线；4—补偿电桥

一般选择 R_{Cu} 阻值，使不平衡电桥在 20 ℃（平衡点温度）时处于平衡，此时 $R_{cu}^{20}=1\ \Omega$，电桥平衡，不起补偿作用。冷端温度变化，热电偶热电势 E_x 将变化 $E(t,t_0)-E(t,20)=E(20,t_0)$，此时电桥不平衡，适当选择 R_{Cu} 的大小，使 $U_{ab}=E(t,20)$，与热电偶热电势叠加，则外电路总电势保持 $E_{AB}(t,20)$，不随冷端温度的变化而变化。如果采用仪表机械零位调整法进行校正，则仪表机械零位应调至冷端温度补偿电桥的平衡点温度（20 ℃）处，不必因冷端温度变化重新调整。

冷端补偿电桥可单独制成补偿器通过外线与热电偶和后续仪表连接，而它更多是作为后续仪表的输入回路，与热电偶连接。

5) 显示仪表零位调整法

当热电偶通过补偿导线连接显示仪表时，如果热电偶冷端温度已知且恒定，则可预先将有零位调整器的显示仪表的指针从刻度的初始值调至已知的冷端温度值上，这时显示仪表的示值即为被测量的实际温度值。

5.4　热电偶测温线路

热电偶测温线路常见形式如下所述。

1) 测量某一点的温度

如图 5.6(a)、(b) 所示都是一支热电偶与一个仪表配用的连接电路，用于测量某一点的温度。A′，B′ 为补偿导线。

这两种连接方式的区别在于：图 5.6(a) 中的热电偶冷端被延伸到仪表内，而图 5.6(b) 中的热电偶冷端在仪表外面，R_D 为连接冷端与仪表的导线电阻。

2) 测量两点之间的温度差

如图 5.7 所示为用两支热电偶与一个仪表进行配合，测量两点之间温差的线路。图中用了两支型号相同的热电偶并配用相同的补偿导线。工作时，两支热电偶产生的热电动势方向相反，故输入仪表的是其差值，这一差值正反映了两支热电偶热端的温差。为了减少测量误差，提高测量精度，要尽可能选用热电特性一致的热电偶，同时要保证两支热电偶的冷端温度相同。

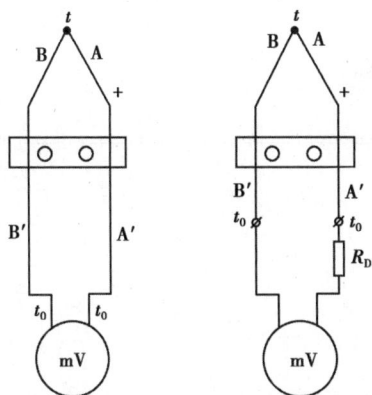

（a）冷端在仪表内　（b）冷端在仪表外

图 5.6　测量某点温度

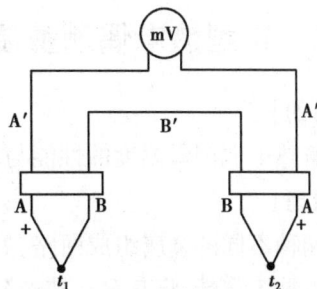

图 5.7　测量两点间温差

3）热电偶并联线路

有些大型设备需测量多点的平均温度,可通过与热电偶并联的测量电路来实现。将 n 支同型号热电偶的正极和负极分别连接在一起的线路称并联测量线路。如图 5.8 所示,如果 n 支热电偶的电阻均相等,则并联测量线路的总热电动势等于 n 支热电偶热电动势的平均值,即

$$E_{并} = \frac{E_1 + E_2 + \cdots + E_n}{n} \tag{5.12}$$

在热电偶并联线路中,当其中一支热电偶断路时,不会中断整个测温系统的工作。

4）热电偶串联线路

将 n 支同型号热电偶依次按正负极相连接的线路称串联测量线路,如图 5.9 所示。串联测量线路的总热电动势等于 n 支热电偶热电动势之和,即

$$E_{串} = E_1 + E_2 + \cdots + E_n = nE \tag{5.13}$$

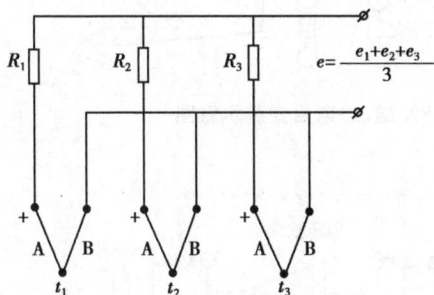

图 5.8　热电偶并联

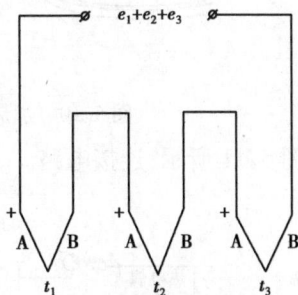

图 5.9　热电偶串联

热电偶串联线路的主要优点是热电动势大,使仪表的灵敏度大为增加。缺点是只要有一支热电偶断路,整个测量系统便无法工作。

在热电偶测量电路中使用的导线线径应适当选大,以减小线损的影响。

任务实施

实验 1　K 型热电偶测量温度

[实验目的]

了解热电偶测量温度的性能与应用范围。

[基本原理]

当两种不同的金属组成回路,如两个接点有温度差,就会产生热电势,即热电效应。温度高的接点称工作端,将其置于被测温度场,以相应电路就可间接测得被测温度值,温度低的接点就称冷端(也称自由端),冷端可以是室温值或经补偿后的 0,25 ℃ 的模拟温度场。

[需用器件与单元]

热电偶 K 型、加热器、差动放大器、直流电压表、水银温度计(自备)。

[实验步骤]

①了解热电偶原理。

②了解热电偶、加热器在实验台上的位置及符号,实验台所配的热电偶是由镍铬–镍硅组成的简易热电偶,分度号为 K,它封装在振动梁上下梁之间。加热器封装在振动梁下梁。如图 5.10 所示。

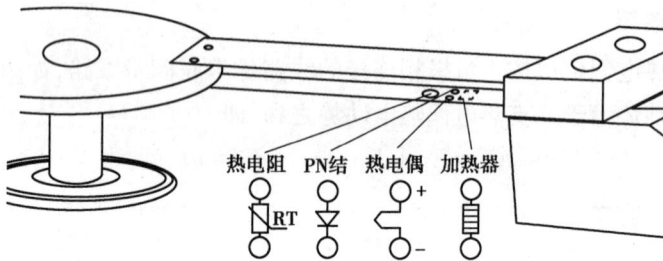

图 5.10　加热器、热电偶、PN 结、热电阻安装示意图

③如图 5.11 所示,连接电路。

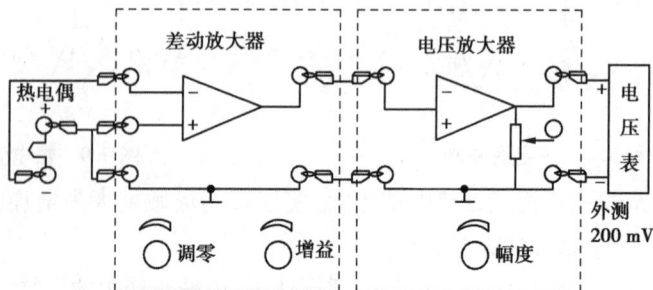

图 5.11　K 型热电偶测温性能实验

④把差动放大器和电压放大器的增益或幅度调至最大(因为热电偶输出很小),调节差动放大器的调零旋钮,使电压表输出为零(此时加热器还未接电,热电偶冷端和热端都为室温,热电偶输出应为零)。

⑤把加热器接上 5 V 电压,观察电压表毫伏值应不断升高,待基本稳定记下数值。此数值除以两级放大器的总放大倍数就是冷端为室温、热端为加热器温度时的热电偶的输出电压值。

⑥用水银温度计(自备)测出室温,查分度表,如图 5.12(软件提供)所示。查出冷端为零度,热端为室温时的热电偶的输出电压值。

⑦第 5 步的结果加第 6 步的结果就是冷端为零度,热端为加热器温度时的热电偶的输出电压值,查分度表(软件提供),即可查出加热器温度值。

⑧用水银温度计(自备)测出加热器的温度,并与第 7 步的结果进行比较,试分析误差来源。

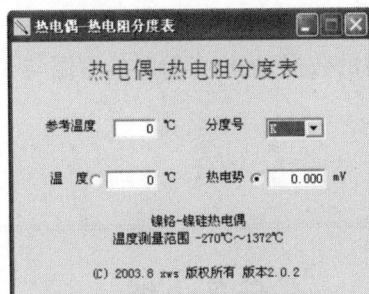

图 5.12　分度表(软件提供)

[思考题]

热电偶测量的是温差值还是摄氏温度值?

实验 2　热电偶冷端温度补偿

[实验目的]

了解热电偶冷端温度补偿的原理与方法。

[实验原理]

热电偶冷端温度补偿的方法有冰水法、恒温槽法、自动补偿法和电桥法。常用的是电桥法,如图 5.13 所示,它在热电偶和测温仪表之间接入一个直流电桥,称为冷端温度补偿器,补偿器电桥在 0 ℃时达到平衡(也有 20 ℃平衡)。当热电偶自由温度升高时(>0 ℃)热电偶回

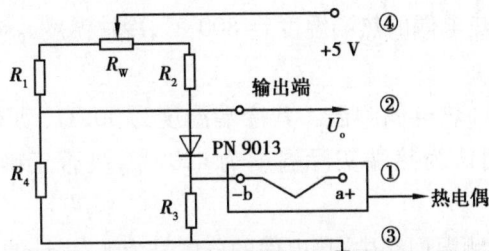

图 5.13　冷端温度补偿原理图

路电势 U_{ab} 下降,由于补偿器中 PN 呈负温度系数,其正向压降随温度升高而下降,促使 U_{ab} 上升,其值正好补偿热电偶因自由端温度升高而降低的电势,达到补偿目的。

[需用的器件与单元]

温度传感器实验模板、热电偶、冷端温度补偿器、外接直流源+5 V 和±15 V。

[实验步骤]

①温度控制仪表设定温度值 50 ℃。

②将 K 型热电偶置于加热器插孔中,自由端接入面板 Ek 端,并接入数字电压表,电压表量程置 200 mV,合上主控台加热源开关,使温度达到 50 ℃,记下此时电压表 E 型热电偶的输出热电势 V_1,并拆去与电压表的联线。

③保持工作温度 50 ℃不变,将冷端温度补偿器(0 ℃)上的热电偶(E 型)插入加热器另一插孔中,在补偿器 4 端、3 端加补偿器电源+5 V,使冷端补偿器工作,并将补偿器的①、②端接入数字电压表,读取直流电压表上数据 V_2。

④比较 V_1、V_2 两个补偿前后的数据,根据实验时的室温与 K 型热电偶分度表,计算因自由端温度下降而产生的温差值。

[思考题]

此温度差值代表什么含义?

任务小结

热电偶基于热电效应原理工作,中间温度定律和中间导体定律是使用热电偶测量的理论依据,用来计算回路的电势和分析实际的应用。

热电偶结构简单,可用于测量小空间的温度,动态响应快,输出的电动势便于传送。常用于测量−270 ~ 1 800 ℃的温度。

热电偶有 4 种冷端温度补偿,特别是补偿导线的使用,应予以综合应用。

任务自测

1. 已知铂铑$_{10}$-铂(S)热电偶的冷端温度 $t_0 = 25$ ℃,现测得热电动势 $E(t, t_0) = 11.712$ mV,求热端温度 t 为多少度?

2. 已知镍铬-镍硅(K)热电偶的热端温度 $t = 800$ ℃,冷端温度 $t_0 = 25$ ℃,求 $E(t, t_0)$ 是多少毫伏?

3. 现用一支铜-康铜(T)热电偶测温。其冷端温度为 30 ℃,动圈显示仪表(机械零位在 0 ℃)指示值为 300 ℃,则认为热端实际温度为 430 ℃,是否正确?为什么?正确值应是多少?

4. 在如图 5.14 所示的测温回路中,热电偶的分度号为 K,表计的示值应为多少度?

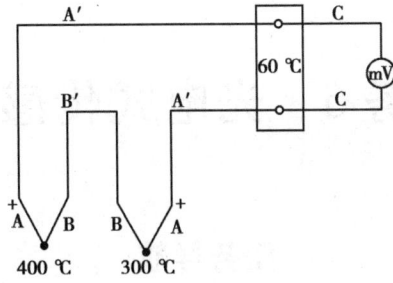

图 5.14　题 4 图

5. 用镍铬-镍硅（K）热电偶测量某炉子温度的测量系统，如图 5.15 所示。已知：冷端温度固定在 0 ℃，$t_0 = 30$ ℃，仪表指示温度为 210 ℃，后来发现由于工作上的疏忽把补偿导线 A′和 B′相互接错了，问：炉子的实际温度 t 为多少度？

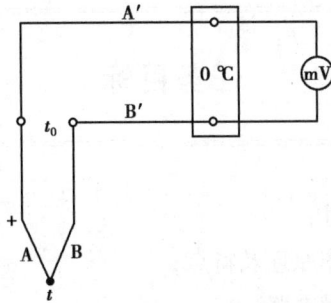

图 5.15　题 5 图

任务6 光电式传感器

任务导航

　　光电式传感器是将光通量转换为电量的一种传感器,它的基础是光电转换元件的光电效应。光电测量方法一般具有结构简单、非接触、高精度、高分辨率、高可靠性和响应快等优点;另外,激光光源、光栅、光学码盘、CCD 器件、光纤等的相继出现和成功应用,使得光电传感器在自动检测领域得到了广泛的应用。

任务目标

1. 知识目标

　　(1)理解光电效应及光电器件;

　　(2)理解光电式传感器的工作原理及特点;

　　(3)掌握光电式传感器的测量电路;

　　(4)了解光电式传感器的分类及应用。

2. 能力目标

　　(1)会正确操作传感器与检测技术综合实验台;

　　(2)会对实验数据进行分析;

　　(3)按操作规程进行操作,具有安全操作意识;

　　(4)知道光电转速传感器测量转速的原理及方法;

　　(5)能正确按照电路要求对光电式传感器模块等进行正确接线,并调试;

　　(6)完成实验报告。

3. 素质目标

　　(1)培养学生的合作意识和创新意识;

　　(2)培养学生的协作能力,学习能力;

　　(3)知道岗位操作规程,具有安全操作意识。

相关知识

6.1 光电效应及光电器件

6.1.1 光电效应

光电器件的理论基础是光电效应。光是由具有一定能量的粒子（称为光子）所组成,而每个光子所具有的能量 E 与其频率大小成正比。光照射在物体表面上就可看成是物体受到一连串能量为 E 的光子轰击,而光电效应就是由于该物体吸收到光子能量 E 的光后产生的电效应。通常把光线照射到物体表面后产生的光电效应分为 3 类,即外光电效应、内光电效应及半导体光生伏特效应。

(1)外光电效应

在光线作用下能使电子逸出物体表面的称为外光电效应。基于该效应的光电器件有光电管、光电倍增管等。

(2)内光电效应

在光线作用下能使物体电阻率改变的称为内光电效应,又称光电导效应。基于该效应的光电器件有光敏电阻等。

(3)半导体光生伏特效应

在光线作用下能使物体产生一定方向电动势的称为半导体光生伏特效应。基于该效应的光电器件有光电池、光敏晶体管等。

基于外光电效应的光电器件属于真空光电器件,基于内光电效应和半导体光生伏特效应的光电器件属于半导体光电器件。

6.1.2 光电管

光电管的结构如图 6.1 所示,它由一个阴极和一个阳极构成,并密封在一支真空玻璃管内。阳极通常用金属丝弯曲成矩形或圆形,置于玻璃管的中央;阴极装在玻璃管内壁上,其上涂有光电发射材料。光电管的特性主要取决于光电管阴极材料。常用的光电管的阴极材料有:银氧铯、锑铯、铋银氧铯,以及多碱光电阴极等。光电管有真空光电管和充气光电管两种。

当光照射在阴极上时,阴极发射出光电子,被具有一定电位的中央阳极所吸引,在光电管内形成空间电子流。在外电场作用下将形成电流 I,如图 6.1 所示,电阻 R_L 上的电压降正比于空间电流,其值与照射在光电管阴极上的光呈函数关系。

在光电管内充入少量的惰性气体(如氩、氖等),构成充气光电管。当充气光电管的阴极被光照射后,光电子在飞向阳极的途中,与惰性气体的原子发生碰撞而使气体电离,因此增大了光电流,从而使光电管的灵敏度增加。

光电管具有以下基本特性:

（a）结构图　　　　　　（b）原理图

图 6.1　光电管的结构

（1）伏安特性

在一定的光照下,对光电管阴极所加的电压与阳极所产生的电流之间的关系称为光电管的伏安特性。真空光电管和充气光电管的伏安特性分别如图 6.2(a)、(b)所示,它们是光电传感器的主要参数依据,充气光电管的灵敏度更高。

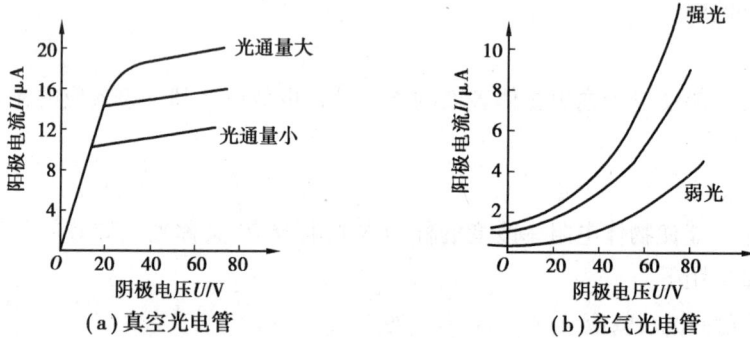

（a）真空光电管　　　　　　（b）充气光电管

图 6.2　光电管的伏安特性

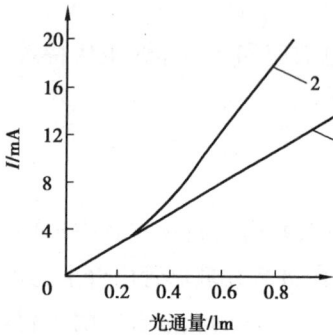

图 6.3　光电管的光照特性

（2）光照特性

当光电管的阴极与阳极之间所加电压一定时,光通量与光电流之间的关系称为光照特性,如图 6.3 所示。其中,曲线 1 是氧铯阴极光电管的光照特性,光电流 I 与光通量呈线性关系;曲线 2 是锑铯阴极光电管的光照特性,呈非线性关系。光照特性曲线的斜率(光电流与入射光光通量之比)称为光电管的灵敏度。

（3）光谱特性

光电管的光谱特性通常指阳极与阴极之间所加电压不变时,入射光的波长 λ(或频率 v)与其相对灵敏度之间的关系。它主要取决于阴极材料。阴极材料不同的光电管适用于不同的光谱范围。另一方面,同一光电管对于不同频率(即使光强度相同)的入射光,其灵敏度也不同。

6.1.3　光敏电阻

光敏电阻是由具有内光电效应的光导材料制成的,为纯电阻器件。光敏电阻具有很高的灵敏度,光谱响应的范围宽(从紫外区域到红外区域),体积小,质量轻,性能稳定,机械强度高,耐冲击和振动,寿命长,价格低,被广泛地应用于自动检测系统中。

光敏电阻的种类很多,一般由金属的硫化物、硒化物、碲化物等组成,如硫化镉、硫化铅、硫化铊、硒化镉、硒化铅、碲化铅等。由于所用材料和工艺不同,故它们的光电性能也相差很大。

1)光敏电阻的基本特性

(1)光电流

光敏电阻在不受光照射时的阻值称为暗电阻(暗阻),此时流过光敏电阻的电流称为暗电流;光敏电阻在受光照射时的阻值称为亮电阻(亮阻),此时流过光敏电阻的电流称为亮电流;亮电流与暗电流之差称为光电流。暗阻越大越好,亮阻越小越好,也就是光电流要尽可能大,这样光敏电阻的灵敏度就越高。一般光敏电阻的暗阻值通常超过 1 MΩ,甚至高达 100 MΩ,而亮阻则在几千欧以下。

(2)伏安特性

在一定的照度下,加在光敏电阻两端的电压与光电流之间的关系曲线,称为光敏电阻的伏安特性曲线,如图 6.4 所示。由图 6.4 可知,在外加电压一定时,光电流的大小随光照的增强而增加;外加电压越高,光电流也越大,而且没有饱和现象。光敏电阻在使用时受耗散功率的限制,其两端的电压不能超过最高工作电压,图 6.4 中虚线为允许功耗曲线,由它可以确定光敏电阻的正常工作电压。

(3)光照特性

在一定外加电压下,光敏电阻的光电流与光通量的关系曲线,称为光敏电阻的光照特性,如图 6.5 所示。不同的光敏电阻的光照特性是不同的,但大多数情况下曲线的形状类似于如图 6.5 所示的曲线。光敏电阻的光照特性曲线是非线性的,因此光敏电阻不宜做定量检测元件,而常在自动控制中用作光电开关。

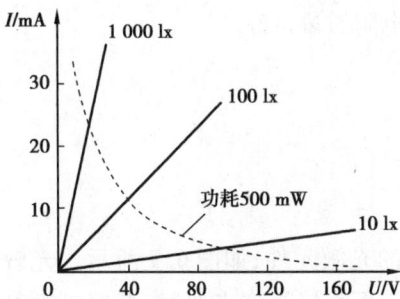

图 6.4 光敏电阻的伏安特性曲线

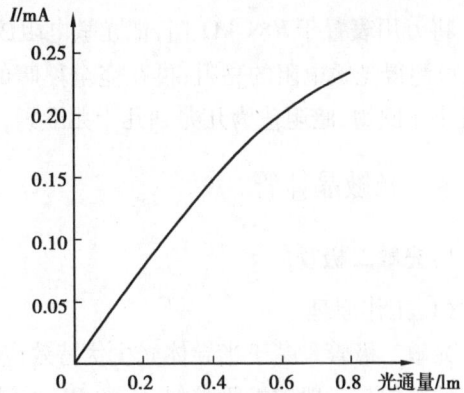

图 6.5 光敏电阻的光照特性曲线

(4)光谱特性

光敏电阻对于不同波长 λ 的入射光,其相对灵敏度 K_r 是不同的。如图 6.6 所示为各种不同材料的光谱特性曲线。由图 6.6 可知,由不同材料制造的光电元件,其光谱特性差别很大,由某种材料制造的光电元件只对某一波长的入射光具有最高的灵敏度。因此,在选用光敏电阻时,应把元件和光源结合起来考虑,才能获得满意的结果。

（5）频率特性

当光敏电阻受到光照射时,光电流要经过一段时间才能达到稳态值,而在停止光照后,光电流也不立刻为零,这是光敏电阻的时延特性。不同材料的光敏电阻的时延特性不同,因此它们的频率特性也不同。如图6.7所示为两种不同材料的光敏电阻的频率特性,即相对灵敏度 K_r 与光强度变化频率 f 之间的关系曲线。由于光敏电阻的时延比较大,所以它不能用在要求快速响应的场合。

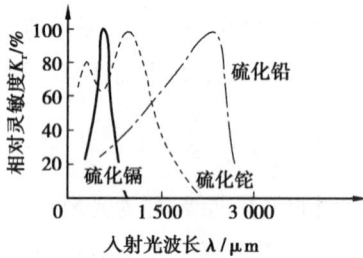

图6.6　光敏电阻的光谱特性

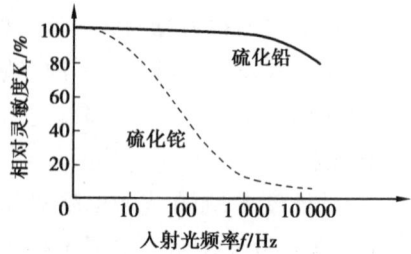

图6.7　光敏电阻的频率特性

（6）光谱温度特性

光敏电阻受温度的影响较大,随着温度的升高,暗阻和灵敏度都下降。同时温度变化也影响它的光谱特性曲线。如图6.8所示为硫化铅的光谱温度特性,即在不同温度下的相对灵敏度 K_r 与入射光波长 λ 之间的关系曲线。

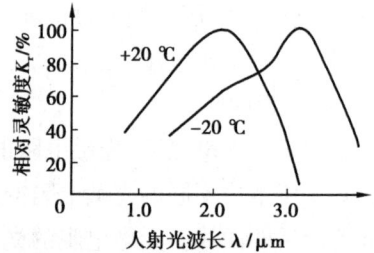

图6.8　光敏电阻的光谱温度特性

2）光敏电阻质量的测试

将万用表置于 $R \times 1$ kΩ 挡,把光敏电阻放在距离25 W 白炽灯50 cm 远处(其照度约为100 lx),可测得光敏电阻的亮阻;再在完全黑暗的条件下直接测量其暗阻值。如果亮阻值为几千到几十千欧姆,暗阻值为几兆到几十兆欧姆,则说明光敏电阻质量良好。

6.1.4　光敏晶体管

1）光敏二极管

（1）工作原理

光敏二极管是基于半导体光生伏特效应的原理制成的光敏元件,如图6.9所示。光敏二极管的结构与一般二极管类似,它的PN 结装在管的顶部,可直接受到光照射,光敏二极管在电路中一般是处于反向工作状态。光敏二极管在没有光照射时反向电阻很大,反向电流很小,此电流为暗电流;当有光照射光敏二极管时,光子打在 PN 结附近,使 PN 结附近产生光生电子-空穴对,它们在 PN 结处的内电场作用下定向运动形成光电流,即为短路电流。短路电流与光照度成比例,光的照度越大,光电流越强。因此,在不受光照射时,光敏二极管处于截止状态;受光照射时,光敏二极管处于导通状态。

（2）光敏二极管的检测方法

当有光照射在光敏二极管上时,光敏二极管与普通二极管一样,有较小的正向电阻和较大

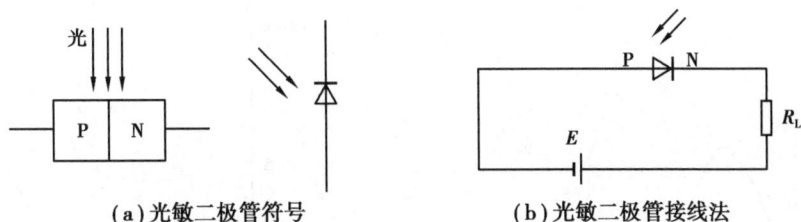

(a)光敏二极管符号　　　　　　　　(b)光敏二极管接线法

图6.9　光敏二极管

的反向电阻;当无光照射时,光敏二极管正向电阻和反向电阻都很大。用欧姆表检测时,先让光照射在光敏二极管管芯上,测出其正向电阻,其阻值与光照强度有关,光照越强,正向阻值越小;然后用一块遮光黑布挡住照射在光敏二极管上的光线,测量其阻值,这时正向电阻应立即变得很大。有光照和无光照下所测得的两个正向电阻值相差越大越好。

2)光敏三极管

(1)工作原理

光敏三极管也是基于半导体光生伏特效应的原理制成的光敏元件,如图6.10所示。光敏三极管结构与一般三极管不同,通常只有两根电极引线。光敏三极管分为 PNP 型和 NPN 型两种。当光照射在 PN 结附近,使 PN 结产生光生电子-空穴对,它们在 PN 结处内电场作用下做定向运动,形成光电流,因此 PN 结的反向电流大大增加,由于光照射发射结产生的光电流相当于三极管的基极电流,因此集电极电流是光电流的 β 倍。光敏三极管比光敏二极管具有更高的灵敏度。

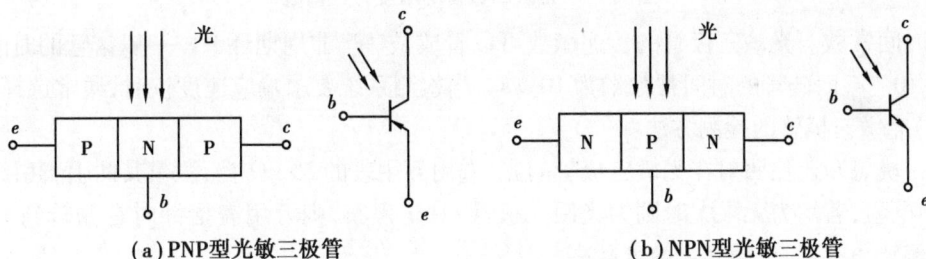

(a)PNP型光敏三极管　　　　　　　　(b)NPN型光敏三极管

图6.10　光敏三极管

(2)基本特性

①光谱特性。光敏三极管对于不同波长 λ 的入射光,其相对灵敏度 K_r 是不同的。如图 6.11 所示为两种光敏三极管的光谱特性曲线。由于锗管的暗电流比硅管大,故一般锗管的性能比较差。因此,在探测可见光或炽热状态物体时,都采用硅管;但当探测红外光时,锗管比较合适。

②伏安特性。光敏三极管在不同照度 E_e 下的伏安特性,与一般三极管在不同的基极电流时的输出特性一样,只要将入射光在发射极与基极之间的 PN 结附近所产生的光电流看成基极电流,就可将光敏三极管看成是一般的三极管。

③光照特性。光敏三极管的输出电流 I_c 与照度 E_e 之间的关系可近似看成是线性关系,如图 6.12 所示。当光照足够大时(几千勒克斯),会出现饱和现象。因此,光敏三极管既可做线性转换元件,也可做开关元件。

127

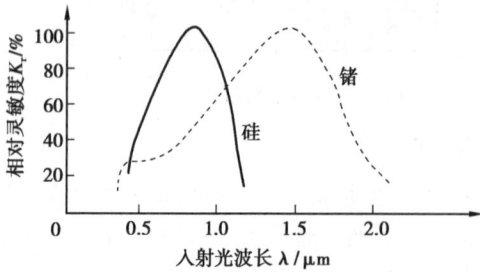

图 6.11 光敏三极管的光谱特性曲线

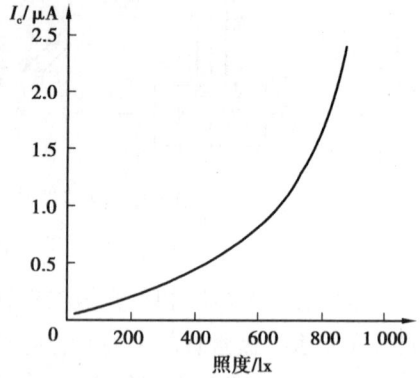

图 6.12 光敏三极管的光照特性曲线

④温度特性。温度特性表示温度与暗电流及输出电流之间的关系。如图 6.13 所示为锗管的温度特性曲线。由图 6.13 可知,温度变化对输出电流的影响较小,主要由光照度所决定;而暗电流随温度变化较大,因此在应用时应在线路上采取措施进行温度补偿。

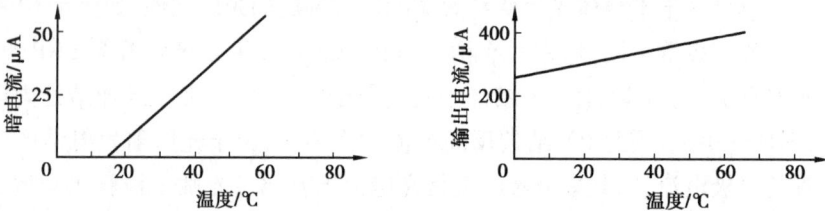

图 6.13 光敏三极管的温度特性曲线

⑤时间常数。光敏三极管的传递函数可以看成是一个非周期环节。一般锗管的时间常数约为 2×10^{-4} s,而硅管的时间常数约为 10^{-5} s。当检测系统要求响应速度快时,通常选择硅管。

(3)光敏三极管的检测方法

用一块黑布遮住照射在光敏三极管的光,选用万用表的 $R \times k\Omega$ 挡,测量其两引脚引线间的正、反向电阻,若均为无限大时则为光敏三极管;拿走黑布,则万用表指针向右偏转到 15 ~ 30 $k\Omega$ 处,偏转角越大,说明其灵敏度越高。

6.1.5 光电池

光电池也是基于半导体光生伏特效应的原理制成的,是自发电式有源器件。它有较大面积的 PN 结,当光照射在 PN 结上时,在 PN 结的两端出现光生电动势。光电池的种类很多,其中应用最多的是硅光电池、硒光电池、砷化钾光电池和锗光电池等。

光电池的基本特性有以下几种。

1)光谱特性

光电池的相对灵敏度 K_r 与入射光波长 λ 之间的关系称为光谱特性。如图 6.14 所示为硒光电池和硅光电池的光谱特性曲线。由图 6.14 可知,不同材料光电池的光谱峰值位置是不同的,硅光电池为 0.45 ~ 1.1 μm,而硒光电池为 0.34 ~ 0.57 μm。在实际使用时,可根据光源性质选择光电池。但要注意,光电池的峰值不仅与制造光电池的材料有关,而且也与使用温度有关。

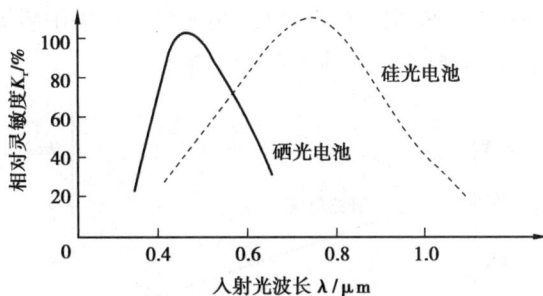

图 6.14　光电池的光谱特性曲线

2) 光照特性

光生电动势 U 与照度 E_e 之间的特性曲线称为开路电压曲线;光电流密度 J_e 与照度 E_e 之间的特性曲线称为短路电流曲线。如图 6.15 所示为硅光电池的光照特性曲线。由图 6.15 可知,短路电流在很大范围内与光照度呈线性关系,这是光电池的主要优点之一;开路电压与光照度之间的关系是非线性的,并且在照度为 2 000 lx 的照射下就趋于饱和了。因此,把光电池作为敏感元件时,应把它当作电流源使用,也就是利用短路电流与光照度呈线性关系的特点。由实验可知,负载电阻越小,光电流与照度之间的线性关系越好,线性范围越宽,对于不同的负载电阻,可以在不同的照度范围内使光电流与光照度保持线性关系。所以应用光电池作为敏感器件时,所用负载电阻的大小应根据光照的具体情况而定。

3) 频率特性

光电池的频率特性是光的调制频率 f 与光电池的相对输出电流 I_r(相对输出电流=高频输出电流/低频最大输出电流)之间的关系曲线。如图 6.16 所示,硅光电池具有较高的频率响应,而硒光电池则较差。因此,在高速计数器、有声电影等方面多采用硅光电池。

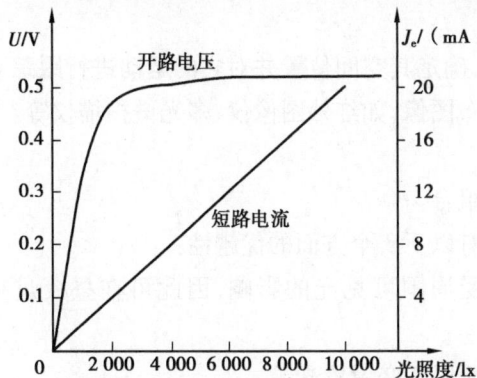

图 6.15　硅光电池的光照特性曲线

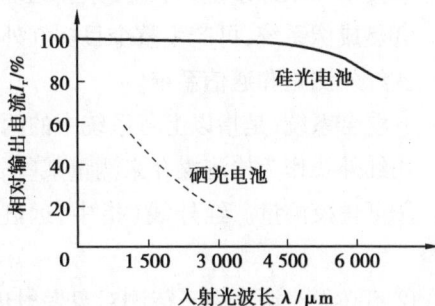

图 6.16　光电池的频率特性

4) 温度特性

光电池的温度特性是描述光电池的开路电压 U、短路电流 I 随温度 t 变化的曲线,如图 6.17 所示。由于它关系到应用光电池设备的温度漂移,影响测量精度或控制精度等主要指标,因此它是光电池的重要特性之一。由图 6.17 可知,开路电压随温度增加而下降得较快,而短路电流随温度上升而增加得却很缓慢。因此,用光电池作为敏感器件时,在自动检测系统设计时就应考虑温度的漂移,需要采取相应的补偿措施。

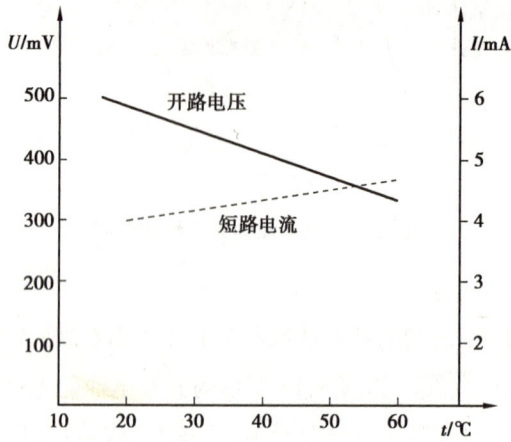

图 6.17　光电池的温度特性

6.2　红外传感器

凡是存在于自然界的物体,如人体、火焰、冰等都会放射出红外线,只是它们发射的红外线的波长不同而已。人体的温度为 36 ~ 37 ℃,所放射的红外线波长为 10 μm(属于远红外线区),加热到 400 ~ 700 ℃ 的物体,其放射出的红外线波长为 3 ~ 5 μm(属于中红外线区)。红外线传感器可检测到这些物体发射的红外线,用于测量、成像或控制。

红外技术是在最近几十年中发展起来的一门新兴技术。它已在科技、国防、医学、建筑、气象、工农业生产等领域获得了广泛的应用。红外传感器按其应用可分为以下 5 个方面:

①红外辐射计,用于辐射和光谱辐射测量。

②搜索和跟踪系统,用于搜索和跟踪红外目标,确定其空间位置并对它的运动进行跟踪。

③热成像系统,可产生整个目标红外辐射的分布图像,如红外图像仪、多光谱扫描仪等。

④红外测距和通信系统。

⑤混合系统,是指以上各系统中的两个或多个组合。

用红外线作为检测媒介来测量某些非电量,具有以下 3 个方面的优越性:

①可昼夜测量。红外线(指中、远红外线)不受周围可见光的影响,因此可在昼夜进行测量。

②不必设光源。由于待测对象发射出红外线,所以不必设置光源。

③适用于遥感技术。大气对某些波长的红外线吸收非常少,故适用于遥感技术。

6.2.1　红外辐射

红外辐射俗称红外线,是一种不可见光。由于它是位于可见光中红色光线以外的光线,故被称为红外线。它的波长范围大致为 0.76 ~ 1 000 μm,红外线在电磁波谱中的位置如图 6.18 所示。工程上又把红外线所占据的波段分为 4 个部分,即近红外、中红外、远红外和极远红外。

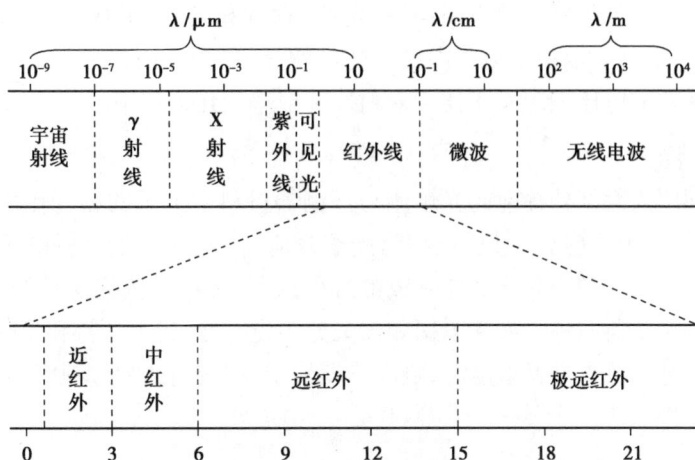

图 6.18　电磁波谱图

红外辐射的物理本质是热辐射。一个炽热物体向外辐射的能量大部分是通过红外线辐射出来的。物体的温度越高,辐射出来的红外线越多,辐射的能量就越强。而且红外线被物体吸收时,可显著地转变为热能。

红外辐射与所有电磁波一样,是以波的形式在空间以直线传播的。它在大气中传播时,大气层对不同波长的红外线存在不同的吸收带,红外线气体分析器就是利用该特性工作的。空气中对称的双原子气体(如 N_2,O_2,H_2 等)不吸收红外线。而红外线在通过大气层时,有 3 个波段透过率高,它们是 $2 \sim 2.6\ \mu m$、$3 \sim 5\ \mu m$ 和 $8 \sim 14\ \mu m$,统称它们为"大气窗口"。这 3 个波段对红外探测技术特别重要,因为红外探测器一般都工作在这 3 个波段之内。

6.2.2　红外探测器

红外传感器一般由光学系统、探测器、信号调理电路及显示系统等组成。红外探测器是红外传感器的核心。红外探测器种类很多,常见的有两大类,即热探测器和光子探测器。

1)热探测器

热探测器是利用红外辐射的热效应,探测器的敏感元件吸收辐射能后引起温度升高,进而使有关物理参数发生相应变化,通过测量物理参数的变化,便可确定探测器所吸收的红外辐射。

与光子探测器相比,热探测器的探测率比光子探测器的峰值探测率低,响应时间长。但热探测器的主要优点是响应波段宽,响应范围可扩展到整个红外区域,可以在室温下工作,使用方便,应用相当广泛。

热探测器主要类型有热释电型、热敏电阻型、热电偶型和气体型。而热释电探测器在热探测器中探测率最高,频率响应最宽,所以这种探测器备受重视,发展很快。下面主要介绍热释电探测器。

热释电红外探测器由具有极化现象的热晶体或称为"铁电体"的材料制作而成。"铁电体"的极化强度(单位面积上的电荷)与温度有关。当红外辐射照射到已经极化的铁电体薄片表面上时,引起薄片温度升高,使极化强度降低,表面电荷减少,这相当于释放一部分电荷,故称为热释电型传感器。如果将负载电阻与"铁电体"薄片相连,则负载电阻上便产生一个电信号输出,而输出信号的强弱取决于薄片温度变化的快慢,从而反映出入射的红外辐射的强弱,热释电型红外传感器的电压响应率正比于入射光辐射率变化的速率。

2)光子探测器

光子探测器利用入射红外辐射的光子流与探测器材料中电子的相互作用,改变电子的能量状态,引起各种电学现象(这一过程也称为光子效应)。通过测量材料电子性质的变化,可以知道红外辐射的强弱。利用光子效应制成的红外探测器,统称为光子探测器。光子探测器有内光电和外光电探测器两种。外光电探测器又分为光电导、光生伏特和光磁电探测器等。

光子探测器的主要特点是灵敏度高,响应速度快,具有较高的响应频率,但探测波段较窄,一般需在低温下工作。

6.3 光电式传感器的应用

6.3.1 光敏电阻传感器的应用

如图6.19所示为带材跑偏检测装置的工作原理和测量电路图。无论是钢带薄板,还是塑料薄膜、纸张、胶片等,在加工过程中极易偏离正确位置而产生所谓"跑偏"现象。带材加工过程中的跑偏不仅影响其尺寸精度,而且会引起卷边、毛刺等质量问题。带材跑偏检测装置就是检测带材在加工过程中偏离正确位置的程度及方向,从而为纠偏控制机构电路提供一个纠偏信号。

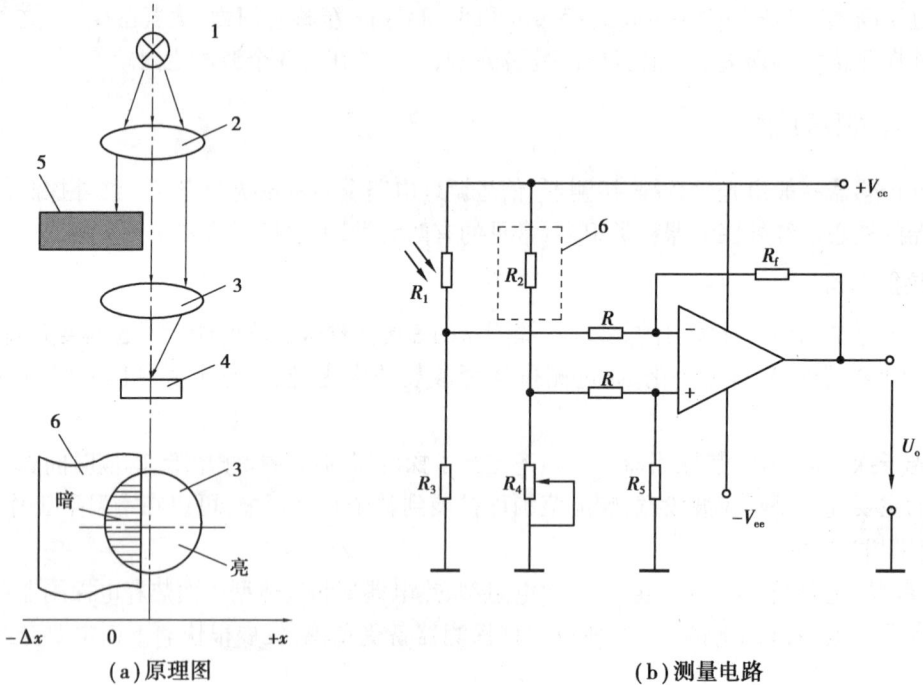

图6.19 带材跑偏检测装置
1—光源;2,3—透镜;4—光敏电阻 R_1;5—被测带材;6—遮光罩

光源 1 发出的光经过透镜 2 会聚成平行光速后,再经透镜 3 会聚入射到光敏电阻 4(R_1)上。透镜 2,3 分别安置在带材合适位置的上、下方,在平行光速到达透镜 3 的途中,将有部分光线受到被测带材的遮挡,从而使光敏电阻受照的光通量减少。R_1,R_2 是同型号的光敏电阻,R_1 作为测量元件安置在带料下方,R_2 作为温度补偿元件用遮光罩覆盖。$R_1 \sim R_4$ 组成一个电桥电路,当带材处于正确位置(中间位置)时,通过预调电桥平衡,使放大器输出电压 U_o 为 0。如果带材在移动过程中左偏时,遮光面积减小,光敏电阻的光照面积增加,阻值变小,电桥失衡,放大器输出负压 U_o;若带材右偏,则遮光面积增大,光敏电阻的光照减弱,阻值变大,电桥失衡,放大器输出正压 U_o。输出电压 U_o 的正负及大小,反映了带材走偏的方向及大小。输出电压 U_o 一方面由显示器显示出来;另一方面被送到纠偏控制系统,作为驱动执行机构产生纠偏动作的控制信号。

6.3.2 光敏晶体管的应用

1)光电耦合器

光电耦合器是将一个发光器件和一个光敏元件同时封装在一个壳体内组合而成的转换元件。当有电流流过发光二极管时便产生一个光源,此光照射到封装在一起的光敏元件后产生一个与发光二极管正向电流成比例的集电极电流。

最常见的情况是由一个发光二极管和一个光敏三极管组成,如图 6.20(a)所示,常用的光电耦合器还有如图 6.20(b)、(c)、(d)所示的形式。图(a)所示的组合形式结构简单,成本较低,且输出电流较大,可达 100 mA,响应时间为 3 ~ 4 μs;图(b)所示的组合形式结构简单,成本较低,响应时间短(约为 1 μs),但输出电流小,为 50 ~ 300 μA;图(c)所示的组合形式传输效率高,但只适用于较低频率的装置中;图(d)所示的组合形式是一种高速、高传输效率的新颖器件。无论何种形式,为保证其有较好的灵敏度,都考虑了发光与接收波长的匹配。

光电耦合器实际上是一个电量隔离转换器,它具有抗干扰性能和单向信号传输功能,广泛应用在电路隔离、电平转换、噪声抑制、无触点开关及固态继电器等场合。

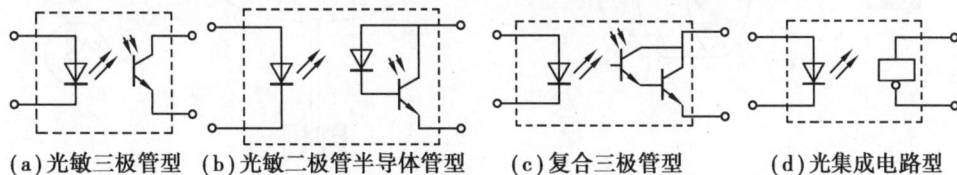

(a)光敏三极管型　(b)光敏二极管半导体管型　(c)复合三极管型　(d)光集成电路型

图 6.20　光电耦合器组成形式

2)脉冲编码器

如图 6.21 所示为脉冲编码器的工作原理图。其中,图(a)是其电路原理图,图(b)是其光栅转盘的结构图。

V_i 为 24 V 电源电压,V_o 为输出电压,N 为光栅转盘上总的光栅辐条数,R_1 和 R_2 为限流电阻器,而 A 和 B 则分别是光敏二极管的发射端和光敏三极管的接收端。当转轴受外部因素的影响而以某一转速 n 转动时,光栅转盘也随着以同样的速度转动。因此,在转轴转动一圈的时间内,接收端将接收到 N 个光信号,从而在其输出端输出 N 个电脉冲信号。由此可知,脉冲编码器输出的电信号 V_o 的频率 f 是由转轴的转速 n 确定的。于是有 $f = nN$ 成立,决定了脉冲编

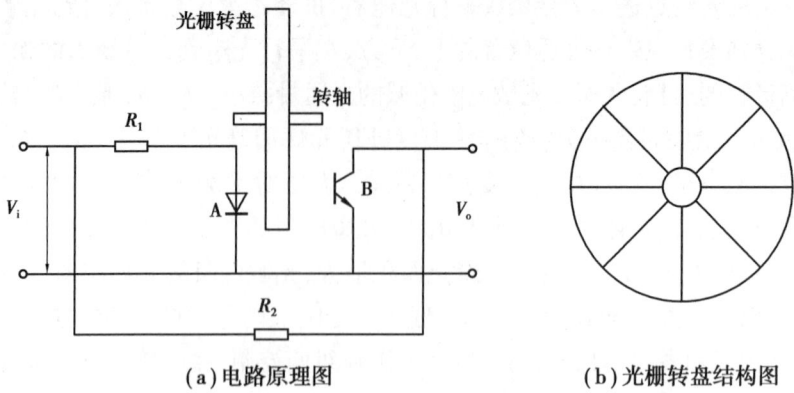

（a）电路原理图　　　　　　　　　　（b）光栅转盘结构图

图 6.21　脉冲编码器工作原理图

码器输出信号的频率 f 与转轴的转速之间的关系。

3）光电转速传感器

如图 6.22 所示为光电数字转速表的工作原理图。其中，图（a）所示为透光式，在待测转速轴上固定一带孔的调制盘，在调制盘一边由白炽灯产生恒定光，透过盘上小孔到达光敏二极管或光敏三极管组成的光电转换器上，并转换成相应的电脉冲信号，该脉冲信号经过放大整形电路输出整齐的脉冲信号，转速通过该脉冲频率测定。图（b）所示为反射式，在待测转速的盘上固定一个涂有黑白相间条纹的圆盘，它们具有不同的反射信号，并可转换成电脉冲信号。

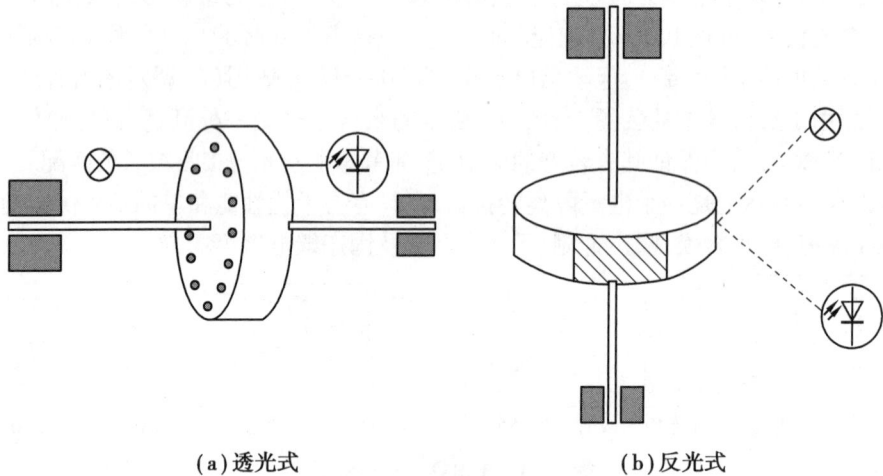

（a）透光式　　　　　　　　　　（b）反光式

图 6.22　光电转速表原理图

转速 n 与脉冲频率 f 的关系式为

$$n = 60 \frac{f}{N}$$

式中　N——孔数或黑白条纹数目。

频率可用一般的频率计测量。光电器件多采用光电池、光敏二极管和光敏三极管，以提高寿命，减小体积，减小功耗及提高可靠性。

光电脉冲转换电路如图 6.23 所示。BG_1 为光敏三极管，当光线照射 BG_1 时，产生光电流，使 R_1 上压降增大，导致晶体管 BG_2 导通，触发由晶体管 BG_3 和 BG_4 组成的射极耦合触发器，

使 $U_。$ 为高电位;反之,$U_。$ 为低电位。脉冲信号 $U_。$ 可送到计数电路计数。

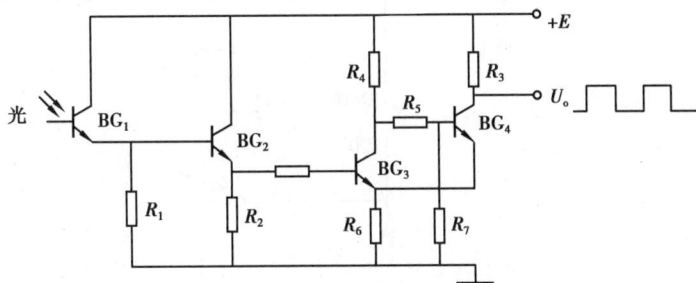

图 6.23　光电脉冲转换电路

6.3.3　光电池的应用

光电池主要有两大类型的应用:一类是将其作为光生伏特器件使用,直接将太阳能转换为电能,即太阳能电池,这是人类探索新能源的重要研究课题;另一类是将光电池作为光电转换器应用,需要它具有灵敏度高,响应时间短等特性,而不像太阳能电池那样需要高的光电转换率,它主要应用于光电检测和自动控制系统。

1)太阳能电池电源

太阳能电池电源系统主要由太阳能电池方阵、蓄电池组、调节控制器和阻塞二极管组成。若要向交流负载供电,则加一个直流-交流变换器(逆变器),如图 6.24 所示。

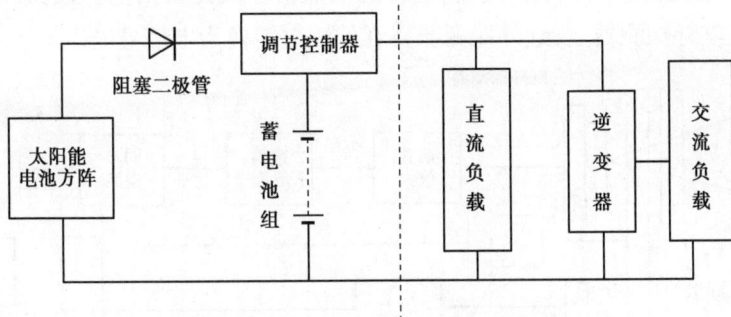

图 6.24　太阳能电池电源系统方框图

太阳能电池方阵是将太阳辐射直接转换成电能的发电装置。选用若干性能相近的单体太阳能电池,经串、并联后可形成可单独做电源使用的太阳能电池组件,然后由多个这样的组件经串、并联构成一个阵列。有阳光照射时,太阳能电池方阵发电并对负载供电,同时也对蓄电池组供电,储存能量,供无太阳光照射时使用。在系统中,调节控制器实现充、放电自动控制,当充电电压达到蓄电池上限电压时,自动切断充电电路,停止对蓄电池充电;而当蓄电池电压低于下限电压时,自动切断输出电路。这样,调节控制器可保证蓄电池电压保持在一定范围内,以防止因充电电压过高或过低而导致器件受到损伤。阻塞二极管是在太阳能电池方阵不发电或出现短路故障时,起避免蓄电池通过太阳能电池放电的作用。

2)光电报警电路

当太阳光照射光电池时,在如图 6.25 所示的电路中,SCR 有了门极触发电压,此时 SCR 导通,负载接通。电位器 R 调节光电平使报警器发出声响。

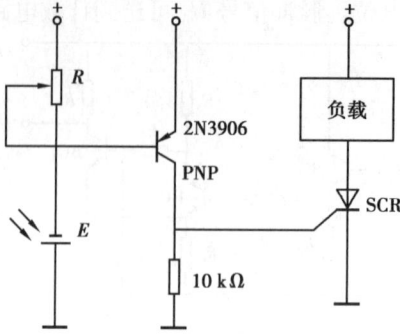

图 6.25　光电报警电路

6.3.4　红外测温仪

红外测温仪是利用热辐射体在红外波段的辐射通量来测量温度的。当物体的温度低于 1 000 ℃时,它向外辐射的不再是可见光而是红外光,故可用红外探测器检测温度。如采用分离出所需波段的滤光片,可使红外测温仪工作在任意红外波段。

如图 6.26 所示为目前常见的红外测温仪方框图。它是一个光机电一体化的红外测温系统,图中的光学系统是一个固定焦距的投射系统,滤光片一般采用只允许 8 ~ 14 μm 的红外辐射能通过的材料。步进电机带动调制盘转动,将被测的红外辐射调制成交变的红外辐射。红外探测器一般为(钽酸锂)热释电探测器,透镜的焦点落在其光敏面上。被测目标的红外辐射通过透镜聚焦在红外探测器上,红外探测器将红外辐射转换为电信号输出。

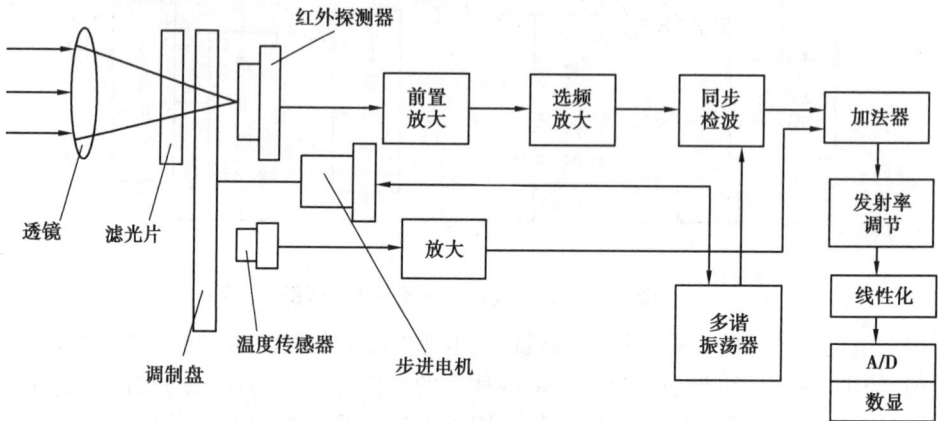

图 6.26　红外测温仪方框图

红外测温仪电路比较复杂,包括前置放大、选频放大、温度补偿、线性化、发射率(ε)调节等。目前,已有带单片机的智能红外测温仪面市,利用单片机与软件的功能,大大简化了硬件电路,提高了仪表的稳定性、可靠性和准确性。

红外测温仪的光学系统可以是透射式,也可以是反射式。反射式光学系统多采用凹面玻璃反射镜,并在镜的表面镀金、铝、镍或铬等对红外辐射反射率极高的金属材料。

6.4　光电开关和光电断续器

光电开关和光电断续器是光电式传感器中的用于数字量检测的常用器件,它们可用于检测物体的靠近、通过等状态。近年来,随着生产自动化、机电一体化的发展,光电开关及光电断续器已发展成系列产品,其品种及产量日益增加,用户可根据生产需要,选用适当规格的产品,而不必自行设计光路及电路。

从原理上讲,光电开关和光电断续器没有太大的差别,都是由红外发射元件与光敏接收元件组成,但光电断续器是整体结构,其检测距离只有几毫米至几十毫米,而光电开关的检测距离可达数十米。

6.4.1　光电开关

光电开关器件是以光电元件、三极管为核心,配以继电器组成的一种电子开关。当开关中的光敏元件受到一定强度的光照射时就会产生开关动作。如图 6.27 所示为基本光电开关电路。其中,图(a)中的光电元件 VD 与图(b)中的 VT_1 在无光照时处于截止状态,图(a)中的 VT 与图(b)中的 VT_2 也处于截止状态,继电器 K 不得电,开关不动作;有光照时,图(a)中的光电元件 VD,VT 和图(b)中的 VT_1,VT_2 导通,继电器得电后动作,实现光电开关控制。图(c)中,VT_1 在无光照时截止,直流电源经过电阻 R_1,R_2 给 VT_2 提供一个合适的基极电流使它导通,继电器动作;一旦有光照时,VT_1 导通,VT_2 截止,继电器掉电,实现了光电开关控制。

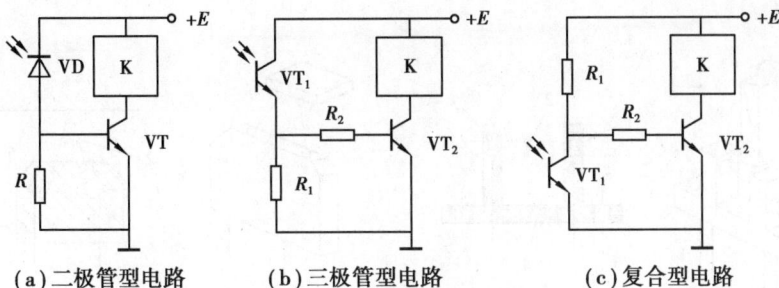

图 6.27　基本光电开关电路

光电开关可分为两类:遮断型和反射型,如图 6.28 所示。图(a)中,发射器与接收器相对安放,轴线严格对准。当有物体从两者中间通过时,红外光束被遮断,接收器接收不到红外线而产生一个电脉冲信号。反射型分为两种情况:反射镜反射型和被测物体反射型(简称"散射型"),如图 6.28(b)和(c)所示。反射镜反射型传感器单侧安装,需要调整反射镜的角度以取得最佳的反射效果,它的检测距离不如遮断型。散射型安装最为方便,并且可根据被测物体上的黑白标记来检测,但散射型的检测距离较小,只有几百毫米。

光电开关中的红外光发射器一般采用功率较大的红外发光二极管(红外 LED),而接收器可采用光敏三极管、光敏达林顿三极管或光电池。为了防止日光灯的干扰,首先可在光敏元件表面加红外滤光透镜。其次,LED 可用高频(40 kHz 左右)脉冲电流驱动,从而发射调制光脉冲。相应地,接收光电元件的输出信号经选频交流放大器及解调器处理,可有效地防止太阳光

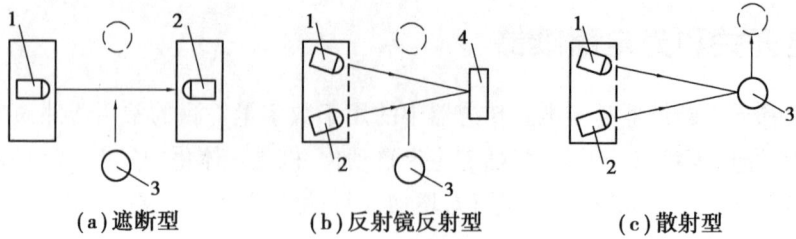

(a)遮断型　　　　　　(b)反射镜反射型　　　　　　(c)散射型

图 6.28　光电开关类型及应用

1—发射器;2—接收器;3—被测物;4—反射镜

的干扰。

光电开关可用于统计生产流水线上的产量,检测装备件是否到位及装配质量是否合格,如瓶盖是否压上,标签是否漏贴等,并且可根据被测物的特定标记给出自动控制信号。目前,光电开关已广泛地应用于自动包装机、自动灌装机、装配流水线等自动化机械装置中。

6.4.2　光电断续器

光电断续器的工作原理与光电开关的原理相同,但其光电发射器、接收器放置于一个体积很小的塑料壳体中,因此两者能可靠地对准,其外形如图 6.29 所示。光电断续器也可分为遮断型和反射型两种。遮断型(也称槽型)的槽宽、槽深及光敏元件各不相同,并已形成系列化产品,可供用户选择。反射型的检测距离较小,多用于安装空间较小的场合。由于检测范围小,光电断续器的红外 LED 可直接用直流电驱动,其正向压降为 $1.2 \sim 1.5$ V,驱动电流控制在几十毫安。

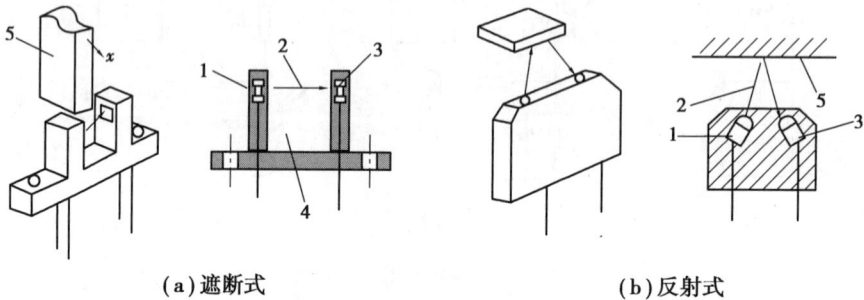

(a)遮断式　　　　　　　　　　　(b)反射式

图 6.29　光电断续器

1—发光二极管;2—红外光;3—光电元件;4—槽;5—被测物

光电断续器是价格便宜、结构简单、性能可靠的光电器件,被广泛应用于自动控制系统、生产流水线、机电一体化设备、办公设备和家用电器中。例如,在复印机中,它被用于检测复印纸的有无;在流水线上可用于检测细小物体的暗色标记;还可用于检测物体是否靠近接近开关、行程开关等。

6.5　CCD 图像传感器

通过视觉,人类可以从自然界获取丰富的信息量,而通过传感器也能达到与人眼类似的视觉,也能判断形状、颜色,并得出"它是什么"或"他是谁"。人们已经研制出了各种高质量的图像传感器,它与计算机系统配合,能识别人的指纹、脸形,甚至能根据视网膜的毛细血管分布,识别被检人的身份。

电耦合器件(Charge Coupled Device,CCD)是 20 世纪 70 年代在 MOS 集成电路技术基础上发展起来的新型半导体器件。它具有光电转换、信息存储和传输等功能,具有集成度高、功耗小、分辨力高、动态范围大等优点。CCD 图像传感器被广泛应用于生活、天文、医疗、电视、传真、通信以及工业检测和自动控制系统。本节简单介绍 CCD 图像传感器的原理及其应用。

6.5.1　CCD 图像传感器的工作原理

一个完整的 CCD 器件由光敏元、转移栅、移位寄存器及一些辅助输入、输出电路组成。CCD 的光敏元实质上是一个 MOS 电容器,种种电容器能存储电荷。CCD 工作时,在设定的积分时间内,光敏元对光信号进行取样,将光的强弱转化为各光敏元的电荷量。取样结束后,各光敏元的电荷在转移栅信号驱动下,转移到 CCD 内部的移位寄存器相应单元中。移位寄存器在驱动时钟的作用下,将信号电荷顺次转移到输出端。输出信号可接到示波器、图像显示器或其他信号存储、处理设备中,并对信号再现或进行存储处理。

1)CCD 的光敏元结构及存储电荷的原理

MOS 电容器组成的光敏元如图 6.30 所示。先在 P 型硅衬底上通过氧化工艺,在其表面形成 SiO_2 薄层,然后在 SiO_2 上沉积一层金属作为电极(栅极),就形成一种"金属—氧化物—半导体"的 MOS 单元,我们可以将其看成一个以氧化物为介质的 MOS 电容器。当在金属电极上施加一正偏压、在没有光照的情况下,光敏元中的电子数目很少。光敏元受到从衬底方向射来的光照后,产生光生电子—空穴对。电子被栅极上的正电压所吸引,存储在光敏元中,称为"电子包"。光照越强,光敏元收集到的电子越多,所俘获的电子数目与入射到势阱附近的光强成正比,从而实现了光与电子之间的转换。

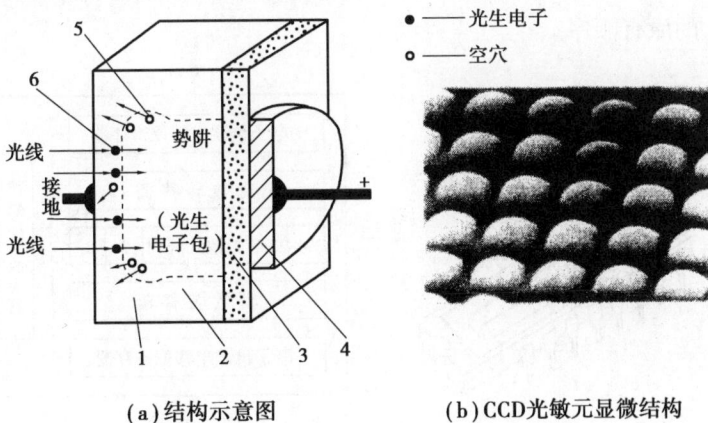

(a)结构示意图　　　　(b)CCD光敏元显微结构

图 6.30　MOS 电容器组成的光敏元

1—P 型硅衬底;2—耗尽层边界;3—SiO_2;4—金属电极;5—空穴;6—光生电子

人们称这样一个光敏元为一个像素,通常在半导体硅片上制有几百万个相互独立、排列规则的光敏元,称为光敏元阵列。如果照射到这个阵列上的是一幅明暗起伏的图像,那么这些光敏元就会产生一幅与光照强度对应的"光生电荷图像",这就是 CCD 摄像器件的光电转换原理。

由于 CCD 光敏元件可做得很小(约 10 μm),所以它的图像分辨力很高。在 CCD 的每个像素点表面,还制作了用于将光线聚焦于这个像素点感光区的微透镜,这个微透镜大大增加了信号的响应值。

2)CCD 光敏元件信号的读出

CCD 的光敏元获得的光生电荷图像必须逐位读取,才能分辨每一个像素获取的光强,因此 CCD 内部制作了与像素数目同一数量级的"读出移位寄存器",该移位寄存器转移的是模拟信号,有别于数字电路中的数码移位寄存器。读出移位寄存器中的电荷是在两相或三相时钟驱动下实现转移及传输的。读出移位寄存器输出串行视频信号。

6.5.2 CCD 图像传感器的分类

CCD 图像传感器有线阵和面阵之分。所谓线阵,是指在一块硅芯片上制造了紧密排列的许多光敏元,它们排列成了一条直线,感受一维方向的光强变化;所谓面阵是指光敏元排列成二维平面矩阵,感受二维图像的光强变化;可用于数码照相机。线阵的光敏元件数目从 256 个到 4 096 个或更多;而在面阵中,光敏元的数目可以是 600×500 个(30 万个),甚至 4 096×4 096 个(约 1 660 万个)以上。CCD 图像传感器还有单色和彩色之分,彩色 CCD 可拍摄色彩逼真的图像。下面简单介绍几种不同的图像传感器。

1)线阵 CCD

线阵 CCD 由排列成直线的 MOS 光敏元阵列、转移栅、读出移位寄存器、视频信号电路和时钟电路等组成,线阵 CCD 外形及内部原理框图如图 6.31 所示。转移栅的作用是将光敏元中的电子包"并行"地转移到奇、偶对应的读出移位寄存器中去,然后再合二为一,恢复光生信号在线阵 CCD 上的原有顺序。

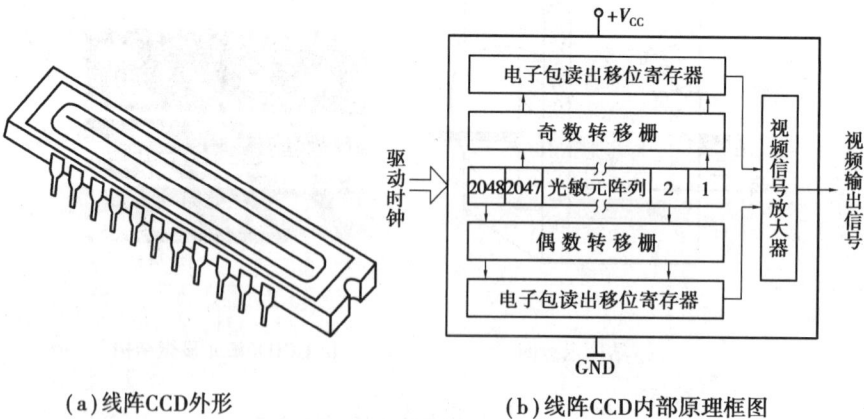

(a)线阵CCD外形   (b)线阵CCD内部原理框图

图 6.31 线阵 CCD 外形及内部原理框图

2)面阵 CCD

上面介绍的线阵 CCD 只能在一个方向上实现电子自扫描,为了获得二维图像,人们在 1/2 in(1 in = 2.54 cm)或更大尺寸上研制出了能在 x,y 两个方向上都能实现电子自扫描的面阵 CCD。面阵 CCD 由感光区、信号存储区和输出移位寄存器等组成,根据不同的型号,有多种结构形式的面阵 CCD,帧转移面阵 CCD 的结构示意图,如图 6.32 所示。

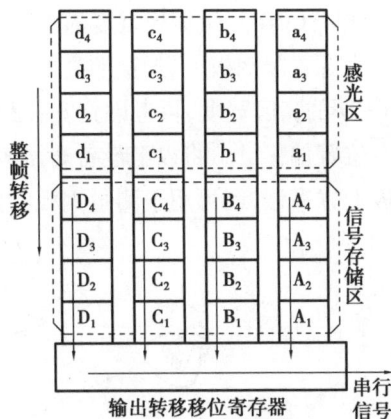

图 6.32　帧转移面阵 CCD 的结构示意图

为了对这种结构的面阵工作原理叙述简单起见,我们假定它只是一个 4×4 的面阵。在光敏元曝光(或叫光积分)期间,整个感光区的所有光敏元的金属电极上都施加正电压,使光敏元俘获受光照衬底附近的光生电子。曝光结束时刻,在极短的时间内,将感光区中整帧的光电图像电子信号迅速转移到不受光照的对应编号存储区中。此后,感光区中的光敏元开始第二次光积分,而存储阵列则将它里面存储的电荷信息一位一位地转移到输出移位寄存器。在高速时钟的驱动下,输出移位寄存器将它们按顺序输出,形成时频信号。

3)彩色 CCD

单色 CCD 只能得到具有灰度信号的图像,为了得到彩色图像信号,可将 3 个像素一组排列成等边三角形或其他方式,如图 6.33 所示。每一个像素表面分别制作红、绿、蓝(即 R,G,B)3 种滤色器,形如三色跳棋盘。每个像素点只能记录一种颜色的信息,即红色、绿色或蓝色。在图像还原时,必须通过插值运算处理来生成全色图像。

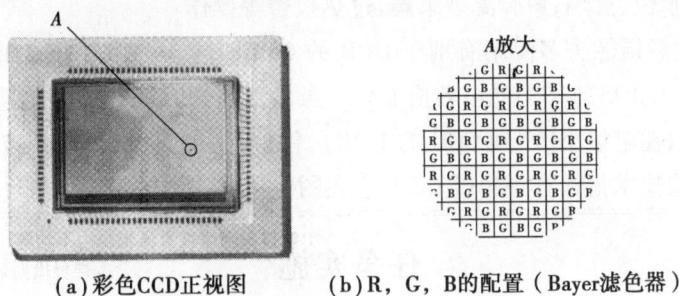

(a)彩色CCD正视图　　　　(b)R, G, B的配置(Bayer滤色器)

图 6.33　彩色 CCD 结构示意图

6.5.3　CCD 图像传感器的应用

线阵 CCD 可用于一维尺寸的测量,增加机械扫描系统,也可用于大面积物体(如钢板、地面等)尺寸的测量和图像扫描,例如,彩色图片扫描仪、卫星用的地形地貌测量等,彩色线阵 CCD 还可用于彩色印刷中的套色工艺的监控等。面阵 CCD 除了可用于拍照外,还可用于复杂形状物体的面积测量、图像识别(如指纹识别)等。

1)线阵 CCD 在钢板宽度测量中的应用

使用线阵 CCD 可测量带材的边缘位置宽度,它具有数字式测量的特点:准确度高、漂移小等。线阵 CCD 测量钢板宽度的示意图,如图 6.34 所示。

光源置于钢板上方,被照亮的钢板经物镜成像在 CCD$_1$ 和 CCD$_2$ 上。用计算机计算两片线阵 CCD 的亮区宽度,再考虑到安装距离、物镜焦距等因素,就可计算出钢板的宽度 L 及钢板的左右位置偏移量。将以上设备略微改动,还可用于测量工件或线材的直径。若光源和 CCD 在钢板上方平移,还可用于测量钢板的面积和形状。

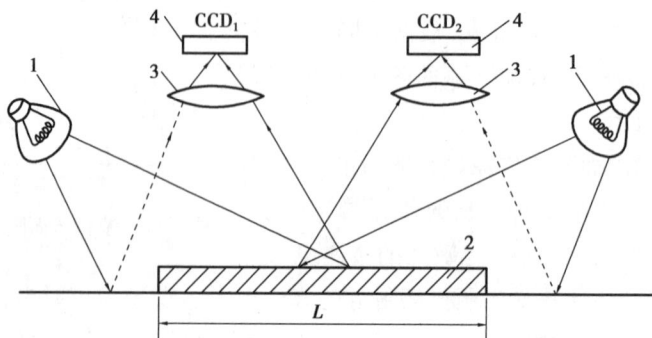

图 6.34　线阵 CCD 测量钢板宽度的示意图
1—泛光源;2—被测带材;3—成像物镜;4—线阵 CCD

2)CCD 数码照相机简介

数码相机(Digital Camera,DC),其实质是一种非胶片相机,它采用 CCD 作为光电转换器件,将被摄物体的图像以数字形式记录在存储器中。

利用数码相机的原理,人们还制造出可以拍摄照片的手机;可以通过网络,进行面对面交流的视频摄像头;利用图像识别技术的指纹扫描"门禁系统"等。在工业中,可利用 CCD 摄像机进行画面监控、水位、火焰、炉膛温度采集、过热报警等操作。

现在市售的视频摄像头多使用有别于 CCD 的 CMOS(互补金属—氧化物—半导体)图像传感器(以下简称"CMOS")作为光电转换器件。虽然目前的 CMOS 成像质量比 CCD 略低,但 CMOS 具有体积小、耗电量小(不到 CCD 的 1/10)、售价便宜的优点。随着硅晶圆加工技术的进步,CMOS 的各项技术指标有望超过 CCD,它在图像传感器中的应用也将日趋广泛。

任务实施

实验 1　光电转速传感器的转速测量

[实验目的]

了解光电转速传感器测量转速的原理及方法。

[基本原理]

光电转速传感器有反射型和直射型两种,本实验装置是反射型的,传感器端部有发光管和光电管,发光管发出的光源在转盘上反射后由光电管接受转换成电信号,由于转盘有黑白相间的 6 个间隔,转动时将获得与转速及黑白间隔数有关的脉冲,将电脉计数处理即可得到转速值。

[需用器件与单元]

光电转速传感器、+5 V 直流电源、转动源单元及转速调节 2～24 V、数显转速/频率表。

[实验步骤]

①光电转速传感器安装，图 6.35 为传感器支持架上装上光电转速传感器，调节高度，使传感器端面离平台表面 2～3 mm，将传感器引线分别插入相应插孔，其中红色接入直流电源+5 V，黑色为接地端，绿色输入主控台等精度频率表，置"转速"挡。

②将转速调节 2～24 V 接到转动源信号输入插孔上。

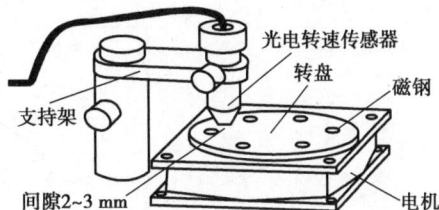

图 6.35　光电转速传感器安装示意图

③调节转速调节 2～24 V 电压，使电机转动并从等精度频率/转速表上观察电机转速。如显示转速不稳定，可调节传感器的安装高度。

[思考题]

已进行的实验中用了多种传感器测量转速，试分析比较哪种方法最简单、方便。

实验 2　光敏电阻演示

[实验目的]

了解光敏电阻的工作原理、结构、性能。

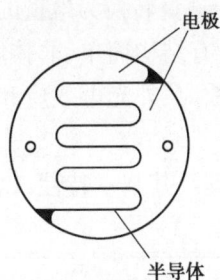

图 6.36　光敏电阻结构体

[实验原理]

入射光子使物质的导电率发生变化的现象，称为光电导效应。硫化镉（CdS）光敏电阻就是利用光电导效应得光电探测器的典型元件。根据制造方法，其光敏面大致可分为单结晶型、烧结型、蒸空镀膜型。其结构如图 6.36 所示，就是将（CdS）粉末烧结于陶瓷基片上，并在基本上作蛇形电极。通过这种的方法，可增加电极和光敏面的结合部分长度，从而可以得到大电流。另外，其封装也有多种方法，可根据其可靠性和价格来进行分类。

[需用的器件与单元]

光敏电阻、电桥、5 V 电压源、直流电压表、万用表（自备）。

[实验步骤]

①光敏电阻实验接线图如图 6.37 所示。

②改变光敏电阻的不同光照程度（用手部分挡住光敏电阻的光线），观察电压表电压值的变化情况。

③根据实验结论，总结出光敏电阻的光电特性。

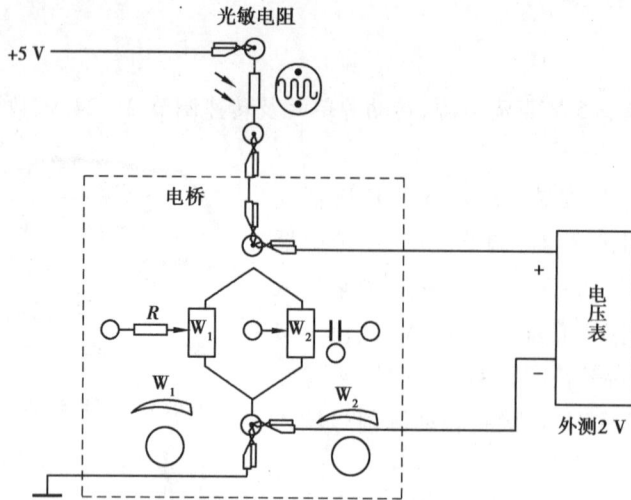

图 6.37　光敏电阻实验接线图

[思考题]

试分析光敏电阻的工作特性。

任务小结

　　本任务主要介绍了光电式传感器的基本知识。光电式传感器是将光通量转换为电量的一种传感器,它的基础是光电转换元件的光电效应。光电测量方法一般具有结构简单、非接触、高精度、高分辨率、高可靠性和响应快等优点。光电效应可分为内光电效应、外光电效应和光生电动势效应等。

　　本任务详细介绍了光电管、光敏电阻、光电池等光电元件的工作原理及其基本特性,以及红外传感器的基本原理和红外探测器及光电式传感器的一些典型应用。

任务自测

　　1.什么是光电效应? 根据光电效应现象的不同可将光电效应分为哪几类? 各举例说明。

　　2.光电传感器可分为哪几类? 请分别举出几个例子加以说明。

　　3.简述光敏电阻的结构,用哪些参数和特性来表示它的性能?

　　4.光敏二极管和普通二极管有什么区别? 如何鉴别光敏二极管的好坏?

　　5.如何检测光敏电阻和光敏三极管的好坏?

　　6.当光源波长为 $0.8 \sim 0.9~\mu m$ 时,宜采用哪种光敏元件做测量元件? 为什么?

　　7.总结光电传感器的特点及其可以测量的物理量。

　　8.红外探测器有哪些类型?

　　9.仔细观察你的身边,说一说在生活中你见过的光电传感器有哪些?

任务7　磁电式传感器

任务导航

磁电式传感器是利用半导体材料的磁电效应进行测量的一种传感器。它可直接测量磁场及微位移量,也可间接测量液位、压力等工业生产过程参数。任务在介绍磁电元件的基本工作原理、结构和主要技术指标的基础上,讨论测量电路及温度补偿方法;最后介绍磁电式传感器的应用。

任务目标

1. 知识目标

(1)知道磁电元件工作原理;

(2)了解磁电元件的基本结构和主要特性参数;

(3)掌握磁电元件的测量电路及补偿;

(4)理解磁电集成电路及应用。

2. 能力目标

(1)会正确操作传感器与检测技术综合实验台;

(2)会对实验数据进行分析;

(3)按操作规程进行操作,具有安全操作意识;

(4)会计算传感器的非线性误差及灵敏度;

(5)能正确按照电路要求对磁电式传感器模块等进行正确接线,并调试;

(6)完成实验报告。

3. 素质目标

(1)培养学生的合作意识和安全意识;

(2)培养学生的创新精神、劳动精神;

(3)知道岗位操作规程,具有安全操作意识。

相关知识

7.1　感应式传感器

磁电感应式传感器简称感应式传感器,也称电动式传感器。它利用导体和磁场发生相对

145

运动而在导体两端产生感应电动势。它是一种机—电能量变换型传感器,不需要供电电源,电路简单,性能稳定,输出阻抗小,又具有一定的频率响应范围(一般为 10 ~ 1 000 Hz),适用于振动、扭矩、转速等测量。

7.1.1　工作原理

磁电感应式传感器是根据电磁感应原理制成的磁电转换器件。根据法拉第电磁感应定律可知,N 匝线圈在磁场中作切割磁力线运动或线圈所在磁场的磁通发生变化时,线圈中所产生的感应电动势 ε 为

$$\varepsilon = - N \frac{\mathrm{d}\phi}{\mathrm{d}t} \tag{7.1}$$

当线圈垂直于磁场方向运动时,若以线圈相对磁场运动的速度 V 或角速度 ω 表示,则式(7.1)可写成

$$\varepsilon = - NBLV \tag{7.2}$$

或

$$\varepsilon = - NBS\omega \tag{7.3}$$

式中　L——每匝线圈的平均长度;

　　　B——线圈所在磁场的磁感应强度;

　　　S——每匝线圈的平均截面积。

在传感器中,当结构参数确定后,B、L、N、S 均为定值,因此感应电动势 ω 与 V(或 ω)成正比。

根据上述工作原理制作的磁电式传感器可分为恒磁通式和变磁通式两大类。

1)恒磁通式传感器

恒磁通式传感器是指在测量过程中,传感器的线圈部分相对于永磁体位置发生变化而实现测量的一类磁电式传感器。其结构原理如图 7.1 所示,线圈与软弹簧片固定在一起,永磁体与传感器壳体固定在一起。当把传感器与被测振动物体绑定在一起,壳体便随着振动物体一起振动。由于弹簧较软,而运动部件质量又较大,所以当被测振动物体的振动频率足够高时(远大于传感器固有频率),运动部件会由于惯性很大而来不及与物体一起振动,几乎静止不动,于是永磁体与线圈之间的相对运动速度近似于振动物体的振动速度,这样一来,线圈与磁体的相对运动使线圈中产生感应电动势。

2)变磁通式传感器

变磁通式传感器主要是通过改变磁路的磁通大小来进行测量的。如图 7.2 所示为变磁通式传感器的结构原理图。图中 1 是被测旋转轴,齿形铁芯 2 与软铁 4 相对,3 是线圈,永磁体 5 通过软铁 4 与 2 构成磁路。被测旋转体转动时,齿轮凸凹部分与软铁间的间隙大小不断发生变化,从而使线圈中的磁通不断变化,线圈中则产生感应电动势信号。

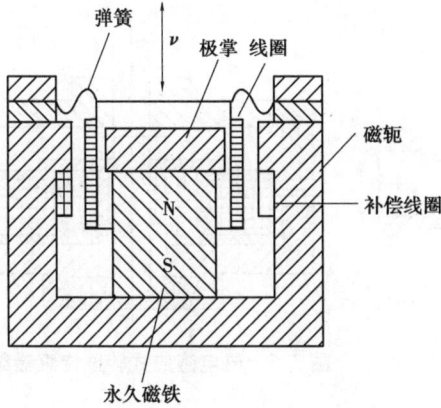

图 7.1　恒磁通式传感器结构原理　　图 7.2　变磁通式传感器结构原理图

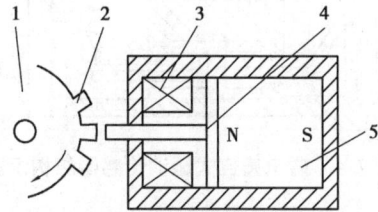

7.1.2　测量电路

　　磁电式传感器可以直接输出感应电动势信号,且磁电式传感器通常具有较高的灵敏度,因而一般不需要高增益放大电路。由上述工作原理可知,磁电式传感器只适用于动态测量,可直接测量振动物体的速度或旋转体的角速度。如果在测量电路中接入积分电路或微分电路,那么还可以用来测量位移或加速度。如图 7.3 所示是磁电式传感器一般测量电路方框图。

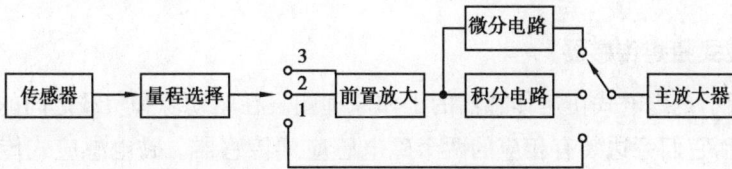

图 7.3　磁电式传感器一般测量电路方框图

7.1.3　感应式传感器的应用

1)磁电感应式振动传感器

　　如图 7.4 所示是振动传感器的结构示意图。图中永久磁铁 3 通过铝架 4 和圆筒形导磁材料制成的壳体 7 固定在一起,形成磁路系统,壳体还起屏蔽作用。磁路中有两个环形气隙,右气隙中放有工作线圈 6,左气隙中放有用铜或铝制成的圆环形阻尼器 2,工作线圈和圆环形阻尼器用同心轴 5 连接在一起组成质量块,用圆形弹簧片 1 和 8 支承在壳体上。使用时,将传感器固定在被测振动体上,永久磁铁、铝架、壳体一起随被测体振动,由于质量块的惯性,产生惯性力,而弹簧片又非常柔软,因此当振动频率远大于传感器的固有频率时,线圈在磁路系统的环形气隙中相对永久磁铁运动,以振动体的振动速度切割磁力线,产生感应电动势,通过引线 9 输出到测量电路。同时良导体阻尼器也在磁路系统气隙中运动,感应产生涡流,形成系统的阻尼力,起衰减固有振动和扩展频率响应范围的作用。

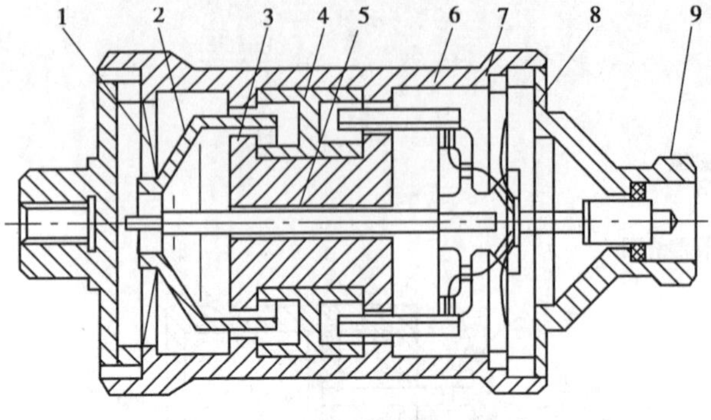

图7.4 磁电感应式振动传感器结构示意图

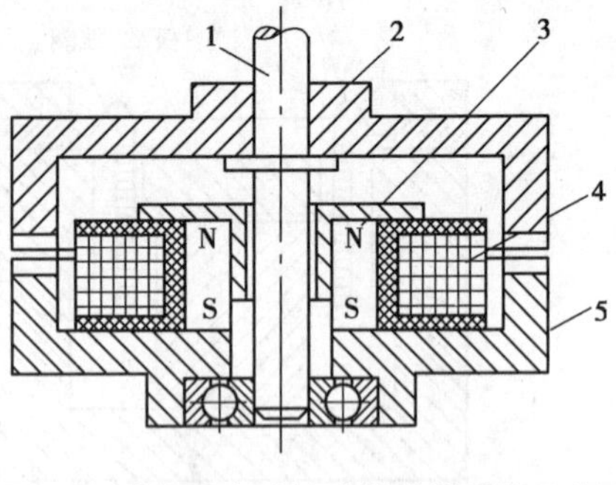

图7.5 磁电感应式转速传感器结构示意图

2) 磁电感应式转速传感器

如图7.5所示是一种磁电感应式转速传感器的结构示意图。图中齿形圆盘2与转轴1固紧。转子2和软铁4、定子5均用软铁制成,它们和永磁体3组成磁路系统。转子2和定子5的环形端面上都均匀地分布着齿和槽,两者的齿、槽数对应相等。测量转速时,传感器的转轴1与被测物体转轴相连接,因而带动转子2转动。当转子2的齿与定子5的齿相对时,气隙最小,磁路系统中的磁通最大。而磁与槽相对时,气隙最大,磁通最小。因此,当转子2转动时,磁通就周期性地变化,从而在线圈3中感应出近似正弦波的电压信号,其频率与转速成正比例关系。

3) 磁电感应式扭矩传感器

如图7.6所示是磁电式扭矩传感器的工作原理图。在驱动源和负载之间的扭转轴的两侧安装有齿形圆盘,它们旁边装有相应的两个磁电感应式传感器。磁电感应式传感器的结构如图7.6所示,它由永久磁铁、线圈和铁芯组成。永久磁铁产生的磁通与齿形圆盘交链,当齿形圆盘旋转时,圆盘齿凸凹引起磁路气隙的变化,于是磁通量也发生变化,在线圈中产生出交流电压,其频率等于圆盘上齿数与转速的乘积。

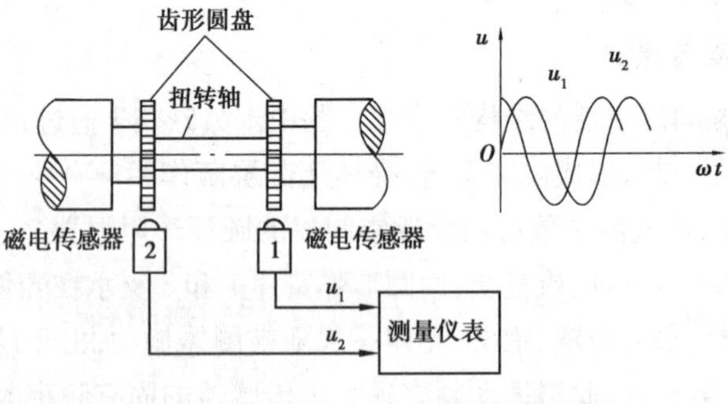

图7.6 磁电式扭矩传感器工作原理图

$$f = Zn \tag{7.4}$$

式中 Z——传感器定子、转子的齿数。

当被测转轴有扭矩作用时,轴的两端产生扭角,两个传感器就输出一定附加相位差的感应电压 u_1 和 u_2,这个相位差与扭角成正比。这样传感器就把扭矩引起的扭转角转换成相应扭矩的值。

148

7.2　霍尔式传感器

7.2.1　霍尔元件工作原理

霍尔元件是霍尔传感器的敏感元件和转换元件,它是利用某些半导体材料的霍尔效应原理制成的。所谓霍尔效应,是指置于磁场中的导体或半导体中通入电流时,若电流与磁场垂直,则在与磁场和电流都垂直的方向上出现一个电势差。

如图 7.7 所示为一个 N 型半导体薄片。长、宽、厚分别为 L,l,d,在垂直于该半导体薄片平面的方向上,施加磁感应强度为 B 的磁场。在其长度方向的两个面上做两个金属电极,称为控制电极,并外加一电压 U,则在长度方向就有电流 I 流动。而自由电子与电流的运动方向相反。在磁场中自由电子将受到洛仑兹力 F_L 的作用,受力的方向可由左手定则判定,即使磁力线穿过左手掌心,四指方向为电流方向,则拇指方向就是多数载流子所受洛仑兹力的方向。在洛仑兹力的作用下,电子向一侧偏转,使该侧形成负电荷的积累;另一侧则形成正电荷的积累。因此,在半导体薄片的宽度方向形成了电场,该电场对自由电子产生电场力 F_E,该电场力 F_E 对电子的作用力与洛仑兹力的方向相反,即阻止自由电子的继续偏转。当电场力与洛仑兹力相等时,自由电子的积累便达到了动态平衡,这时在半导体薄片的宽度方向所建立的电场称为霍尔电场,而在此方向的两个端面之间形成一个稳定的电势,称霍尔电势 U_H。上述洛仑兹力 F_L 的大小为

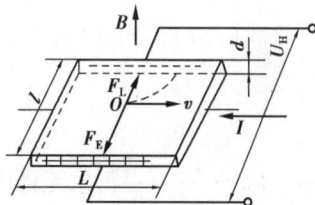

$$F_L = evB$$

式中　F_L——洛仑兹力,N;

　　　e——电子电量,等于 $1.602×10^{-19}$ C;

　　　v——电子速度,m/s;

　　　B——磁感应强度,Wb/m^2。

电场力的大小为

$$F_E = eE_H = e\frac{U_H}{l}$$

式中　F_E——电场力,N;

　　　E_H——霍尔电场强度,V/m;

　　　U_H——霍尔电势,V;

　　　l——霍尔元件宽度,m。

当 $F_L = F_E$ 时,达到动态平衡,则

$$evB = e\frac{U_H}{l}$$

经简化,得

图 7.7　霍尔效应原理图

$$U_H = v \cdot B \cdot l \tag{7.5}$$

对于 N 型半导体,通入霍尔元件的电流可表示为

$$I = nevld \tag{7.6}$$

式中　d——霍尔元件厚度,m;

　　　n——N 型半导体的电子浓度,$1/m^3$。

由式(7.6)得

$$v = \frac{I}{neld} \tag{7.7}$$

将式(7.7)代入式(7.5)得

$$U_H = \frac{IB}{ned} = \frac{R_H IB}{d} = K_H IB \tag{7.8}$$

式中　$K_H = \dfrac{1}{ned}$——霍尔元件的乘积灵敏度;

　　　$R_H = \dfrac{1}{ne}$——霍尔灵敏系数。

由式(7.8)可知,霍尔电势与 K_H,I,B 有关。当 I,B 大小一定时,K_H 越大,U_H 越大。显然,一般都希望 K_H 越大越好。

而乘积灵敏度 K_H 与 n,e,d 成反比关系。若电子浓度 n 较高,使得 K_H 太小;若电子浓度 n 较小,则导电能力就差。因此,希望半导体的电子浓度 n 适中,而且可以通过掺杂来获得所希望的电子浓度。一般来讲,都是选择半导体材料来做霍尔元件。此外,对厚度 d 选择得越小,K_H 越高;但霍尔元件的机械强度下降,且输入/输出电阻增加。因此,霍尔元件不能做得太薄。

式(7.8)是在磁感应强度 B 与霍尔元件成垂直条件下得出来的。若 B 与霍尔元件平面的法线成一角度 θ,则输出的霍尔电势为

$$U_H = K_H IB \cos \theta \tag{7.9}$$

上面讨论的是 N 型半导体,对于 P 型半导体,其大多数载流子是空穴。同样也存在着霍尔效应,用空穴浓度 p 代替电子浓度 n,同样可导出 P 型霍尔元件的霍尔电势表达式为

$$U_H = K_H IB$$

或

$$U_H = K_H IB \cos \theta$$

其中,$K_H = \dfrac{1}{ped}$。

注意:采用 N 型或 P 型半导体,其多数载流子所受洛仑兹力的方向是一样的,但它们产生的霍尔电势的极性是相反的。因此,可通过实验判别材料的类型。在霍尔传感器的使用中,若能通过测量电路测出 U_H,那么只要已知 B,I 中的一个参数,就可求出另一个参数。

7.2.2　霍尔元件的基本结构和主要特性参数

1)基本结构

用于制造霍尔元件的材料主要有 Ge(锗)、Si(硅)、InAs(砷化铟)和 InSb(锑化铟)等。采

用锗和硅材料制作的霍尔元件,具有霍尔灵敏系数高、加工工艺简单的特点,它们的霍尔灵敏系数分别为 4.25×10^3 和 2.25×10^3(单位:cm^3/C)。采用砷化铟和锑化铟材料的霍尔元件,它们的霍尔系数相对要低一些,分别为 350 和 1 000,但它们的切片工艺好,采用化学腐蚀法,可将其加工到 10 μm,且具有很高的霍尔灵敏系数。

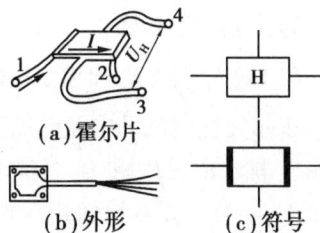

图7.8　霍尔元件结构图
1,2—控制电流引线端;
3,4—霍尔电势输出端

霍尔元件的结构示意图如图 7.8(a)所示。

如图 7.8 所示的矩形状霍尔薄片称为基片,在它相互垂直的两组侧面上各装一组电极:电极 1,2 用于输入激励电压或激励电流,称为激励电极;电极 3,4 用于输出霍尔电势,称为霍尔电极。基片长宽比约取 2,即 $L:l=2:1$,霍尔电极宽度应选小于霍尔元件长度且位置应尽可能地置于 $L/2$ 处。将基片用非导磁金属或陶瓷或环氧树脂封装,就制成了霍尔元件。其典型的外形如图 7.8(b)所示,一般激励电流引线端以红色导线标记,霍尔电势输出端以绿色导线标记。霍尔元件的电路符号如图 7.8(c)所示。国内常用的霍尔元件种类很多,表 7.1 列出了部分国产霍尔元件的有关参数,供选用时参考。

表7.1　常用霍尔元件的参数

参数名称	符号	单位	HZ-1 型	HZ-2 型	HZ-3 型	HZ-4 型	HT-1 型	HT-2 型	HS-1 型
			材料(N 型)						
			Ge(111)	Ge(111)	Ge(111)	Ge(100)	InSb	InSb	InAs
电阻率	ρ	$\Omega \cdot cm$	0.8~1.2	0.8~1.2	0.8~1.2	0.4~0.5	0.003~0.01	0.003~0.05	0.01
几何尺寸	$L \times l \times d$	mm	8×4×0.2	4×2×0.2	8×4×0.2	8×4×0.2	6×3×0.2	8×4×0.2	8×4×0.2
输入电阻	R_i	Ω	110±20%	110±20%	110±20%	45±20%	0.8±20%	0.8±20%	1.2±20%
输出电阻	R_o	Ω	100±20%	100±20%	100±20%	40±20%	0.5±20%	0.5±20%	1±20%
灵敏度	K_H	mV/(mA·T)	>12	>12	>12	>4	1.8±20%	1.8±20%	1×20%
不等位电阻	R_M	Ω	<0.07	<0.05	<0.07	<0.02	<0.05	<0.05	<0.03
寄生直流电压	U_0	μV	<150	<200	<150	<100	—	—	—
额定控制电流	I_c	mA	20	15	25	50	250	300	200
霍尔电势温度系数	α	1/℃	0.04%	0.04%	0.04%	0.03%	-1.5%	-1.5%	—
输出电阻温度系数	β	1/℃	0.5%	0.5%	0.5%	0.3%	-0.5%	-0.5%	—
热阻	R_Q	℃/mW	0.4	0.25	0.2	0.1	—	—	—
工作温度		℃	-40~45	-40~45	-40~45	-40~75	0~40	0~40	-40~60

2) 主要特性参数

（1）输入电阻 R_i 和输出电阻 R_o。

霍尔元件两激励电流端的直流电阻称为输入电阻 R_i，两个霍尔电势输出端之间的电阻称为输出电阻 R_o。R_i 和 R_o 是纯电阻，可用直流电桥或欧姆表直接测量。R_i 和 R_o 均随温度改变而改变，一般为几欧姆到几百欧姆。

（2）额定激励电流 I 和最大激励电流 I_M

霍尔元件在空气中产生 10 ℃ 的温升时所施加的激励电流值称为额定电流 I。由于霍尔电势随激励电流增加而增大，故在应用中，总希望选用较大的激励电流。但激励电流增大，霍尔元件的功耗增大，元件的温度升高，从而引起霍尔电势的温漂增大，因此，每种型号的元件均规定了相应的最大激励电流，它的数值从几毫安到几十毫安。

（3）乘积灵敏度 K_H

$K_H = \dfrac{U_H}{IB}$，单位为 mV/（mA·T），它反映了霍尔元件本身所具有的磁电转换能力，一般都希望它越大越好。

（4）不等位电势 U_M

在额定激励电流下，当外加磁场为零时，即当 $I \neq 0$ 而 $B = 0$ 时，$U_H = 0$；但由于 4 个电极的几何尺寸不对称，引起了 $I \neq 0$ 且 $B = 0$ 时，$U_H \neq 0$。为此引入 U_M 来表征霍尔元件输出端之间的开路电压，即不等位电势。一般要求霍尔元件的 $U_M < 1$ mV，优质的霍尔元件的 U_M 可以小于 0.1 mV。在实际应用中多采用电桥法来补偿不等位电势引起的误差。

（5）霍尔电势温度系数 α

在一定磁感应强度和激励电流的作用下，温度每变化 1 ℃ 时霍尔电势变化的百分数称为霍尔电势温度系数 α，它与霍尔元件的材料有关，一般约为 0.1%/℃，在要求较高的场合，应选择低温漂的霍尔元件。

7.2.3 霍尔元件的测量电路及补偿

1) 基本测量电路

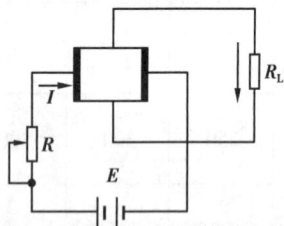

图 7.9 霍尔元件的基本测量电路

霍尔元件的基本测量电路如图 7.9 所示。在图示电路中，激励电流由电源 E 供给，调节可变电阻可改变激励电流 I，R_L 为输出的霍尔电势的负载电阻，它一般是显示仪表、记录装置、放大器电路的输入电阻。由于霍尔电势建立所需要的时间极短，为 $10^{-14} \sim 10^{-12}$ s，因此其频率响应范围较宽，可达 10^9 Hz 以上。

2) 温度误差的补偿

霍尔元件属于半导体材料元件，它必然对温度比较敏感，温度的变化对霍尔元件的输入/输出电阻，以及霍尔电势都有明显的影响。

由不同材料制成的霍尔元件的内阻（输入/输出电阻）与温度变化的关系，如图 7.10 所示。由图示关系可知,锑化铟材料的霍尔元件对温度最敏感,其温度系数最大,特别在低温范围内更明显,并且是负的温度系数;其次是硅材料的霍尔元件;再次是锗材料的霍尔元件,其中Ge(Hz-1.2.3)在80 ℃左右有个转折点,它从正温度系数转为负温度系数,而Ge(Hz-4)转折点在120 ℃左右。而砷化铟的温度系数最小,故它的温度特性最好。

各种材料的霍尔元件的输出电势与温度变化的关系,如图7.11所示。由图示关系可知,锑化铟材料的霍尔元件的输出电势对温度变化的敏感最显著,且是负温度系数;砷化铟材料的霍尔元件比锗材料的霍尔元件受温度变化影响大,但它们都有一个转折点,到了转折点就从正温度系数转变成负温度系数,转折点的温度就是霍尔元件的上限工作温度,考虑到元件工作时的温升,其上限工作温度应适当地降低一些;硅材料的霍尔元件的温度电势特性较好。

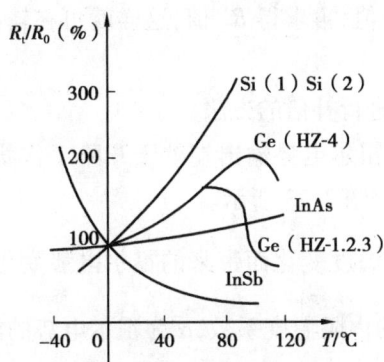

图7.10　内阻与温度关系曲线

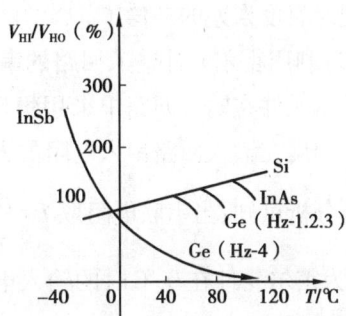

图7.11　输出电势与温度关系曲线

霍尔元件的温度补偿可采用以下4种方法。

(1)恒流源补偿法

温度的变化会引起内阻的变化,而内阻的变化又使激励电流发生变化以致影响到霍尔电势的输出,采用恒流源可以补偿这种影响,其电路如图7.12所示。

在如图7.12所示的电路中,只要三极管 T 的输入偏置固定,放大倍数 β 固定,则 T 的集电极电流即霍尔元件的激励电流不受集电极电阻变化的影响,即忽略了温度对霍尔元件输入电阻变化的影响。

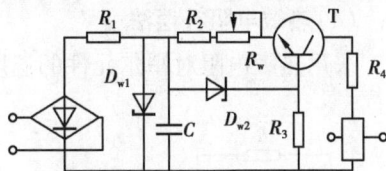

图7.12　恒流源补偿电路

(2)选择合理的负载电阻进行补偿

在如图7.9所示的电路中,当温度为 T 时,负载电阻 R_L 上的电压为

$$U_L = U_H \frac{R_L}{R_L + R_o}$$

式中　R_o——霍尔元件的输出电阻。

当温度由 T 变为 $T+\Delta T$ 时,则 R_L 上的电压变为

$$U_L + \Delta U_L = U_H(1+\alpha\Delta T)\frac{R_L}{R_L + R_o(1+\beta\Delta T)} \tag{7.10}$$

式中　α——霍尔电势的温度系数;

β——霍尔元件输出电阻的温度系数。

要使 U_L 不受温度变化的影响,只要合理选择 R_L 使温度为 T 时的 R_L 上的电压 U_L 与温度为 $T+\Delta T$ 时 R_L 上的电压相等,即

$$U_L = U_L + \Delta U_L$$

$$U_H \frac{R_L}{R_L + R_o} = U_H(1 + \alpha \Delta T) \frac{R_L}{R_L + R_o(1 + \beta \Delta T)}$$

将上式进行化简整理后,得

$$R_L = R_o \frac{\beta - \alpha}{\alpha}$$

对一个确定的霍尔元件,可查表7.1得到 α,β 和 R_o 值,再求得 R_L 值,这样就可在输出回路实现对温度误差的补偿了。

(3)利用霍尔元件输入回路的串联电阻或并联电阻进行补偿的方法

霍尔元件在输入回路中采用恒压源供电工作,并使霍尔电势输出端处于开路工作状态。此时可利用在输入回路串入电阻的方式进行温度补偿,如图7.13所示。

经分析可知,当串联电阻取 $R = \frac{\beta - \alpha}{\alpha} R_{io}$ 时,可补偿因温度变化而带来的霍尔电势变化,其中 R_{io} 为霍尔元件在0 ℃时的输入电阻,β 为霍尔元件的内阻温度系数,α 为霍尔电势的温度系数。

霍尔元件在输入回路中采用恒流源供电工作,并使霍尔电势输出端处于开路工作状态,此时可利用在输入回路并入电阻的方式进行温度补偿,具体如图7.14所示。

经分析可知,当并联电阻 $R = \frac{\beta - \alpha}{\alpha} R_{io}$ 时,可补偿因温度变化而带来的霍尔电势变化。

(4)热敏电阻补偿法

采用热敏电阻对霍尔元件的温度特性进行补偿,具体如图7.15所示。

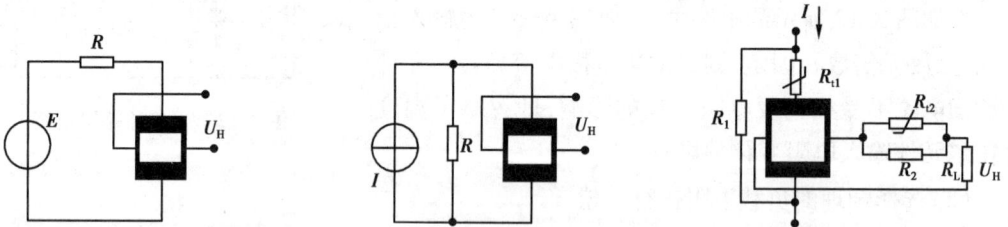

图7.13　串联输入电阻补偿原理　　图7.14　并联输入电阻补偿原理　　图7.15　热敏电阻温度补偿电路

由如图7.15所示电路可知,当输出的霍尔电势随温度增加而减小时,R_{t1} 应采用负温度系数的热敏电阻,它随温度的升高而阻值减小,从而增加了激励电流,使输出的霍尔电势增加从而起到补偿作用;而 R_{t2} 也应采用负温度系数的热敏电阻,因它随温升而阻值减小,使负载上的霍尔电势输出增加,同样能起到补偿作用。在使用热敏电阻进行温度补偿时,要求热敏电阻和霍尔元件封装在一起,或使两者之间的位置靠得很近,这样才能使补偿效果显著。

3) 不等位电势的补偿

在无磁场的情况下,当霍尔元件通过一定的控制电流 I 时,在两输出端产生的电压称为不等位电势,用 U_M 表示。

不等位电势是由于元件输出极焊接不对称,或厚薄不均匀,以及两个输出极接触不良等原因造成的,可通过桥路平衡的原理加以补偿。如图 7.16 所示为一种常见的具有温度补偿的不等位电势补偿电路。该补偿电路本身也接成桥式电路,其工作电压由霍尔元件的控制电压提供;其中一个桥臂为热敏电阻 R_t,且 R_t 与霍尔元件的等效电阻的温度特性相同。在该电桥的负载电阻 R_{P2} 上取出电桥的部分输出电压(称为补偿电压),与霍尔元件的输出电压反接。在磁感应强度 B 为零时,调节 R_{P1} 和 R_{P2},使补偿电压抵消霍尔元件此时输出的不等位电势,从而使 $B=0$ 时的总输出电压为零。

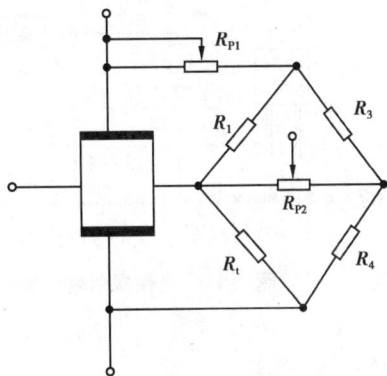

图 7.16　不等位电势的桥式补偿电路

在霍尔元件的工作温度下限 T_1 时,热敏电阻的阻值为 $R_t(T_1)$。电位器 R_{P2} 保持在某一确定位置,通过调节电位器 R_{P1} 来调节补偿电桥的工作电压,使补偿电压抵消此时的不等位电势 U_{ML},此时的补偿电压称为恒定补偿电压。

当工作温度由 T_1 升高到 $T_1+\Delta T$ 时,热敏电阻的阻值为 $R_t(T_1+\Delta T)$。R_{P1} 保持不变,通过调节 R_{P2},使补偿电压抵消此时的不等位电势 $U_{ML}+\Delta U_M$。此时的补偿电压实际上包含了两个分量:一个是抵消工作温度为 T_1 时的不等位电势 U_{ML} 的恒定补偿电压分量;另一个是抵消工作温度升高 ΔT 时不等位电势的变化量 ΔU_M 的变化补偿电压分量。

根据上述讨论可知,采用桥式补偿电路,可在霍尔元件的整个工作温度范围内对不等位电势进行良好地补偿,并且对不等位电势的恒定部分和变化部分的补偿可相互独立地进行调节,从而可达到相当高的补偿精度。

7.2.4　霍尔集成电路

随着微电子技术的发展,目前霍尔器件多已集成化。霍尔集成电路有许多优点,如体积小,灵敏度高,输出幅度大,温漂小,对电源稳定性要求低等。

霍尔集成电路可分为线性和开关型两大类。前者将霍尔元件和恒流源、线性放大器等集成在一个芯片上,输出电压较高,使用非常方便,目前得到广泛的应用,较典型的线性霍尔器件有 UGN3501 等。开关型是将霍尔元件、稳压电路、放大器、施密特触发器、OC 门等电路集成在同一个芯片上。当外加磁场的强度超过规定的工作点时,OC 门由高电阻态变为导通状态,输出变为低电平;当外加磁场的强度低于释放点时,OC 门重新变为高阻态,输出高电平。这类器件中较典型的有 UGN3020 等。有一些开关型霍尔集成电路内部还包括双稳态电路,这种器件的特点是必须施加相反极性的磁场,电路的输出才能反转回到高电平,也就是说,具有"锁键"功能,这类器件又称为锁键霍尔集成电路。

如图7.17和图7.19所示分别为 UGN3501T 和 UGN3020 的外形及内部电路框图,如图7.18和图7.20所示分别为其输出电压与磁场的关系曲线。

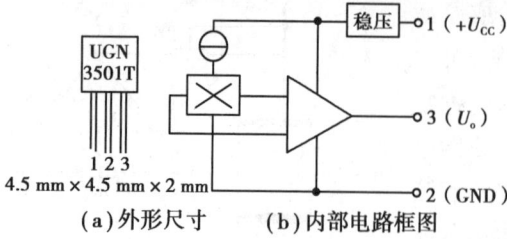

图7.17 线性霍尔集成电路

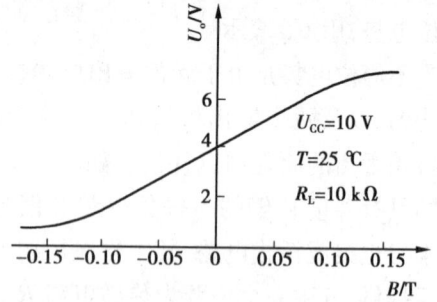

图7.18 线性霍尔集成电路输出特性

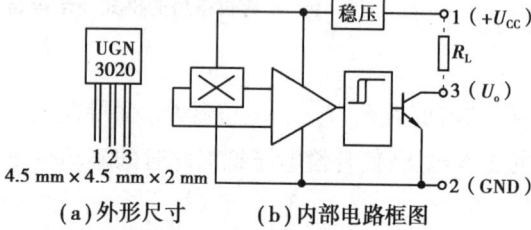

图7.19 开关型霍尔集成电路

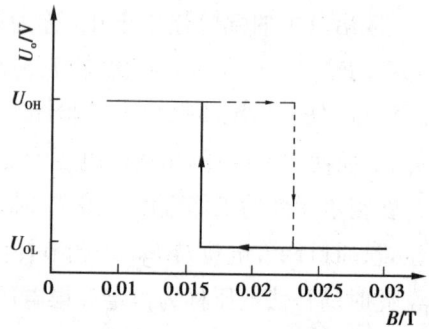

图7.20 开关型霍尔集成电路输出特性

如图7.21和图7.22分别示出了具有双端差动输出特性的线性霍尔器件 UGN3501M 的外形、内部电路框图及其输出特性曲线。当其感受的磁场的磁感应强度为零时,第1脚相对于第8脚的输出电压等于零;当感受的磁场为正向(磁钢的 S 极对准 3501M 的正面)时,输出为正;当磁场为反向时,输出为负,因此使用起来更加方便。它的第5,6,7脚外接一只微调电位器后,就可以微调并消除不等位电势引起的差动输出零点漂移。

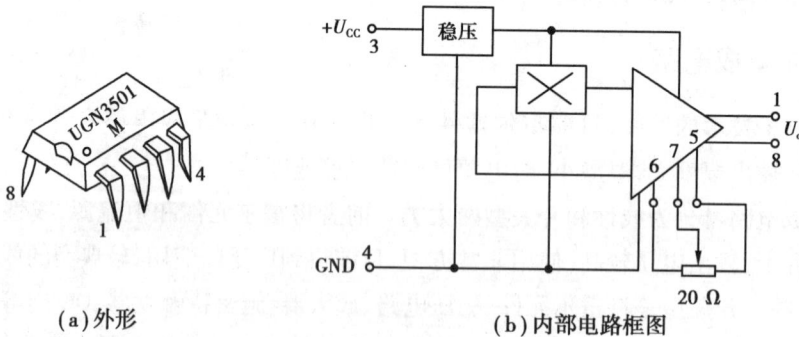

图7.21 差动输出线性霍尔集成电路

7.2.5 霍尔传感器的应用

霍尔电势是 I,B,θ 3 个变量的函数,即 $E_H = K_H I B \cos \theta$。人们利用这个关系形成若干组

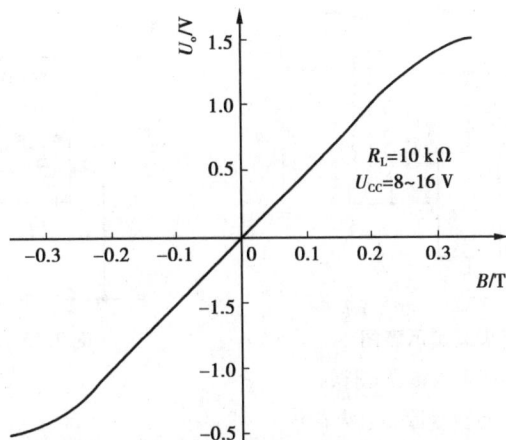

图 7.22　差动输出线性霍尔集成电路输出特性

合,可以使其中两个变量不变,将第 3 个量作为变量;或者固定其中一个变量,将其余两个变量都作为变量。3 个变量的多种组合使得霍尔传感器具有非常广阔的应用领域。归纳起来,霍尔传感器主要有下列 3 个用途。

①当控制电流保持不变时,使传感器处于非均匀磁场中,则传感器的输出正比于磁感应强度。这方面的应用如测量磁场、测量磁场中的微位移,以及应用在转速表、霍尔测力器等上。

②当控制电流与磁感应强度都为变量时,传感器的输出正比于这两个变量的乘积。这方面的应用如乘法器、功率计、混频器、调制器等。

③当磁感应强度保持不变时,传感器的输出正比于控制电流。这方面的应用如回转器、隔离器等。

1)霍尔转速表

如图 7.23 所示为霍尔转速表示意图。在被测转速的转轴上安装一个齿盘,也可选取机械系统中的一个齿轮,将线性霍尔器件及磁路系统靠近齿盘,随着齿盘的转动,磁路的磁阻也发生周期性的变化,测量霍尔器件输出的脉动频率,该脉动频率经隔直、放大、整形后,就可用于确定被测物的转速。

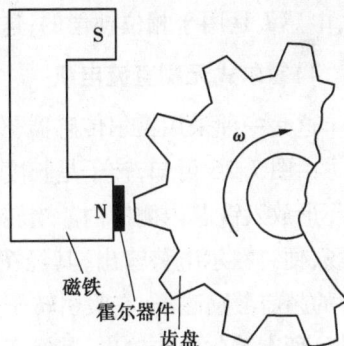

图 7.23　霍尔转速表

2)霍尔式无触点点火装置

传统的汽车汽缸点火装置使用机械式的分电器,存在着点火时间不准确,触点易磨损等缺点。

采用霍尔开关无触点晶体管点火装置可克服上述缺点,可提高燃烧效率。四汽缸汽车点火装置如图 7.24 所示,图中的磁轮鼓代替了传统的凸轮及白金触点。发动机主轴带动磁轮鼓转动时,霍尔器件感受到的磁场的极性发生交替改变,它输出一连串与汽缸活塞运动同步的脉动信号去触发晶体管功率开关,点火线圈二次侧产生很高的感应电压,火花塞产生火花放电,完成汽缸点火过程。

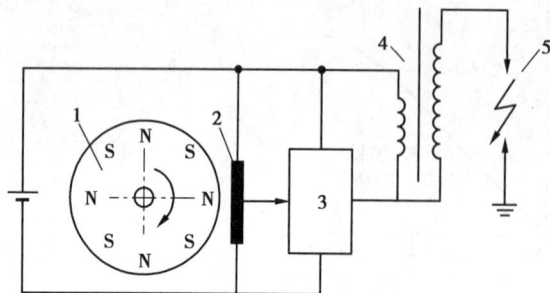

图 7.24 霍尔点火装置示意图

1—磁轮鼓;2—开关型霍尔集成元件;

3—晶体管功率开关;4—点火线圈;5—火花塞

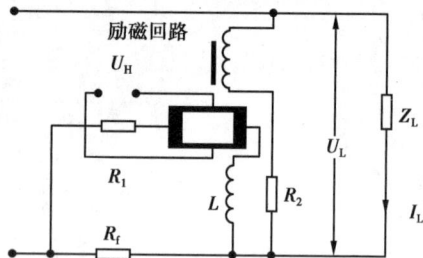

图 7.25 霍尔效应交流功率计

3)霍尔式功率计

这是一种采用霍尔传感器进行负载功率测量的仪器,其工作原理如图 7.25 所示。

由于负载功率等于负载电压和负载电流之乘积,使用霍尔元件时,分别使负载电压与磁感应强度成比例,负载电流与控制电流成比例,显然,负载功率就正比于霍尔元件的霍尔电势。由此可见,利用霍尔元件输出的霍尔电势为输入控制电流与驱动磁感应强度的乘积的函数关系,即可测量出负载功率的大小。如图 7.25 所示为交流负载功率的测量线路,由图示线路可知,流过霍尔元件的电流 I 是负载电流 I_L 的分流值,R_f 为负载电流 I_L 的取样分流电阻,为使霍尔元件电流 I 能模拟负载电流 I_L,要求 $R_1 \ll Z_L$(负载阻抗),外加磁场的磁感应强度是负载电压 U_L 的分压值,R_2 为负载电压 U_L 的取样分压电阻,为使激磁电压尽量与负载电压同相位,励磁回路中的 R_2 要求取得很大,使励磁回路阻抗接近于电阻性,实际上它总略带一些电感性,因此,电感 L 是用于相位补偿的,这样霍尔电势就与负载的交流有效功率成正比了。

4)霍尔式无刷直流电机

这是一种采用霍尔传感器驱动的无触点直流电动机,它的基本原理如图 7.26 所示。

由图 7.26 可知,转子是长度为 L 的圆桶形永久磁铁,并且以径向极化,定子线圈分成 4 组呈环形放入铁芯内侧槽内。当转子处于如图 7.26(a)中所示位置时,霍尔元件 H_1 感应到转子磁场,便有霍尔电势输出,其经 T_4 管放大后便使 L_{x2} 通电,对应定子铁芯产生一个与转子呈 $90°$ 的超前激励磁场,它吸引转子逆时针旋转;当转子旋转 $90°$ 以后,霍尔元件 H_2 感应到转子磁场,便有霍尔电势输出,其经 T_2 管放大后便使 L_{y2} 通电,于是产生一个超前 $90°$ 的激励磁场,它再吸引转子逆时针旋转。这样线圈依次通电,由于有一个超前 $90°$ 的逆时针旋转磁场吸引着转子,电机便连续运转起来,其运转顺序如下:N 对 $H_1 \rightarrow T_4$ 导通$\rightarrow L_{x2}$ 通电,S 对 $H_2 \rightarrow T_2$ 导通$\rightarrow L_{y2}$ 通电,S 对 $H_1 \rightarrow T_3$ 导通$\rightarrow L_{x1}$ 通电,N 对 $H_2 \rightarrow T_1$ 导通$\rightarrow L_{y1}$ 通电。霍尔式直流无刷电机在实际使用时,一般需要采用速度负反馈的形式来达到电机稳定和电机调速的目的。

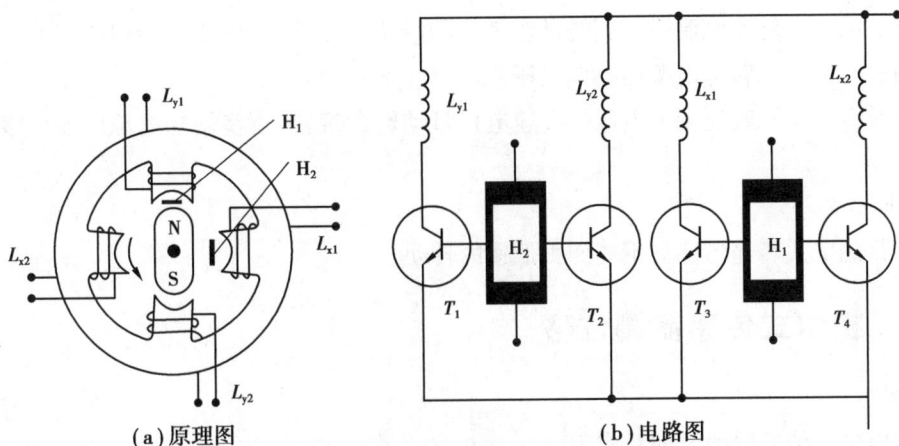

（a）原理图　　　　　　　　　　（b）电路图

图 7.26　霍尔无刷直流电机基本原理

任务实施

实验 1　感应式传感器测转速

[实验目的]

了解感应式测量转速的原理。

[基本原理]

基于电磁感应原理，N 匝线圈所在磁场的磁通变化时，线圈中感应电势：$e = -N\dfrac{\mathrm{d}\phi}{\mathrm{d}t}$ 发生变化，因此当转盘上嵌入 N 个磁棒时，每转一周线圈感应电势产生 N 次的变化，通过放大、整形和计数等电路即可以测量转速。

[需用的器件与单元]

感应传感器、转速表、转动调节 2 ~ 24 V，转动源。

[实验步骤]

①磁电式转速传感器按如图 7.27 所示安装，传感器端面离转动盘面 2 mm 左右，并且对准反射面内的磁钢。

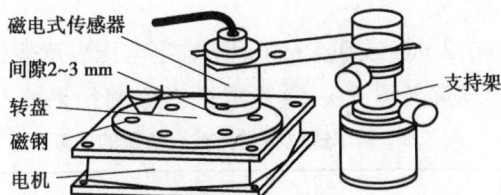

图 7.27　感磁电应传感器安装示意图

②将磁电式传感器输出端插入频率/转速表输入孔，将频率/转速表选择开关按下到转速挡，此时频率表指示转速。

③将 2~24 V 转速电源引入到转动源插孔(左+右-),同时选电压表为内测 20 V,电压表显示的就是 2~24 V 转速电源的准确电压值。

④调节 2~24 V 转速调节电压使转速电机带动转盘旋转,逐步增加电源电压观察转速变化情况。

[思考题]

为什么磁电式转速传感器不能测很低速的转动?

实验 2　霍尔式传感器测位移

[实验目的]

了解霍尔式传感器的原理及应用。

[基本原理]

根据霍尔效应,霍尔电势 $U_H=K_H IB$,当霍尔元件处在梯度磁场中运动时,它就可以进行位移测量。

[需用器件与单元]

差动放大器、霍尔传感器、直流源±4 V、±15 V、测微头、直流电压表。

[实验步骤]

①将霍尔传感器按如图 7.28 所示霍尔传感器与实验面板的连接按如图 7.29 所示进行。1,3 为电源±4 V,2,4 为输出。R_1 与 4 之间连线可暂时不接。

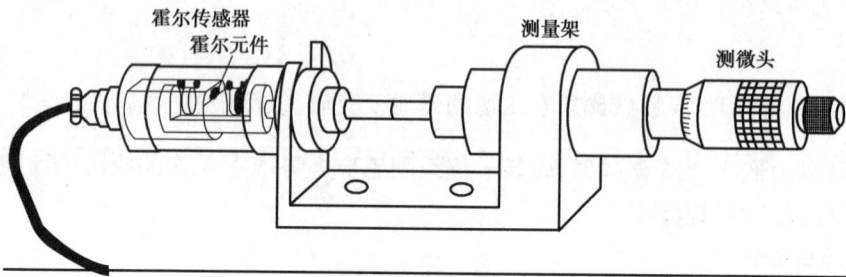

图 7.28　霍尔传感器安装示意图

②开启电源,将测微头旋至 10 mm 处,调节测微头使霍尔片在磁钢中间位置,即电压表显示最小,拧紧测量架顶部的固定螺钉,接入 R_1 与 4 之间的连线,再调节 W_1 使直流电压表指示为零(电压表置 2 V 挡)。

③旋转测微头,每转动 0.2 mm 或 0.5 mm 记下数字电压表读数,并将读数填入表 7.1 中,将测微头回到 10 mm 处,反向旋转测微头,重复实验过程,将结果填入表 7.2 中。

表 7.2　霍尔式位移量与输出电压的关系

X/mm				$-\leftarrow$	10	$+\rightarrow$				
V/mV					0					

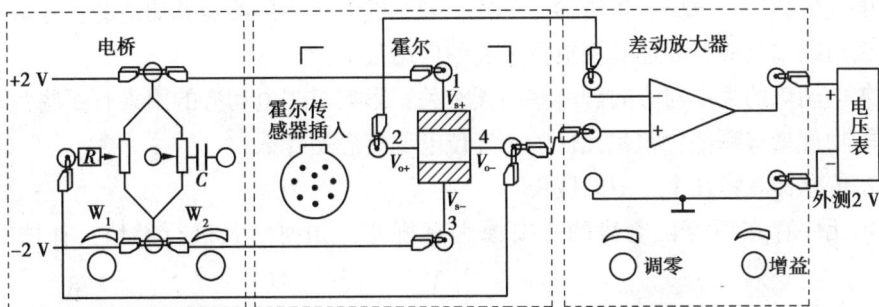

图 7.29　霍尔传感器位移直流激励实验接线图

④作出 V-X 曲线,计算不同线性范围时的灵敏度和非线性误差。

[思考题]

　　本实验中霍尔元件位移的线性度实际上反映的是什么量的变化?

任务小结

　　磁电式传感器是利用磁的变化将被测量的振动、位移、转速等物理量转换成电学量的一种传感器,本任务重点讲解磁电感应式传感器的工作原理及应用。

　　霍尔式传感器是利用半导体在磁场中的霍尔效应制成的一种传感器。本项目重点介绍霍尔效应、霍尔元件电路符号、基本电路及其应用举例。

　　霍尔元件的基本结构是在一个半导体薄片上安装了两对电极:一个为对称控制电极,输入控制电流 I_C;另一个为对称输出极,输出霍尔电势。

　　霍尔元件测量的关键是霍尔效应。霍尔电势 U_H 与磁感应强度 B、控制电流之间存在关系 $U_H = K_H IB$。K_H 称为霍尔元件的乘积灵敏度,它反映了霍尔元件的磁电转换能力。

　　在实际使用中,霍尔电势会受到温度变化的影响,一般用霍尔电势温度系数 α 来表征。为了减小 α,需要对基本测量电路进行温度补偿的改进,常用的有以下方法:采用恒流源提供控制电流;选择合理的负载电阻进行补偿;利用霍尔元件回路的串联或并联电阻进行补偿;也可在输入回路或输出回路中加入热敏电阻进行温度误差的补偿。

　　由于霍尔元件在制造工艺方面的原因,当通入额定直流控制电流 I_C 而外磁场 $B=0$ 时,霍尔电势输出并不为零,而存在一个不等位电势 U_M,从而对测量结果造成误差。为解决这一问题,可采用具有温度补偿的桥式补偿电路。该电路本身也接成桥式电路,且其中一个桥臂采用热敏电阻,可在霍尔元件的整个工作温度范围内对 U_M 进行良好的补偿。

任务自测

1.为什么说磁电感应式传感器是一种有源传感器?

2.磁电式传感器有哪几种类型? 简述它们的工作原理。

3. 磁电式传感器与电感式传感器有哪些不同? 磁电式传感器能够测量的物理量有哪些?

4. 什么是霍尔效应? 简述其构成及主要的应用范围。

5. 霍尔电动势的大小与方向和哪些因素有关? 影响霍尔电动势的因素有哪些? 霍尔元件能够测量的物理量有哪些? 霍尔元件的不等位电压概念是什么?

6. 霍尔传感器有哪几个方面的应用?

7. 霍尔元件存在不等位电势的主要原因有哪些? 如何对其进行补偿? 补偿的原理是什么?

8. 为什么要对霍尔元件进行温度补偿? 主要有哪些补偿方法? 补偿的原理是什么?

9. 为测量某霍尔元件的乘积灵敏度 K_H，构成如图 7.30 所示的实验线路。现施加 $B = 0.1\mathrm{T}$ 的外磁场，方向如图 7.30 所示。调节 R 使 $I_C = 60\ \mathrm{mA}$，测量输出电压 $U_H = 30\ \mathrm{mV}$（设表头内阻为无穷大）。试求霍尔元件的乘积灵敏度，并判断其所用材料的类型。

10. 如图 7.31 所示为一个霍尔式转速测量仪的结构原理图。调制盘上固定有 $P = 200$ 对永久磁极，N,S 极交替放置，调制盘与被测转轴刚性连接。在非常接近调制盘面的某个位置固定一个霍尔元件，调制盘上每有一对磁极从霍尔元件下面转过，霍尔元件就会产生一个方脉冲，并将其发送到频率计。假定在 $t = 5\ \mathrm{min}$ 的采样时间内，频率计共接收到 $N = 30$ 万个脉冲，求被测转轴的转速 n 为多少转/分?

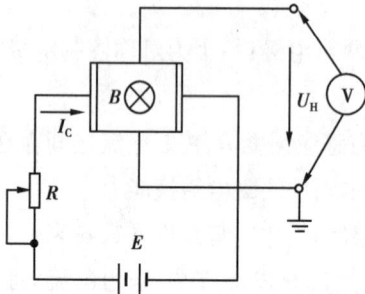

图 7.30　测量霍尔元件乘积灵敏度的实验线路

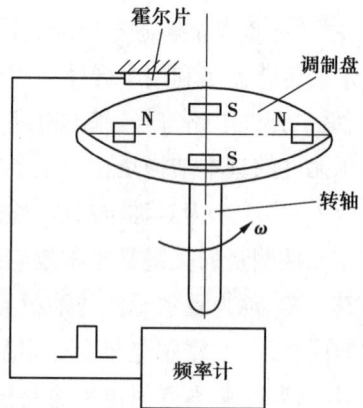

图 7.31　霍尔式转速测量仪的结构原理图

11. 如图 7.32 所示为一个交直流钳形数字电流表的结构原理图。环形磁集束器的作用是将载流导线中被测电流产生的磁场集中到霍尔元件上，以提高灵敏度。设霍尔元件的乘积灵敏度为 K_H，通入的控制电流为 I_C，作用于霍尔元件的磁感应强度 B 与被测电流 I_x 成正比，比例系数为 K_B，现通过测量电路求得霍尔输出电势为 U_H，求被测电流 I_x，以及霍尔电势的电流灵敏度。

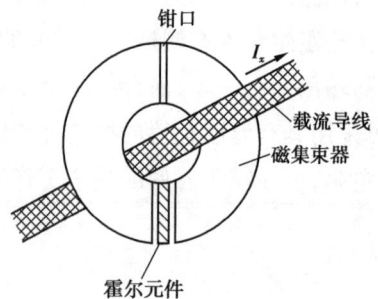

图 7.32　交直流钳形数字电流表结构原理图

任务8　压电式传感器

任务导航

压电式传感器是一种电能量型传感器,它的工作原理是基于某些电介质的压电效应。在外力作用下,在电介质的表面上产生电荷,实现力与电荷的转换,因此它能测量最终转换为力的物理量,如压力、加速度等。最常见的压电材料有石英晶体、压电陶瓷等。压电传感器具有使用频带宽、灵敏度高、信噪比高、结构简单、工作可靠、质量轻、测量范围广等优点。近年来,由于电子技术迅猛发展,随着与之配套的二次仪表,以及低噪声、小电容、高绝缘电阻电缆的出现,使压电传感器使用更为方便,集成化、智能化的新型压电传感器也正在被开发出来。

任务目标

1. 知识目标

(1)知道压电效应;

(2)了解压电材料;

(3)掌握压电式传感器测量电路;

(4)了解压电式传感器应用。

2. 能力目标

(1)会正确操作传感器与检测技术综合实验台;

(2)会对实验数据进行分析;

(3)按操作规程进行操作,具有安全操作意识;

(4)了解压电式传感器测量振动的原理及方法;

(5)能正确按照电路要求对压电式传感器模块等进行正确接线,并调试;

(6)完成实验报告。

3. 素质目标

(1)培养学生的团队意识和创新意识;

(2)培养学生科学严谨的工作精神、科学精神;

(3)知道岗位操作规程,具有安全操作意识。

相关知识

8.1 压电效应

对某些电介质,当沿着一定方向对它施加压力时,内部就产生极化现象,同时在它的两个表面上产生符号相反的电荷;当外力去掉后,它又重新恢复为不带电状态;当作用力方向改变时,电荷的极性也随之改变。晶体受力所产生的电荷量与外力的大小成正比,这种现象称为压电效应。相反,当在电介质的极化方向上施加电场时,这些电介质也会产生变形,当外电场撤离时,变形也随着消失,这种现象称为逆压电效应。

8.1.1 石英晶体的压电效应

石英晶体是最常用的压电晶体之一,如图 8.1(a)所示为天然结构的石英晶体理想外形,它是一个正六面体,在晶体学中可用三根相互垂直的轴 x,y,z 来表示它们的坐标,如图 8.1(b)所示。z 轴为光轴(中性轴),它是晶体的对称轴,晶体沿光轴 z 方向受力时不产生压电效应;经过正六面体棱线并垂直于光轴的 x 轴为电轴,晶体在沿电轴 x 方向的力作用下产生电荷的压电效应称为纵向压电效应,纵向压电效应最为显著;与 z 轴和 x 轴同时垂直的轴为 y 轴,y 轴垂直于正六面体的棱面,称为机械轴,晶体沿机械轴 y 方向的力作用下产生电荷的压电效应称为横向压电效应,在 y 轴上加力产生的变形最大。从石英晶体上沿轴线切下的一片平行六面体称为压电晶体切片,如图 8.1(c)所示。

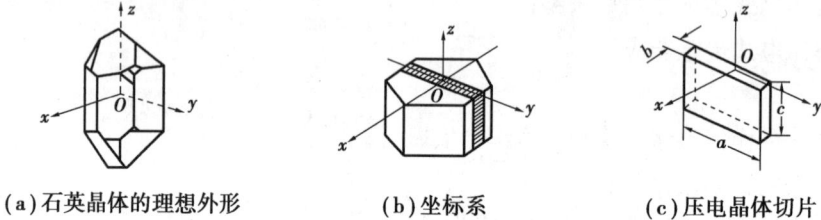

(a)石英晶体的理想外形　　　(b)坐标系　　　(c)压电晶体切片

图 8.1　石英晶体

若从晶体上沿机械轴 y 轴方向切下一块晶片,当在电轴 x 方向施加作用力 f_x 时,在与 x 轴垂直的平面上将产生电荷 q_x,其大小为

$$q_x = d_{11} f_x \qquad (8.1)$$

式中　d_{11}——电轴 x 方向受力的压电系数;

f_x——沿电轴 x 方向施加的作用力。

若在同一切片上,沿机械轴 y 轴方向施加作用力 f_y 时,则仍在与 x 轴垂直的平面上将产生电荷 q_y,其大小为

$$q_y = d_{12} \frac{a}{b} f_y \qquad (8.2)$$

式中　d_{12}——机械轴 y 方向受力的压电系数,$d_{12} = -d_{11}$;

f_y——沿机械轴 y 方向施加的作用力；

a,b——分别为晶体切片的长度和厚度。

电荷 q_x 和 q_y 的符号由所受力的性质决定,当作用力 f_x 和 f_y 的方向相反时,电荷的极性也随之改变。

8.1.2　压电陶瓷的压电效应

压电陶瓷也是一种常见的压电材料,它是人工制造的多晶体压电材料。压电陶瓷内部具有无规则排列的电畴,电畴结构类似于铁磁性材料的磁畴结构。压电陶瓷在没有极化之前不具有压电性,是非压电体,为使其具有压电性,就必须在一定温度下作极化处理。所谓极化,就是以强电场使电畴规则排列,从而呈现出压电性。在 $100 \sim 170\ ℃$ 下,在外电场($1 \sim 4\ kV/mm$)的作用下,电畴的极化方向发生转动,趋向于按外电场的方向排列,从而使材料得到极化。在极化电场去除后,电畴基本保持不变,余下了很强的剩余极化,如图 8.2 所示。当极化后的压电陶瓷受到外力作用时,其剩余极化强度将随之发生变化,从而使一定表面分别产生正负电荷,于是压电陶瓷就有了压电效应。压电陶瓷在极化方向上压电效应最明显,把极化方向定义为 z 轴,垂直于 z 轴的平面上的任何直线都可作为 x 轴或 y 轴。压电陶瓷在经过极化处理之后则具有非常高的压电系数,为石英晶体的几百倍;但压电陶瓷的参数会随时间发生变化,即老化,压电陶瓷老化将使压电效应减弱。

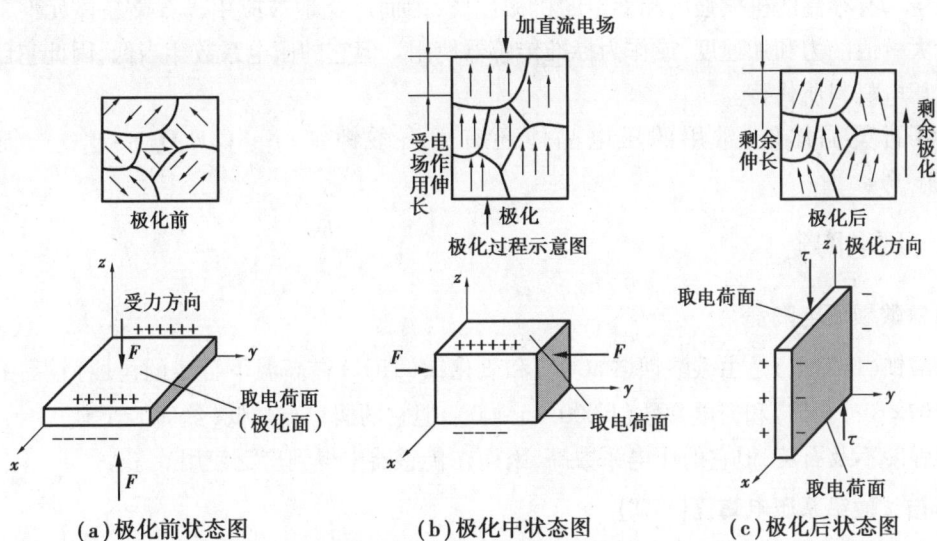

图 8.2　压电陶瓷的极化过程和压电原理图

8.2　压电材料

压电材料可分为压电晶体和压电陶瓷两大类,前者是单晶体,后者是多晶体。选用合适的压电材料是设计高性能传感器的关键,一般应考虑以下 5 个方面。

（1）转换性能

该性能具有较高的耦合系数或较大的压电系数。压电系数是衡量材料压电效应强弱的参数，它直接关系到压电输出的灵敏度。

（2）机械性能

作为受力元件，压电元件应具有较高的机械强度和较大的机械刚度。

（3）电性能

该性能具有较高的电阻率和大的介电常数。

（4）温度和湿度稳定性

该性能具有较高的居里点。

（5）时间稳定性

压电特性不随时间蜕变。

8.2.1　石英晶体

石英就是二氧化硅（SiO_2），是一种压电晶体，压电效应就是在石英晶体中发现的。它是一种天然晶体，目前已有高化学纯度和结构完善的人工培养的石英晶体。石英晶体的压电系数 $d_{11} = 2.31 \times 10^{-12}$ C/N，在几百摄氏度的温度范围内，压电系数不随温度而变；但温度达到 573 ℃时，石英则完全丧失了压电性质，这是它的居里点。石英的熔点为 1 750 ℃，密度为 2.65×10^3 kg/m^3，有很高的机械强度和稳定的机械性质，因而广泛地被应用。石英晶体元件主要用于测量大量值的力和加速度，或作为标准传感器使用。但它的压电系数相当低，因此它已逐渐被其他压电材料所代替。

除了石英晶体外，常用的压电晶体还有酒石酸钾钠（$NaKC_4H_4O_6 \cdot 4H_2O$）、铌酸锂（$LiNbO_2$）等。

8.2.2　压电陶瓷

1）钛酸钡压电陶瓷

钛酸钡（$BaTiO_3$）是由碳酸钡（$BaCO_3$）和氧化钛（TiO_2）在高温下合成的，具有较高的压电系数（107×10^{-12} C/N）和介电常数（1 000 ~ 5 000），但它的居里点较低（约为 120 ℃）。另外，它的机械强度不及石英，但它的压电系数高，因而在传感器中得到广泛使用。

2）锆钛酸铅系压电陶瓷（PZT）

锆钛酸铅是由钛酸铅（$PbTiO_2$）和锆酸铅（$PbZrO_3$）组成的固溶体 $Pb(ZrTiO_3)$。在锆钛酸铅的基础上，添加一种或两种微量的其他元素，如镧（La）、铌（Nb）、锑（Sb）、锡（Sn）、锰（Mn）、钨（W）等，可获得不同性能的 PZT 系列压电材料。PZT 系列压电材料均具有较高的压电系数 $[d_{33} = (200 \sim 500) \times 10^{-12}$ C/N$]$ 和居里点（300 ℃以上），各项机电参数随温度、时间等外界条件的变化较小，是目前常用的压电材料。

3）铌酸盐系压电陶瓷

铌酸盐系压电陶瓷是以铌酸钾（$KNbO_3$）和铌酸铅（$PbNbO_2$）为基础制成的。铌酸铅具有较高的居里点(570 ℃)、较低的介电常数。在铌酸铅中用钡或锶代替一部分铅,可以引起性能的根本变化,从而得到具有较高机械品质因素的铌酸盐压电陶瓷。铌酸钾是通过热压过程制成的,它的居里点也较高(480 ℃)。近年来,由于铌酸盐系压电陶瓷性能比较稳定,在水声传感器方面得到广泛应用,如用作深海水听器。

除以上几种压电材料外,近年来,又出现了铌镁酸铅压电陶瓷(PMN),具有极高的压电常数,居里点为 260 ℃,可承受 700 kg/cm² 的压力。

8.3　压电式传感器测量电路

8.3.1　压电器件的串联与并联

在压电式传感器中,常将两片或多片压电器件组合在一起使用。由于压电材料是有极性的,因此接法也有两种,如图 8.3 所示。图 8.3(a)所示为串联接法,其输出电容 C' 为单片电容 C 的 $1/n$,即 $C' = C/n$,输出电荷量 Q' 与单片电荷量 Q 相等,即 $Q' = Q$,输出电压 U' 为单片电压 U 的 n 倍,即 $U' = nU$;图 8.3(b)所示为并联接法,其输出电容 C' 为单片电容 C 的 n 倍即 $C' = nC$,输出电荷量 Q' 是单片电荷量 Q 的 n 倍,即 $Q' = nQ$,输出电压 U' 与单片电压 U 相等,即 $U' = U$。

在以上两种连接方式中,串联接法输出电压高,本身电容小,适用于以电压为输出量及测量电路输入阻抗很高的场合;并联接法输出电荷大,本身电容大,因此时间常数也大,适用于测量缓变信号,并以电荷量作为输出的场合。

压电元件在压电传感器中,必须有一定的预应力,这样可以保证在作用力变化时,压电片始终受到压力,同时也保证了压电片的输出与作用力的线性关系。

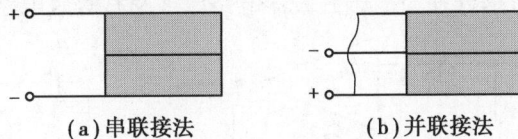

(a)串联接法　　　　　　(b)并联接法

图 8.3　压电元件的串联和并联接法

8.3.2　压电式传感器的等效电路

当压电传感器的压电元件受到外力作用时,就会在受力纵向或横向表面上出现电荷。在一个极板上聚集正电荷,另一个极板上聚集负电荷。因此,压电传感器可看成是一个电荷发生器,同时它也是一个电容器。所以可以把压电传感器等效为一个与电容相并联的电荷源,等效电路如图 8.4(a)所示。电容器上的电压 U、电荷 q

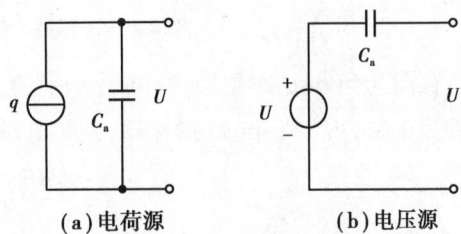

(a)电荷源　　　　　　(b)电压源

图 8.4　压电传感器的等效电路

与电容 C_a 三者之间的关系为: $U = \dfrac{q}{C_a}$。同时,压电传感器也可等效为一个电压源和一个电容相串联的等效电路,如图 8.4(b) 所示。其中 R_a 为压电元件的漏电阻。

工作时,压电元件与二次仪表配合使用,必定与测量电路相连接,这就要考虑连接电缆电容 C_c、放大器的输入电阻 R_i 和输入电容 C_i。如图 8.5 所示为压电传感器测试系统完整的等效电路。

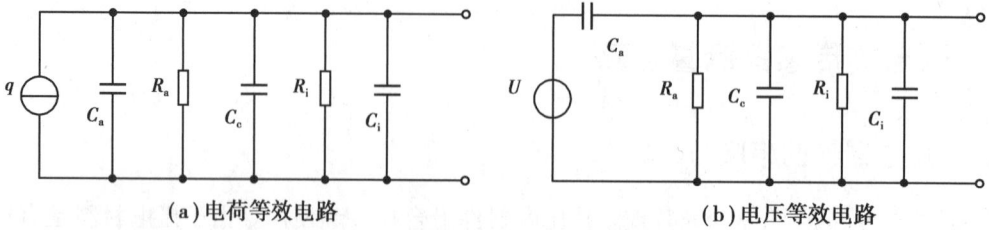

(a) 电荷等效电路　　　　　　　　　(b) 电压等效电路

图 8.5　压电传感器的实际等效电路

8.3.3　压电式传感器的测量电路

压电式传感器的内阻抗很高,而输出信号却很微弱,因此一般不能直接显示和记录。

压电式传感器要求测量电路的前级输入端要有足够高的阻抗,以防止电荷迅速泄漏而使测量误差减小。压电式传感器的前置放大器有两个作用:一是把传感器的高阻抗输出变换为低阻抗输出;二是把传感器的微弱信号进行放大。压电传感器的输出可以是电压信号,也可以是电荷信号。因此,前置放大器也有两种形式,即电压放大器和电荷放大器。

1) 电压放大器

如图 8.6(a) 和(b) 所示分别为电压放大器电路原理及其等效电路图。

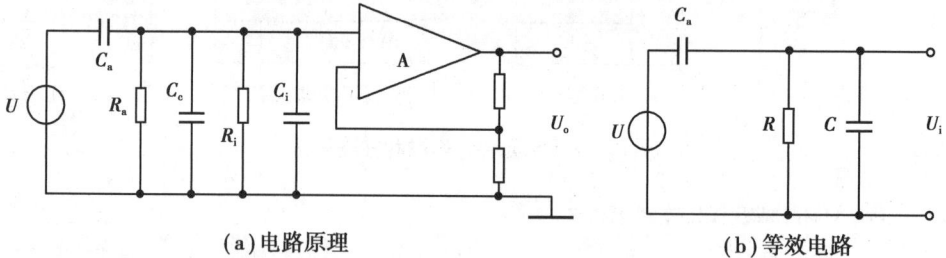

(a) 电路原理　　　　　　　　　　(b) 等效电路

图 8.6　电压放大器电路原理及其等效电路图

在图 8.6(b) 所示电路中,电阻 $R = R_a R_i / (R_a + R_i)$,电容 $C = C_a + C_c + C_i$,而 $u_a = q/C_a$,若压电元件受正弦力 $f = F_m \sin \omega t$ 的作用,则其电压为

$$u_a = \frac{d F_m}{C_a} \sin \omega t = U_m \sin \omega t \tag{8.3}$$

式中　U_m——压电元件输出电压的幅值,$U_m = d F_m / C_a$;

　　　　d——压电系数。

由此可得放大器输入端电压 U_i,其复数形式为

$$U_i = dF_m \frac{j\omega R}{1 + j\omega R(C_i + C_a)} \tag{8.4}$$

U_i 的幅值 U_{im} 为

$$U_{im} = \frac{dF_m \omega R}{\sqrt{1 + \omega^2 R^2 (C_a + C_c + C_i)}} \tag{8.5}$$

输入电压与作用力之间的相位差为

$$\Phi = \frac{\pi}{2} - \arctan[\omega(C_a + C_c + C_i)R] \tag{8.6}$$

在理想情况下,传感器的 R_a 值与前置放大器输入电阻 R_i 都为无限大,即 $\omega(C_a + C_c + C_i)R \gg 1$,那么由式(8.5)可知,理想情况下输入电压的幅值 U_{im} 为

$$U_{im} = \frac{dF_m}{C_a + C_c + C_i} \tag{8.7}$$

式(8.7)表明,前置放大器输入电压 U_{im} 与频率无关。一般认为 $\omega/\omega_0 > 3$ 时,就可以认为 U_{im} 与 ω 无关。ω_0 表示测量电路时间常数的倒数,即 $\omega_0 = 1/[R(C_a + C_c + C_i)]$。这表明压电传感器有很好的高频响应性能,但是当作用于压电元件的力为静态力($\omega = 0$)时,则前置放大器的输入电压为 0,因为电荷会通过放大器输入电阻和传感器本身漏电阻漏掉,所以压电传感器不能用于静态力测量。

当 $\omega^2 R^2 (C_a + C_c + C_i) \gg 1$ 时,放大器输入电压 U_{im} 如式(8.7)所示。式中,C_c 为连接电缆电容,当电缆长度改变时,C_c 也将改变,因而 U_{im} 也随之改变。因此,压电传感器与前置放大器之间的连接电缆不能随意更换,否则将引入测量误差。

2)电荷放大器

电荷放大器常作为压电传感器的输入电路,由一个反馈电容 C_f 和高增益运算放大器构成,当略去 R_a 和 R_i 并联电阻后,电荷放大器可用如图 8.7 所示电路表示其等效电路,图中 A 为运算放大器增益。由于运算放大器输入阻抗极高,放大器输入端几乎没有电流,其输出电压 U_o 为

$$U_o \approx U_{cf} = \frac{-q}{C_f} \tag{8.8}$$

式中 U_o ——放大器输出电压;

C_f ——反馈电容两端电压。

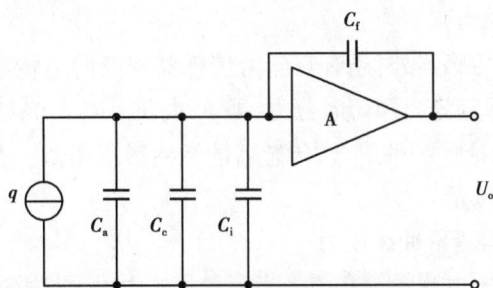

图8.7 电荷放大器等效电路

由运算放大器基本特性可求出电荷放大器的输出电压为

$$U_{\text{o}} = \frac{-Aq}{C_{\text{a}} + C_{\text{c}} + C_{\text{i}} + (1+A)C_{\text{f}}} \tag{8.9}$$

通常 $A = 10^4 \sim 10^6$，因此若满足 $(1+A)C_{\text{f}} \gg C_{\text{a}} + C_{\text{c}} + C_{\text{i}}$ 时，则

$$U_{\text{o}} \approx \frac{-q}{C_{\text{f}}} \tag{8.10}$$

由式(8.10)可知，电荷放大器的输出电压 U_{o} 与电缆电容 C_{c} 无关，且与 q 成正比，这是电荷放大器的最大特点。

8.4　压电式传感器的应用

1)压电式压力传感器

（1）单向力传感器

如图 8.8 所示为一个单向力传感器。两片压电晶片沿电轴方向叠在一起，采用并联接法，中间为片形电极（负极），它收集负电荷。基座与传力盖形成正极，绝缘套使正、负极隔离。

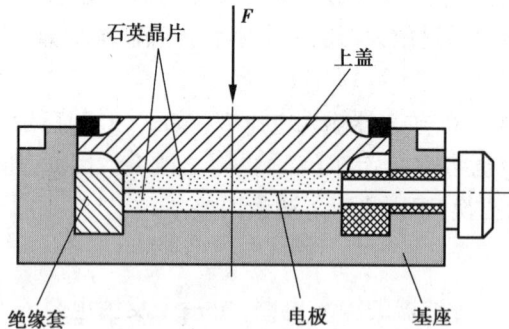

图 8.8　单向压电石英力传感器的结构

被测力 F 通过上盖使压电晶片沿电轴方向受压力作用，便使晶片产生电荷，负电荷由片形电极（负极）输出，正电荷与上盖和底座连接。这种压力传感器有以下特点：

①体积小，质量轻(仅 10 g)。

②固有频率高(为 50~60 kHz)。

③可检测高达 5 000 N(变化频率小于 20 kHz)的动态力。

④分辨率高(可达 10^{-3} N)。

除以上介绍的单向力传感器外，还有双向力传感器和三向力传感器。双向力传感器基本上有两种组合：一是测量垂直分力和切向分力，即 F_z 与 F_x(或 F_y)；二是测量互相垂直的两个切向分力，即 F_x 与 F_y。无论哪一种组合，传感器的结构形式相似。三向力传感器可以对空间任一个或三个力同时进行测量。

（2）压电式压力传感器测量冲床压力

如图 8.9 所示为冲床压力测量示意图。当测量大的力时，可用两个传感器支承，或将几个传感器沿圆周均布支承，而后将分别测得的力值相加求出总力值 F(属平行力时)。因有时力的分布不均匀，各个传感器测得的力值有大有小，因此分别测力可以测得更准确些，有时也可

通过各点的力值来了解力的分布情况。

（3）压电式压力传感器测量金属加工切削力

如图 8.10 所示为利用压电式陶瓷传感器测量刀具切削力的示意图。由于压电陶瓷元件的自振频率高,特别适合测量变化剧烈的载荷。图中压力传感器位于车刀前部的下方,当进行切削加工时,切削力通过刀具传给压电传感器,压电传感器将切削力转换为电信号输出,记录下电信号的变化便测得切削力的变化。

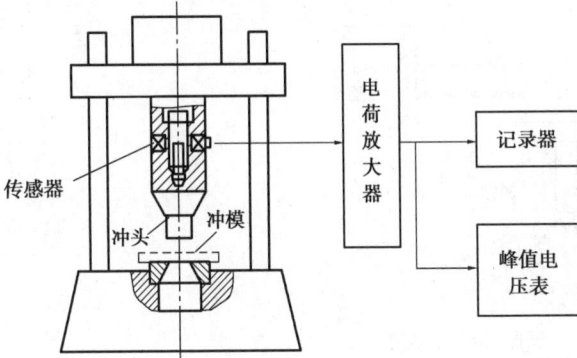

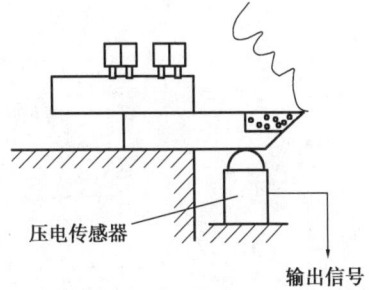

图 8.9　冲床压力检测　　　　　图 8.10　压电式刀具切削力测量示意图

2)压电式加速度传感器

如图 8.11 所示为一种压电式加速度传感器的结构图。它主要由压电元件、质量块、预压弹簧、基座以及外壳等组成。整个部件装在外壳内,并用螺栓加以固定。

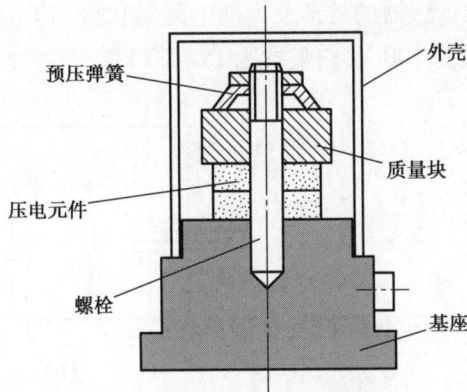

图 8.11　压电式加速度传感器结构图

当加速度传感器与被测物一起受到冲击振动时,压电元件受质量块惯性力的作用,根据牛顿第二运动定律,此惯性力是加速度的函数,即

$$F = ma$$

式中　F——质量块产生的惯性力;

m——质量块的质量;

a——加速度。

此时,惯性力 F 作用于压电元件上,因而产生电荷 q,当传感器选定后,m 为常数,则传感器输出电荷为

$$q = d_{11}F = d_{11}ma$$

q 与加速度 a 成正比。因此,测得加速度传感器输出的电荷便可知加速度的大小。

3)用压电式传感器测表面粗糙程度

如图 8.12 所示,由驱动器拖动传感器触针在工件表面以恒速滑行,工件表面的起伏不平使触针上下移动,使压电晶片产生变形,压电晶片表面就会出现电荷,由引线输出的电信号与触针上下移动量成正比。

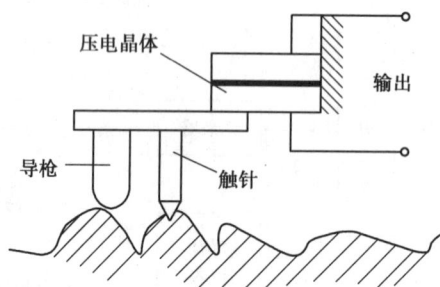

图 8.12　表面粗糙度测量

4)压电式玻璃破碎报警器

$BS\text{-}D_2$ 压电式传感器是专门用于检测玻璃破碎的一种传感器,它利用压电元件对振动敏感的特性来感知玻璃受撞击时产生的振动波。传感器把振动波转换成电压输出,输出电压经放大、滤波、比较等处理后提供给报警系统。

$BS\text{-}D_2$ 压电式玻璃破碎传感器的外形及内部电路,如图 8.13 所示。传感器的最小输出电压为 100 mV,最大输出电压为 100 V,内阻抗为 $15 \sim 20$ kΩ。

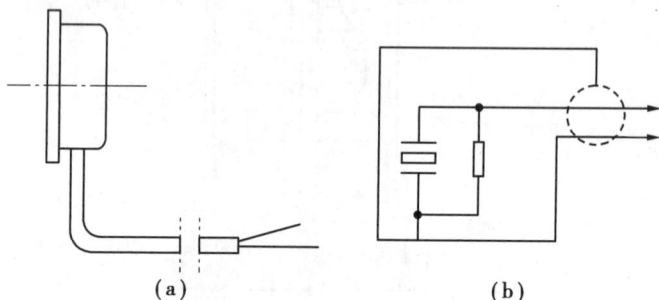

图 8.13　$BS\text{-}D_2$ 压电式玻璃破碎传感器

$BS\text{-}D_2$ 压电式玻璃破碎传感器的电路框图,如图 8.14 所示。使用时,传感器用胶粘贴在玻璃上,然后通过电缆与报警电路相连。为了提高报警器的灵敏度,信号经放大后,须经带通滤波器进行滤波,要求它对选定的频谱带通的衰减要小,而带外衰减要尽量大。由于玻璃振动的波长在音频和超声波的范围内,这就使滤波器成为电路中的关键。当传感器输出信号高于设定的阈值时,才会输出报警信号,驱动报警执行机构工作。

玻璃破碎报警器可广泛应用于文物、贵重商品保管及其他商品柜台等场合。

5)压电式煤气灶电子点火装置

如图 8.15 所示为压电式煤气灶电子点火装置的原理图。当使用者将开关往下压时,打开

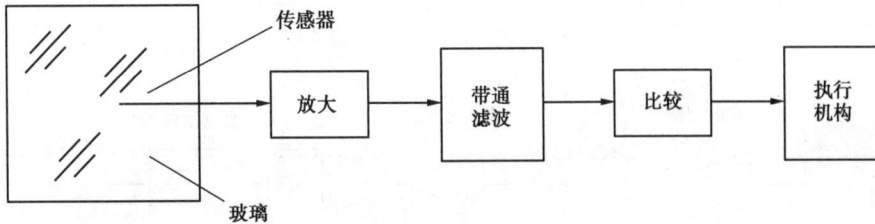

图 8.14   压电式玻璃破碎报警器的电路框图

气阀,再旋转开关,使弹簧往左压,这时弹簧有一个很大的力,撞击压电晶体,使压电晶体产生电荷,电荷经高压线引至燃烧盘从而产生高压放电,产生电火花,导致燃烧盘的煤气点火燃烧。

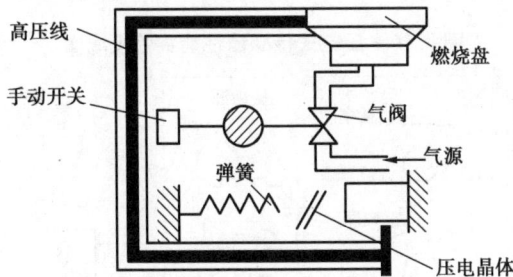

图 8.15   压电式煤气灶电子点火装置

任务实施

实验   压电式传感器测振动

[实验目的]

了解压电式传感器测量振动的原理及方法。

[基本原理]

压电式传感器由惯性质量块和受压的压电陶瓷片等组成。(观察实验用压电加速度计结构)工作时传感器感受与试件相同频率的振动,质量块便有正比于加速度的交变力作用在压电陶瓷片上,由于压电效应,压电陶瓷片上产生正比于运动加速度的表面电荷,经电荷放大器转换成电压,即可测量物体的运动加速度。

[需用器件与单元]

振动源、压电传感器、电压放大器、低通滤波器、双线示波器。

[实验步骤]

①压电式传感器吸装在振动台面上。

②如图 8.16 所示,将压电式传感器输出两端插入电荷放大器两输入端,黑色屏蔽线接地。将电荷放大器输出端接入电压放大器,电压放大器输出端接入低通滤波器,低通滤波器输出与示波器相连。

③如图 8.17 所示,低频振荡器输出端与振动源输入相接,振动频率选 6 ~ 12 Hz,幅度旋

173

钮初始置最小。

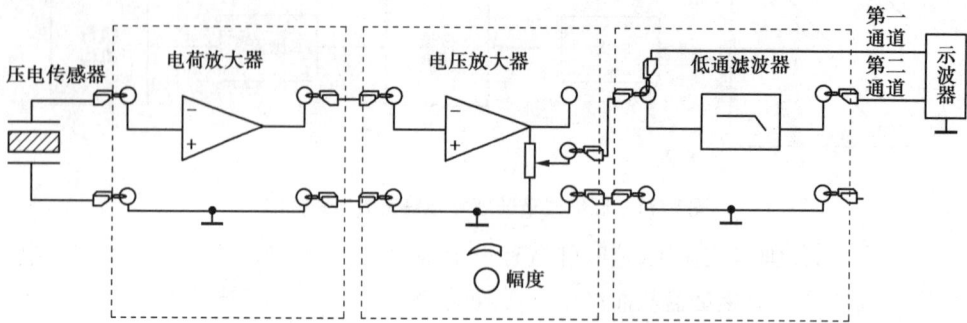

图 8.16　压电式传感器性能实验接线图

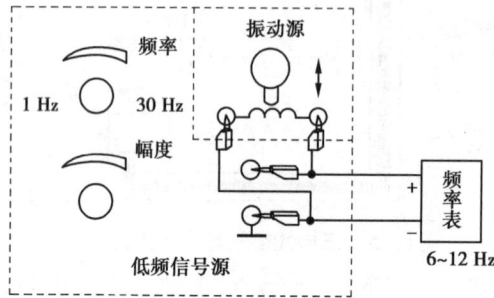

图 8.17　振动源接线图

④调节低频振荡器的频率与幅度旋钮使振动台振动,观察示波器波形。

⑤改变低频振荡器频率,观察输出波形变化,比较不同频率的输出有什么不同?

⑥用示波器的两个通道同时观察低通滤波器输入端和输出端波形,试比较有何区别? 低通滤波器的作用是什么?

[思考题]

比较低通滤波器的输出信号与低频振荡器的输出信号的相位有何不同?

任务小结

本任务主要介绍了压电式传感器的基本知识。压电传感器是一种电能量型传感器,它的工作原理是基于某些电介质的压电效应。

对某些电介质,当沿着一定方向对它施加压力时,内部就产生极化现象,同时在它的两个表面上产生相反的电荷;当外力去掉后,电介质又重新恢复为不带电状态;当作用力方向改变时,电荷的极性也随着改变;晶体受力所产生的电荷量与外力的大小成正比,这种现象被称为压电效应。

压电传感器的内阻抗很高,而输出的信号却很微弱,因此其一般不能直接显示和记录。所以,压电传感器要求测量电路的前级输入端要有足够高的阻抗,以防止电荷迅速泄漏而使测量误差减小。压电传感器的前置放大器有两个作用:一是把传感器的高阻抗输出转换为低阻抗输出;二是把传感器的微弱信号进行放大。压电传感器的输出可以是电压信号,也可以是电荷信号。因此前置放大器也有两种形式,即电压放大器和电荷放大器。

本任务最后介绍了压电传感器在实际生产生活中的一些应用实例。

任务自测

1. 什么是压电效应? 什么是逆压电效应?

2. 常用的压电材料有哪些种类? 试比较石英晶体和压电陶瓷的压电效应。

3. 压电晶片有哪几种连接方式? 各有什么特点? 分别适用于什么场合?

4. 选择合适的压电材料做压电传感器应考虑哪些方面?

5. 压电传感器主要可用于测量哪些物理量?

6. 能否用压电传感器测量变化比较缓慢的力信号? 试说明其理由。

7. 想一想在你的日常生活中,是否有压电传感器的应用实例?

任务 9 光纤传感器

任务导航

光纤传感器是 20 世纪 70 年代中期迅速发展起来的一种新型传感器,它是光纤和光通信技术迅速发展的产物。它以光学测量为基础,把被测量的变量状态转换为可测的光信号;但与常规传感器把被测量的变量状态转变为可测的电信号不同。光纤传感器作为一个新的技术领域,将不断改变传感器的面貌,并在各个领域获得广泛应用。

任务目标

1.知识目标
　　(1)知道光纤传感器的原理结构及种类;
　　(2)了解光的传输原理;
　　(3)掌握光导纤维传感器的类型;
　　(4)掌握功能型光纤传感器,非功能型光纤传感器;
　　(5)了解光纤传感器的应用。

2.能力目标
　　(1)会正确操作传感器与检测技术综合实验台;
　　(2)会对实验数据进行分析;
　　(3)按操作规程进行操作,具有安全操作意识;
　　(4)会计算传感器的非线性误差及灵敏度;
　　(5)能正确按照电路要求对光纤传感器模块等进行正确接线,并调试;
　　(6)完成实验报告。

3.素质目标
　　(1)培养学生的精细意识和创新意识;
　　(2)培养学生科学严谨的工匠精神,创新精神;
　　(3)知道岗位操作规程,具有安全操作意识。

相关知识

光纤传感器可广泛应用于位移、速度、加速度、压力、温度、液位、流量、水声、电声、磁场、放射性射线等物理量的测量。

光纤传感器种类繁多,应用范围极广,发展极为迅速。到目前为止,已相继研制出六七十种不同类型的光纤传感器。本任务选择其中典型的几种加以简要介绍。

9.1 光纤传感器的原理、结构及种类

9.1.1 光纤传感器的原理

光纤传感器的构成示意图如图9.1所示。它由光发送器、敏感元件、光接收器、信号处理系统及光导纤维等主要部分所组成。由光发送器发出的光,经光纤引导到调制区,被测参数通过敏感元件的作用,使光学性质(如光强、波长、频率、相位、偏振态等)发生变化,成为被调制光,再经光纤送到光接收器,经过信号处理系统处理而获得测量结果。在检测过程中,用光作为敏感信息的载体,用光导纤维作为传输光信息的媒质。

由图9.1可知,光纤传感系统的基本原理是:光纤中光波参数(如光强、频率、波长、相位以及偏振态等)随外界被测参数的变化而变化,因此,可通过检测光纤中光波参数的变化以达到检测外界被测物理量的目的。

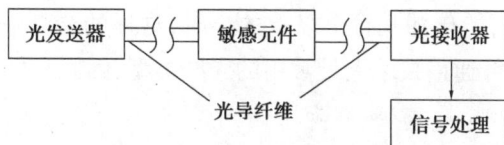

图9.1 光纤传感器构成示意图

9.1.2 光纤的结构

光纤是一种传输光信息的导光纤维,主要由高强度石英玻璃、常规玻璃和塑料制成。其结构非常简单,如图9.2所示,由导光的芯体玻璃(简称纤芯)和包层组成,纤芯位于光纤的中心部位,其直径为$5 \sim 100 \ \mu m$,包层可用玻璃或塑料制成,两层之间形成良好的光学界面。包层外面常有塑料或橡胶外套,可保护纤芯和包层并使光纤具有一定的机械强度。

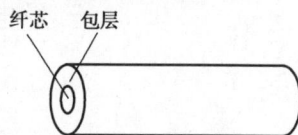

图9.2 光纤的基本结构

光主要在纤芯中传输,光纤的导光能力主要取决于纤芯和包层的性质,即它们的折射率。纤芯的折射率n_1稍大于包层的折射率n_2,典型的数量值是$n_1 = 1.46 \sim 1.51, n_2 = 1.44 \sim 1.50$;而且纤芯和包层构成一个同心圆双层结构,从而保证入射到光纤内的光波集中在光芯内传输。

9.1.3 光纤的种类

光纤按纤芯和包层材料性质分类,有玻璃光纤和塑料光纤两大类;按折射率分布分类,有阶跃折射率型和梯度折射率型两种。

1)阶跃型光纤(折射率固定不变)

阶跃型光纤如图9.3(a)所示。纤芯的折射率n_1分布均匀,不随半径变化,而包层内的折

射率 n_2 分布也大体均匀;但纤芯与包层之间折射率的变化呈阶梯状。在纤芯内,中心光线沿光纤轴线传播,通过轴线平面的不同方向入射的光线(子午光线)呈锯齿形轨迹传播。

2)梯度型光纤(纤芯折射率近似呈平方分布)

梯度型光纤如图9.3(b)所示。纤芯内的折射率不是常数,从中心轴线开始沿径向大致按抛物线规律逐渐减小。因此,采用这种光纤时,当光射入光纤后,光线在传播中连续不断地折射,自动地从折射率小的包层面向轴心处会聚,使光线(或光束)能集中在中心轴线附近传输,故也称自聚焦光纤。

此外,光纤还可按传输模式分类,有单模光纤和多模光纤两种。

先介绍模的概念。所谓光波,在本质上是一种电磁波。在纤芯内传播的光波,可分解为沿轴向和沿截面传输的两种平面波成分。沿截面传输的平面波将会在纤芯与包层的界面处产生反射。如果此波的每一个往复传输(入射和反射)的相位变化是 2π 的整数倍时,就可在截面内形成驻波,这样的驻波光线组又称为"模"。只有能形成驻波的那些以特定角度射入光纤的光,才能在光纤内传播。在光纤内只能传输一定数量的模。当纤芯直径很小(一般为 $5 \sim 10\ \mu m$),只能传播一个模时,这样的光纤被称为单模光纤,如图9.3(c)所示。当纤芯直径较大(通常为几十微米以上),能传播几百个以上的模时,这样的光纤被称为多模光纤。单模光纤和多模光纤都是当前光纤通信技术上最常用的光纤类型,因此它们被统称为普通光纤维。

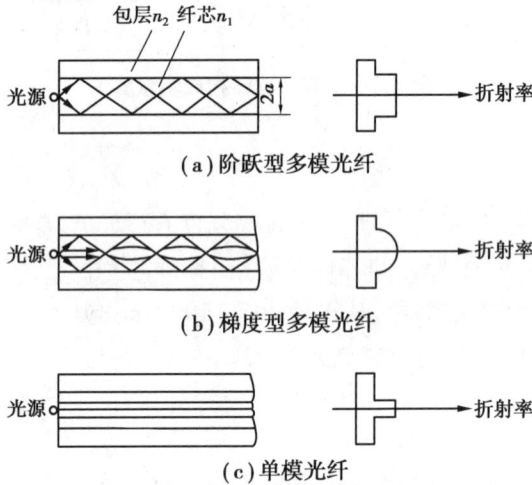

(a)阶跃型多模光纤

(b)梯度型多模光纤

(c)单模光纤

图9.3 光纤的种类和光传播形式

9.2 光的传输原理

9.2.1 光的全反射定律

光的全反射现象是研究光纤传光原理的基础。在几何光学中,当光线以较小的入射角 φ_1 ($\varphi_1 < \varphi_c$,φ_c 为临界角),由光密媒质(折射率为 n_1)射入光疏媒质(折射率为 n_2)时,一部分光线被反射,另一部分光线折射入光疏媒质,如图9.4(a)所示。折射角满足斯乃尔法则,即

$$n_1 \sin \varphi_1 = n_2 \sin \varphi_2 \qquad (9.1)$$

根据能量守恒定律,反射光与折射光的能量之和等于入射光的能量。

当逐渐加大入射角 φ_1,一直到 φ_c 时,折射光就会沿着界面传播,此时折射角 $\varphi_2 = 90°$,如图 9.4(b)所示,这时的入射角 $\varphi_1 = \varphi_c$,称为临界角,由下式决定

$$\sin \varphi_c = \frac{n_2}{n_1} \qquad (9.2)$$

当继续加大入射角 φ_1(即 $\varphi_1 > \varphi_c$)时,光不再产生折射,只有反射,形成光的全反射现象,如图 9.4(c)所示。

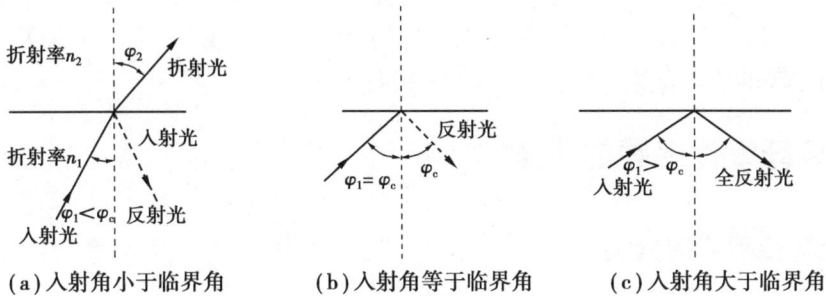

(a)入射角小于临界角　　　　(b)入射角等于临界角　　　　(c)入射角大于临界角

图 9.4　光线在临界面上发生的内反射示意图

9.2.2　光纤的传光原理

下面以阶跃型多模光纤为例来说明光纤的传光原理。

阶跃型多模光纤的基本结构如图 9.5 所示。设纤芯的折射率为 n_1,包层的折射率为 $n_2(n_1 > n_2)$。当光线从空气(折射率 n_0)中射入光纤的一个端面,并与其轴线的夹角为 θ_0,如图 9.5(a)所示,在光纤内折成 θ_1 角。然后以 $\varphi_1(\varphi_1 = 90° - \theta_1)$ 角入射到纤芯与包层的界面上。若入射角 φ_1 大于界角 φ_c,则入射的光线就能在界面上产生全反射,并在光纤内部以同样的角度反复逐次全反射地向前传播,直至从光纤的另一端射出。因光纤两端都处于同一媒质(空气)之中,所以出射角也为 θ_0。光纤即便弯曲,光也能沿着光纤传播。但是光纤过分弯曲,以致使光射至界面的入射角小于临界角,那么,大部分光将透过包层损失掉,从而不能在纤芯内部传播,如图 9.5(b)所示。

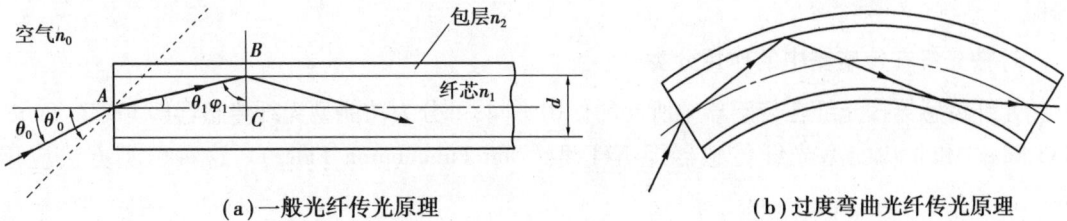

(a)一般光纤传光原理　　　　　　　　　(b)过度弯曲光纤传光原理

图 9.5　阶跃型多模光纤中子午光线的传播

从空气中射入光纤的光并不一定都在光纤中产生全反射。图 9.5(a)中所示的虚线表示入射角 θ_0' 过大,光线不能满足临界角要求(即 $\varphi_1 < \varphi_c$),这部分光线将穿透包层而逸出,称为漏

光。即使有少量光被反射回纤维内部,但经过多次这样的反射后,能量已基本上损耗掉,以致几乎没有光通过光纤传播出去。因此,只有在光纤端面一定入射角范围内的光线才能在光纤内部产生全反射而传播出去。能产生全反射的最大入射角可通过临界角定义求得。

引入光纤的数值孔径(NA)这个概念,则

$$\sin \theta_c = \frac{1}{n_0}\sqrt{n_1^2 - n_2^2} = NA \tag{9.3}$$

式中　n_0——光纤周围媒质的折射率。对于空气,$n_0 = 1$。

数值孔径是衡量光纤集光性能的一个主要参数,它决定了能被传播的光束的半孔径角的最大值 θ_c,反映了光纤的集光能力。它表示无论光源发射功率多大,只有 $2\theta_c$ 张角的光,才能被光纤接收、传播(全反射)。NA 数值越大,光纤的集光能力越强。光纤产品通常不给出折射率,而只给出 NA 的值。石英光纤的 $NA = 0.2 \sim 0.4$。

9.3　光导纤维传感器的类型

9.3.1　光纤传感器的分类

从广义上讲,凡是采用光导纤维的传感器均可称为光纤传感器,它是 20 世纪 70 年代末发展起来的一项新型传感技术。迄今为止,已经开发出来的光纤传感器可应用于位移、振动、转速、温度、压力、流量、浓度、pH 值等 70 多个参量的检测,具有广泛的应用潜力。

光纤传感器通常有以下 3 种分类方法。

1)按测量对象分类

按测量对象的不同,光纤传感器可分为光纤温度传感器、光纤浓度传感器、光纤电流传感器、光纤流速传感器等。

2)按光纤中光波调制的原理分类

光波在光纤中传输光信息,把被测物理量的变化转变为调制的光波,即可检测出被测物理量的变化。光波在本质上是一种电磁波,因此它具有光的强度、频率、相位、波长和偏振态 4 个参数。相应地,根据被调制参数的不同,光纤传感器可分为 5 类,即强度调制型光纤传感器、相位调制型光纤传感器、偏振调制型光纤传感器、频率调制型光纤传感器及波长调制型光纤传感器。

3)按光纤在传感器中的作用分类

光纤传感器按光纤在传感器中所起的作用不同,可分为功能型光纤传感器即 FF 型(Function Fiber)和非功能型光纤传感器即 NFF 型(Non Functionron Fider)。这种分类方法应用甚广。

9.3.2　功能型和非功能型光纤传感器

1)功能型光纤传感器

功能型光纤传感器主要使用单模光纤,它是利用对外界信息具有敏感能力和检测功能的

光纤,构成"传"和"感"合为一体的传感器,其原理结构如图9.6所示。在这类传感器中,光纤一方面起传光的作用;另一方面又是敏感元件。它是靠被测物理量调制或影响光纤的传输特性,把被测物理量的变化转变为调制的光信号。因此,这一类光纤传感器又可分为光强调

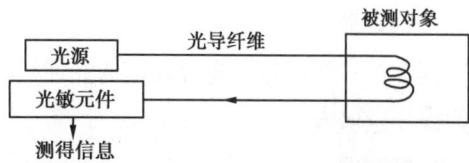

图9.6　功能型光纤传感器的原理结构图

制型、相位调制型、偏振态调制型和波长调制型。功能型光纤传感器的典型例子有:利用光纤在高电场下的泡克耳斯效应的光纤电压传感器、利用光纤法拉第效应的光纤电流传感器、利用光纤微弯效应的光纤位移(压力)传感器。光纤的输出端采用光敏元件,它所接受的光信号便是被测量调制后的信号,并使之转变为电信号。

由于光纤本身也是敏感元件,因此加长光纤的长度,可提高传感器的灵敏度。这类光纤传感器在技术上难度较大,结构比较复杂,调整也较困难。

2)非功能型光纤传感器

在非功能型光纤传感器中,光纤不是敏感元件,它只起到传递信号的作用。传感器信号的感受是利用光纤的端面或在两根光纤中间放置光学材料、机械式或光学式的敏感元件,感受被测物理量的变化。非功能型又可分为两种:一种是把敏感元件置于发送、接收的光纤中间,如图9.7所示,在被测对象参数作用下,或使敏感元件遮断光路,或使敏感元件的光穿透率发生某种变化。于是,受光的光敏元件所接受的光量,便成为被测对象参数调制后的信号。另一种是在光纤终端设置"敏感元件+发光元件"组合体,如图9.8所示,敏感元件感知被测对象参数的变化,并将其转变为电信号,输出给发光元件(如LED),最后光敏元件以发光二极管LED的发光强度作为测量所得的信息。

由于要求非功能型传感器能传输尽量多的光量,所以应采用多模光导纤维。NFF型传感器结构简单、可靠,且在技术上容易实现,便于推广应用。但其灵敏度比功能型传感器的低,测量精度也差些。

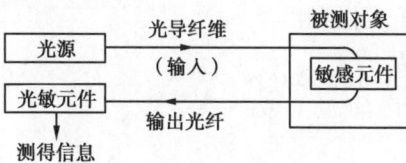

图9.7　非功能型光纤传感器敏感元件在中间原理结构图

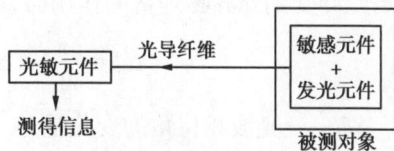

图9.8　非功能型光纤"敏感元件+发光元件"组合体原理结构图

9.3.3　光纤传感器的主要部件

1)光源

光源一般采用半导体光源或半导体激光器,如砷化镓发光二极管和激光器。激光器是一种新型光源,由于它具有许多突出的优点而被广泛地用于国防、科研、医疗及工业等许多领域中。

2)耦合器

耦合器的作用是使光源发出的光通量尽可能进入光纤。若用直接耦合(不用耦合器),则光的损耗会很大。

3)探测器

它通过耦合器接收光信号并将其转换为电信号,再使电信号经信号处理电路进行处理而输出。通常要求探测器具有灵敏度高、响应快、噪声低的特点。应注意光源、传输光纤和光电探测器三者之间的光谱匹配,对系统的工作特性有很大的影响。

4)连接器

它是用于光纤间对接的专门部件,通常是一个三维可调的精密机械机构,其目的是在尽可能减少光损失的条件下,实现光纤间的连接。

9.4 功能型光纤传感器

9.4.1 相位调制型光纤传感器

1)相位调制的原理

根据光纤中传导光的理论分析可知,当一束波长为 λ 的相干光在光纤中传播时,光波的相位角 ϕ 与光纤的长度 L、纤芯折射率 n_1 和纤芯直径 d 有关。若光纤受物理量的作用,将会使这 3 个参数发生不同程度的变化,从而引起光相移。一般来讲,光纤长度和折射率对光相位的影响大大超过光纤直径的影响,因此可忽略光纤直径引起的相位变化。由普通物理学知道,在一段长为 L 的单模光纤(纤芯折射率 n_1)中,波长为 λ 的输出光相对于输入端来说,其相位角 ϕ 为

$$\phi = \frac{2\pi n_1 L}{\lambda} \tag{9.4}$$

当光纤受到外界物理量的作用时,则光波的相位角变化为

$$\Delta\phi = \frac{2\pi}{\lambda}(n_1\Delta L + L\Delta n_1) = \frac{2\pi L}{\lambda}(n_1\varepsilon_L + \Delta n_1) \tag{9.5}$$

式中　$\Delta\phi$——光波相位角的变化量;

　　　λ——光波波长;

　　　L——光纤长度;

　　　n_1——光纤纤芯折射率;

　　　ΔL——光纤长度的变化量;

　　　Δn_1——光纤纤芯折射率的变化量;

　　　ε_L——光纤轴向应变,$\varepsilon_L = \dfrac{\Delta L}{L}$。

通过上述方法,就可应用光的相位检测技术测量出温度、压力、加速度、电流等物理量。

由于光的频率很高(约为 10^{14} Hz),光电探测器无法对这么高的频率作出响应,也就是说,

光电探测器不能跟踪以这么高的频率进行变化的瞬时值。因此,光波的相位变化是不能直接被检测到的。为了能检测光波的相位变化,就必须应用光学干涉测量技术将相位调制转换成振幅(强度)调制。通常,在光纤传感器中常采用干涉测量仪。

干涉测量仪的基本原理:光源的输出光都被分束器(棱镜或低损耗光纤耦合器)分成光功率相等的两束光(也有的分成几束光),并分别耦合到两根或几根光纤中去。在光纤的输出端再将这些分离光束汇合起来,输到一个光电探测器,这样在干涉仪中就可检测出相位调制信号。因此,相位调制型光纤传感器实际上为一光纤干涉仪,故又称为干涉型光纤传感器。

2)应用举例

下面将以干涉测量仪在压力及温度测量中的应用为例,介绍相位检测的原理。

如图9.9所示为利用干涉仪测量压力或温度的相位调制型光纤传感器原理图。激光器发出的一束相干光经过扩束以后,被分束棱镜分成两束光,并分别耦合到传感光纤和参考光纤中。传感光纤被置于被测对象的环境中,感受压力(或温度)的信号;参考光纤不感受被测物理量。这两根光纤(单模光纤)构成干涉仪的两个臂。当两臂的光程长大致相等(在光源相干长度内),那么来自两根光纤的光束经过准直和合成后将会产生干涉,并形成一系列明暗相间的干涉条纹。

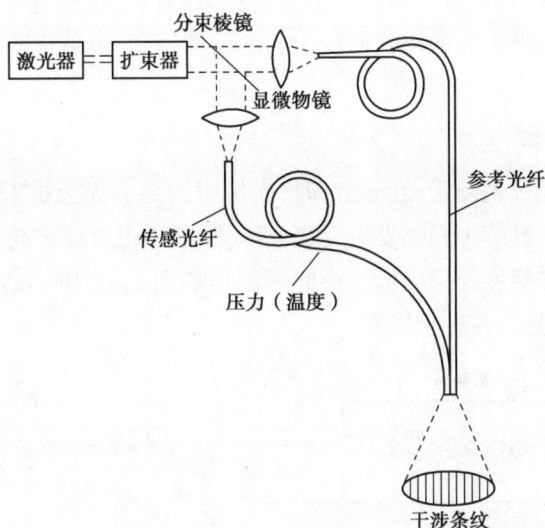

图9.9　测量压力或温度的相位调制型光纤传感器原理图

若传感光纤受物理量的作用,则光纤的长度、直径和折射率将会发生变化,但直径变化对光的相位变化影响不大。当传感光纤感受的温度变化时,光纤的折射率会发生变化,而且光纤的长度因热胀冷缩发生改变。

由式(9.5)可知,光纤的长度和折射率发生变化,将会引起传播光的相位角也发生变化。这样,传感光纤和参考光纤的两束输出光的相位也发生了变化。从而使合成光强随着相位的变化而变化(增强或减弱)。

如果在传感光纤和参考光纤的汇合端放置一个光电探测器,就可将合成光强的强弱变化转换成电信号大小的变化,如图9.10所示。

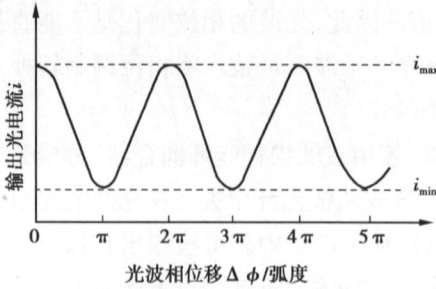

图 9.10　输出光电流与光相位变化的关系

由图 9.10 可知,在初始状态,传感光纤中的传播光与参考光纤中的传播光同相时,输出光电流最大。随着相位增加,光电流渐渐减小。相位移增加 π 弧度,光电流达到最小值。相位移继续增加到 2π 弧度时,光电流又上升到最大值。这样,光的相位调制便转换成电信号的幅值调制。对应相位变化 2π 弧度,移动一根干涉条纹。如果在两光纤的输出端用光电元件来扫描干涉条纹的移动,并转换成电信号,再经放大后输入记录仪,则从记录的移动条纹数就可检测出温度(或压力)信号。试验表明,检测温度的灵敏度要比检测压力的高得多。例如,1 m 长的石英光纤,温度变化 1 ℃,干涉条纹移动 17 条,而压力需变化 154 kPa,才移动一根干涉条纹。因而,加长光纤长度可提高灵敏度。

9.4.2　光强调制型光纤传感器

光强调制型光纤传感器的工作原理是利用外界因素改变光纤中光的强度,通过检测光纤中光强的变化来测量外界的被测参数,即强度调制。强度调制的特点是简单、可靠而经济。强度调制方式有多种,大致可分为以下几种:由光传播方向的改变引起的强度调制、由透射率改变引起的强度调制、由光纤中光的模式改变引起的强度调制、由吸收系数和折射率改变引起的强度调制。

1)微弯损耗光强调制

根据模态理论,当光纤轴向受力而微弯时,光纤中的部分光会折射到纤芯的包层中去,不产生全反射,这样将引起纤芯中光强发生变化。因此,可通过对纤芯或包层的能量变化来测量外界力,如应力、质量、加速度等物理量。由此可制作如图 9.11 所示的微弯损耗光强调制器,从而得到测量上述物理量的各种传感器。

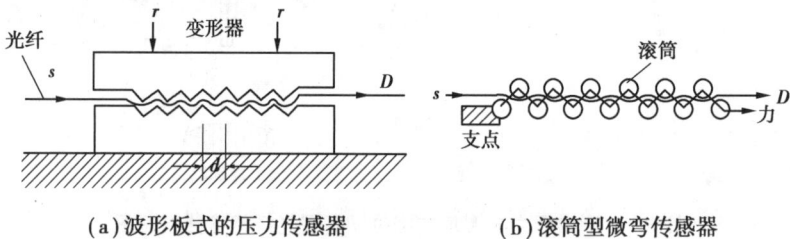

(a)波形板式的压力传感器　　　　　(b)滚筒型微弯传感器

图 9.11　微弯损耗光强调制器及其传感器

微弯光纤压力传感器由两块波形板或其他形状的变形器构成,其中一块活动,另一块固定。变形器一般采用有机合成材料(如尼龙、有机玻璃等)制成。一根光纤从一对变形器之间通过,当变形器的活动部分受到外界力的作用时,光纤将发生周期性微弯曲,引起传播光的散射损耗,使光在芯模中重新分配:一部分从纤芯耦合到包层;另一部分光反射回纤芯。当外界力增大时,泄漏到包层的散射光随之增大;相反,光纤纤芯的输出光强度减小。它们之间呈线性关系,如图 9.12 所示。由于光强度受到调制,通过检测泄漏到包层的散射光强或光纤纤芯透射光强度的变化能测出压力或位移的变化。

2)临界角光纤压力传感器

临界角光纤压力传感器也是一种光强调制型传感器。如图9.13所示,在一根单模光纤的端部切割(直接抛光)出一个反射面。切割角恰好小于临界角。临界角 φ_c 由纤芯折射率 n_1 和光纤端部介质的折射率 n_3 决定,即

$$\varphi_c = \arcsin \frac{n_2}{n_1} \tag{9.6}$$

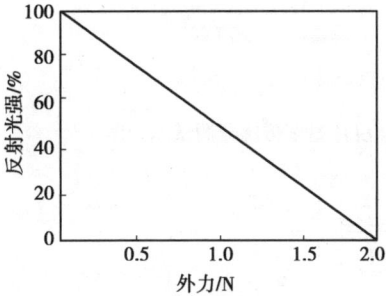

图9.12 纤芯透射光强度与外力的关系

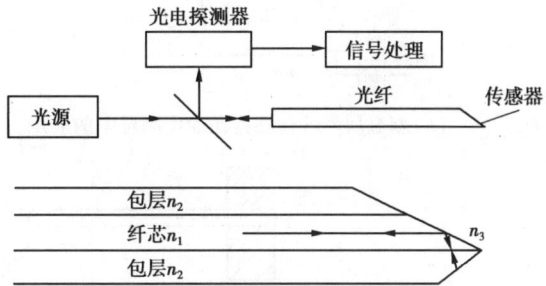

图9.13 临界角光强调制型光纤传感器

如果临界角不接近45°(要求周围介质是气体),那么就需要在端面再切割一个反射面。

入射光线在界面上的入射角是一定的。由于入射角小于临界角,一部分光折射入周围介质中;另一部分光则返回光纤。返回的反射光被分束器偏转到光电探测器而输出。

当被测介质压力(或温度)变化时,将使纤芯的折射率 n_1 和介质的折射率 n_3 发生不同程度的变化,引起临界角发生改变,返回纤芯的反射光强度也随之发生变化。

基于这一原理,有可能设计出一种微小探针型压力传感器。这种传感器的缺点是灵敏度较低;然而频率响应高、尺寸小却是它的独特优点。

9.5 非功能型光纤传感器

非功能型光纤传感器主要是光强调制型。按照敏感元件对光强调制的原理,又可分为传输光强调制型和反射光强调制型,这里主要介绍前者。

传输光强调制型光纤传感器一般在两根光纤(输入光纤和输出光纤)之间配置有机械式或光电式的敏感元件,它在物理量作用下调制传输光强,其方式有遮断光路和吸收光能量等。

9.5.1 遮断光路的光强调制型光纤传感器

如图9.14(a)所示为用双金属光纤温度传感器测量油库的温度的结构示意图。将双金属片固定在油库的壁上,用长光纤传输被温度调制的光信号,光信号经光电探测器转换成电信号,再经放大后输出。在两根光纤束之间的平行光位置上放置一个双金属片,便可进行温度检测,如图9.14(b)所示。双金属片是温度敏感元件,它由两种不同热膨胀系数的金属片(如膨胀系数极小的铁镍合金与黄铜或铁)贴合在一起,如图9.14(c)所示,当双金属片受热变形时,其端部将产生位移,位移量 x 由下式给出

$$x = \frac{kL^2 \Delta t}{n} \tag{9.7}$$

式中 Δt——温度变化量；

L——双金属片长度；

k——由两种金属热膨胀系数之差、弹性系数之比和厚宽比所确定的常数。

式(9.7)表明,温度与位移量之间呈线性关系。

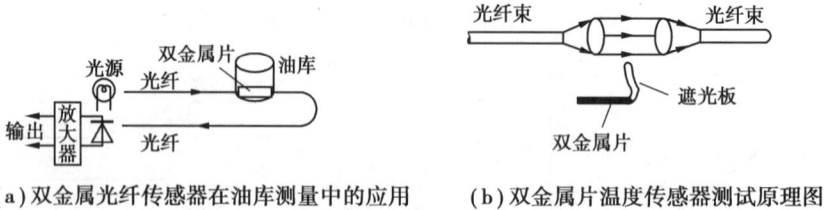

（a）双金属光纤传感器在油库测量中的应用　　（b）双金属片温度传感器测试原理图

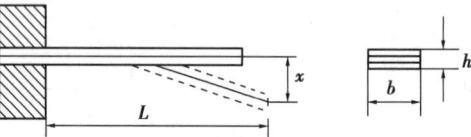

（c）双金属片受热引起位移

图9.14　用于油库的双金属片光纤温度传感器

当温度变化时,双金属片带动端部的遮光片在平行光中作垂直方向的位移,起遮光作用并使透过的光强度发生变化。光束的透射率为

$$T = \frac{I_T}{I_0} \times 100\% \tag{9.8}$$

式中 T——光透射率；

I_T——局部遮光时透射的光强；

I_0——不遮光时透射的光强。

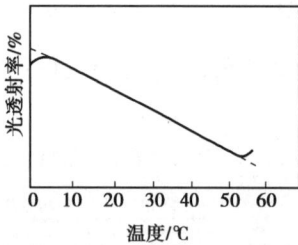

图9.15　光透射率与温度的关系

局部遮光时,透射到输出光纤中的光强与遮光的多少（即双金属片的位移量）有关。双金属片的位移量又随温度的增加而呈线性增加,因此,当温度增加时,光的透射率将近似地呈线性降低,如图9.15所示。

光电探测器的作用是将透射到输出光纤中的光信号转换成电信号,这样便能检测出温度。

由于光纤温度传感器的传感头不带电,因此,在诸如油库等易燃、易爆场合进行温度检测是特别适合的。

具有双金属片的光纤温度传感器,可以在10~50 ℃范围内进行较为精确的温度测量,光纤的传输距离可达5 000 m。

9.5.2　改变光纤相对位置的光强调制型光纤传感器

受抑全内反射光纤压力传感器是利用改变光纤轴向相对位置对光强进行调制的一个典型

例子。传感器有两根多模光纤：一根固定；另一根在压力作用下可以垂直位移，如图9.16所示。这两根光纤相对的端面被抛光，并与光纤轴线成一足够大的角度 θ，以便使光纤中传播的所有模式的光产生全内反射。当两根光纤充分靠近（中间约有几个波长距离的薄层空气）时，一部分光将透射入空气层并进入输出光纤。这种现象称为受抑全内反射现象，它类似于量子力学中的"隧道效应"或"势垒穿透"。当一根光纤相对另一根固定的光纤垂直移位距离 x 时，则两根光纤端面之间的距离变化 $x\sin\theta$。透射光强率便随距离发生变化。图9.17所示为光源波长 $\lambda=0.63\ \mu\mathrm{m}$，纤芯折射率 $n_1=1.48$，数值孔径 $N_A=0.2$，θ 角分别为 $52°,64°$ 和 $76°$ 时光纤相对透射光强率与光纤间隙之间的关系。由曲线可知，光强变化与间隙距离的变化呈非线性关系。

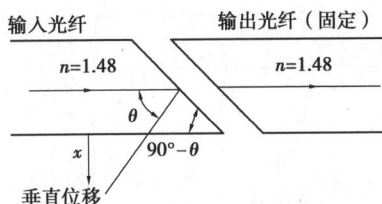

图9.16　受抑全内反射光纤压力传感器原理图

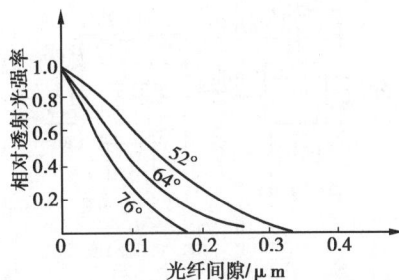

图9.17　透射光强与光纤间隙距离的关系

因此，在实际使用中应限制光纤的位移距离，使传感器工作在变化距离较小的一段线性范围内。从曲线还可以看出，θ 角越大，曲线的线性段斜率越大。所以为了使传感器获得较高的灵敏度，光纤端面的倾斜角（$90°-\theta$）要切割得较小。

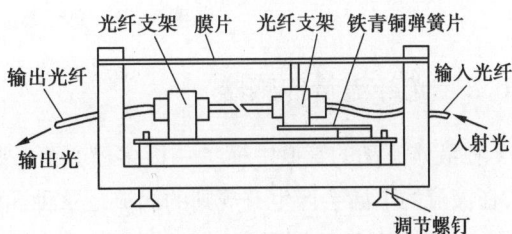

图9.18　受抑全内反射光纤压力传感器

如图9.18所示为基于受抑全内反射原理的光纤压力传感器原理图。一根光纤固定在支架上，另一根光纤通过支架安装在铍青铜弹簧片上。支架上端与膜片相连。当膜片受压力而挠曲并使可动光纤做垂直位移时，透射入输出光纤的光强被调制，经光电探测器转换成电信号，便能检测出压力信号。

9.6　光纤传感器的应用

9.6.1　光纤微位移测量传感器

如图9.19所示为测量微位移的 Y 形光纤传感器的原理示意图，其中一根光纤表示传输入射光线，另一根表示传输反射光线。传感器与被测物的反射面的距离在 $0\sim4.0$ mm 变化时，可通过测量显示电路将距离显示出来，测量显

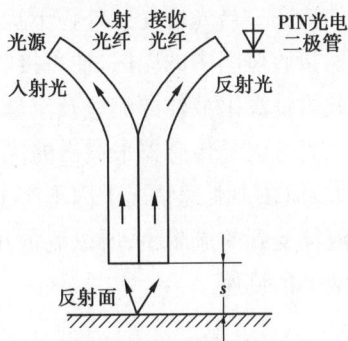

图9.19　Y 形光纤微位移传感器
原理示意图

示电路如图9.20所示。注意在测量时,光纤应与被测面垂直,图9.19中的光电二极管将光纤的光强信号(即被测的距离)转换成电流信号。在图9.20中,IC_1实现I/V转换,将反射光转换成电压输出,由于信号微弱,再经IC_2的电压放大,结果送入A/D转换器MC14433,A/D转换后的数字量经显示器输出。由IC_2放大的结果送入由IC_3和IC_4组成的峰值保持器(因为传感器的电流输出不是单值函数,达最大值时应予以报警),当IC_2达到最大输出电压时,电容C_M被充电,经比较器IC_5输出报警信号。发光二极管LED的亮与灭显示测量的近程与远程。

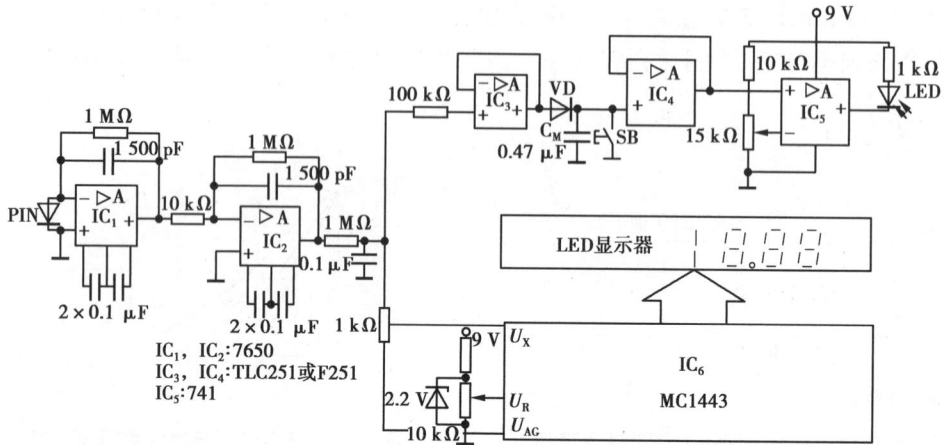

图9.20 光纤微位移传感器测量位移

9.6.2 光纤流量传感器

在液体流动的管道中横贯一根多模光纤(非流线体),如图9.21(a)所示,当液体流过光纤时,在液流的下游会产生有规则的涡流。这种涡流在光纤的两侧交替地离开,使光纤受到交变的作用力,光纤就会产生周期性振动。野外的电线在风吹下"嗡嗡"作响就是这种现象作用的结果。

光纤的振动频率与流体的流速和光纤的直径有关。在光纤直径一定时,其振动频率近似正比于流速,如图9.21(b)所示。光纤中的相干光是通过外界扰动(如振动)来进行相位调制的。在多模光纤中,作为众多模式干涉的结果,在光纤出射端可以观察到"亮""暗"无规则相间的斑图。当光纤受到外界干扰时,亮区和暗区的亮度将不断变化。如果用一个小型光电探测器接收斑图中的亮区,便可接收到光纤振动的信号,经过频谱仪分析便可检测出振动频率,由此可计算出液体的流速及流量。

光纤流量传感器最突出的优点是能在易爆、易燃的环境中安全可靠地工作。测量范围比较大,但在小流速情况下因不产生涡流,会使测量下限受到限制。此外,由于光纤的直径很小,使液体受到的流阻小,所以流量几乎不受影响。它不但能测透明液体的流速,而且还能测不透明液体的流速。

9.6.3 光纤图像传感器

光纤图像传感器是靠光纤传像来实现图像传输的,传像束由玻璃光纤按阵列排列而成。一根传像束一般由数万到几十万条直径为 10 ~ 20 μm 的光纤组成,每条光纤传输一个像素信

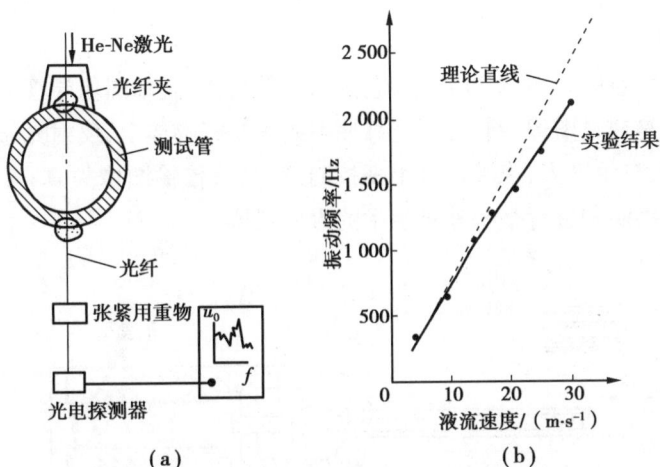

图 9.21 光纤流量传感器原理图

息,用传像束可以对图像进行传递、分解、合成和修正。传像束式的光纤图像传感器在医疗、工业、军事部门有着广泛的应用。

1)工业用内窥镜

在工业生产的某些过程中,经常需要检查系统内部结构状况,而这种结构由于各种原因不能打开或靠近观察,采用光纤图像传感器可解决这一难题。将探头事先放入系统内部,通过传像束的传输可在系统外部观察、监视系统内部情况,其工作原理如图 9.22 所示。该传感器主要由物镜、传像束、传光束、目镜或图像显示器等组成,光源发出的光通过传光束照射到待测物体上,照明视场,再由物镜成像,经传像束把待测物体的各像素传送到目镜或图像显示设备上,观察者便可对该图像进行分析处理。

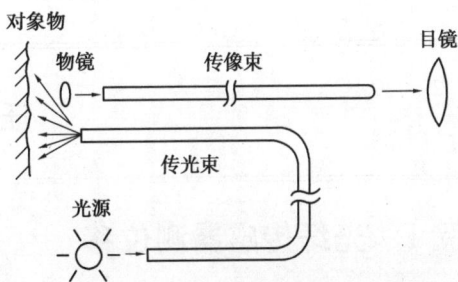

图 9.22 工业用内窥镜原理图

另一种结构形式如图 9.23 所示。被测物体内部结构的图像通过传像束送到 CCD 器件,这样把图像信号转换成电信号,送入微机进行处理,微机输出可以控制一伺服装置,实现跟踪扫描,其结果也可在屏幕上显示和打印。

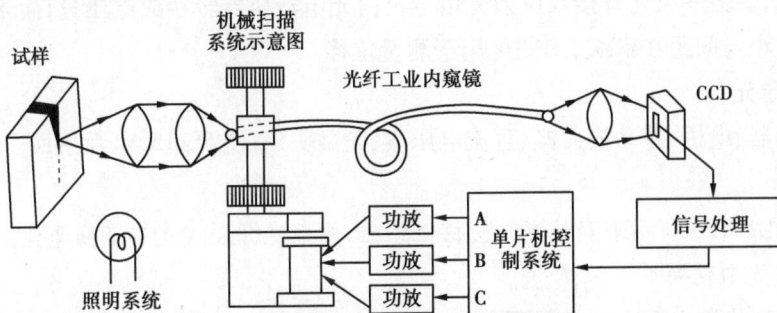

图 9.23 微机控制的工业内窥镜

2) 医用内窥镜

医用内窥镜的示意图如图 9.24 所示,它由末端的物镜、光纤图像导管、顶端的目镜和控制手柄组成。照明光是通过图像导管外层光纤照射到被观察物体上,反射光通过传像束输出。

由于光纤柔软,自由度大,末端通过手柄控制能偏转,传输图像失真小,因此,它是检查和诊断人体内各部位疾病和进行某些外科手术的重要仪器。

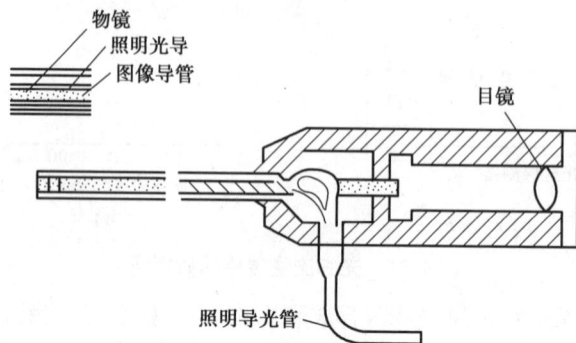

图 9.24　医用内窥镜示意图

任务实施

实验 1　光纤传感器测位移

[实验目的]

了解光纤位移传感器的工作原理及性能。

[基本原理]

本实验采用的是导光型多模光纤,它由两束光纤组成 Y 形光纤,探头为半圆分布,一束光纤端部与光源相接发射光束;另一束光纤端部与光电转换器相接接收光束。两光束混合后的端部是工作端亦即探头,它与被测体相距 X,由光源发出的光通过光纤传到端部射出后再经被测体反射回来,由另一束光纤接收反射光信号再由光电转换器转换成电压量,而光电转换器转换的电压量大小与间距 X 有关,因此可用于测量位移。

[需用器件与单元]

光纤传感器、电桥、差动放大器、直流电压表、测微头、直流源±15 V、反射面。

[实验步骤]

①根据如图 9.25 所示来安装光纤位移传感器,两束光纤插入光电变换座孔上。其内部已和发光管 D 及光电转换管 T 相接。

②将光电变换输出插座连入如图 9.26 所示的电路,差动放大器的输出端与直流电压表相连。

③在测微头顶端装上铁质圆片,作为反射面,调节测微头,使探头与反射平板轻微接触。

190

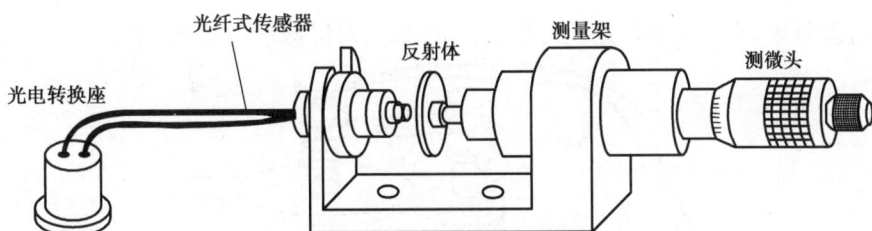

图9.25　光纤传感器安装示意图

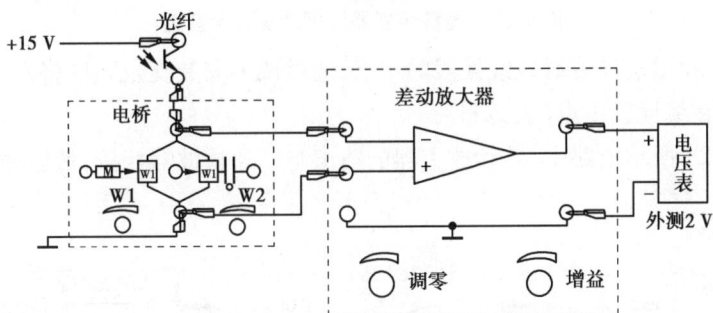

图9.26　光纤传感器位移实验接线图

④调差动放大器增益旋钮最大,调差动放大器调零旋钮使直流电压表显示为零。

⑤旋转测微头,被测体离开探头,每隔0.1 mm读出直流电压表值,将其填入表9.1中。

注:电压变化范围从0到最大再到最小必须记录完整。

表9.1　光纤位移传感器输出电压与位移数据

x/mm														
V/V														

⑥根据表9.1中的数据,作出光纤位移传感器的位移特性图,并加以分析计算出前波和后波的灵敏度及两波的非线性误差。

[思考题]

光纤位移传感器测位移时对被测体的表面有哪些要求?

实验2　光纤传感器测振动

[实验目的]

了解光纤位移传感器的动态特性。

[实验原理]

利用光纤位移传感器的位移特性和其高的频率响应,配以合适的测量电路即可测量振动。

[需用的器件与单元]

光纤位移传感器、电桥、差动放大器、振动源、低频振荡器、低通滤波器、示波器。

[**实验步骤**]

①根据如图9.27所示安装光纤传感器,光纤探头对准振动台的反射面。

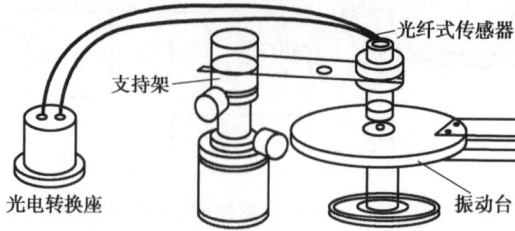

图9.27　光纤传感器测振动安装示意图

②手动调节,找出前波或后波线性段的中点,通过调节安装支架高度将光纤探头与振动台台面的距离调整在线性段中点(大致目测)。

③在如图9.28所示电路中,差动放大器的输出与低通滤波器相接,低通输出接到示波器。

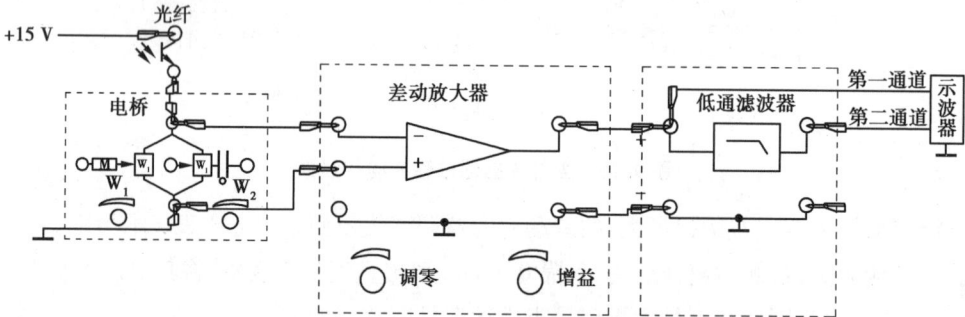

图9.28　光纤传感器振动实训接线图

④将低频振荡器幅度输出旋转到零,低频信号接到振动源输入。

⑤频率档选择6~10 Hz,逐步增大输出幅度,注意不能使振动台台面碰到传感器。保持振动幅度Z不变,改变振动频率,观察示波器波形及峰-峰值,保持振动频率不变,改变振动幅度(但不能碰撞光纤探头),观察示波器波形及峰-峰值。

[**思考题**]

试分析电容式、电涡流、光纤3种传器测量振动时的应用及特点。

任务小结

本任务主要介绍光纤的基本结构,以及光纤的传光原理及特性,并对光纤传感器的分类和特点进行了描述。

光纤传感器是将光源入射的光束经由光纤送入调制区,在调制区内,外界被测参数与进入调制区的光相互作用,使光的光学性质(如光的强度、波长、频率、相位、偏振态等)发生变化而成为被调制的信号光,再经光纤送入光敏器件、解调器而获得被测参数。光纤传感器分为两类:一类是利用光纤本身具有的某种敏感功能的FF型,简称功能型传感器;另一类是光纤仅起传输光的作用,必须在光纤端面加装其他敏感元件才能构成传感器的NFF型,简称非功能型传感器。

　　功能型光纤传感器主要使用单模光纤,此时光纤不仅起传光作用,而且还是敏感元件。功能型光纤传感器分为相位调制型、光强调制型和偏振态调制型 3 种类型。

　　非功能型光纤传感器中光纤不是敏感元件,它是利用在光纤的端面或在两根光纤中间放置光学材料、机械式或光学式的敏感元件,感受被测物理量的变化,使透射光或反射光强度随之发生变化。在这种情况下,光纤只是作为光的传输回路,因此,这种传感器也称为传输回路型光纤传感器。非功能型光纤传感器分为传输光强调制型和反射光强调制型两大类。

任务自测

　　1.说明光纤的组成和光纤传感器的分类,并分析传光原理。

　　2.光纤的数值孔径 NA 的物理意义是什么? NA 取值大小有哪些作用?

　　3.试计算 $n_1 = 1.46$,$n_2 = 1.45$ 的阶跃折射率光纤的数值孔径值? 如果外部媒质为空气($n_0 = 1$),求该种光纤的最大入射角。

　　4.说明光纤传感器的结构特点。

　　5.试分析和比较 FF 型和 NFF 型光纤传感器。

任务 10　数字式传感器

任务导航

前面所涉及的传感器均属于模拟式传感器(电阻式传感器、电容式传感器、电感式传感器、压电式传感器、磁电式传感器、热电偶传感器、光电传感器、霍尔传感器等)。这类传感器将诸如压变、压力、位移、温度、光、加速度等被测参数转变为电模拟量(如电流、电压)显示出来。因此,若要用数字显示,就要经过 A/D 转换,这不但增加了成本,且增加了系统的复杂性,降低了系统的可靠性和精确度。

若直接采用数字式传感器,则具有以下优点:精确度和分辨率高;抗干扰能力强,便于远距离传输;信号易于处理和存储;可以减少读数误差;稳定性好,易于与计算机接口等。因此,本任务学习几种常用数字式传感器的结构、原理,如光栅传感器、磁栅传感器、感应用步器、编码器、智能传感器等,并讨论它们在直线位移和角位移中测量、控制的应用。随着微型计算机的迅速发展和广泛应用,信号的检测、控制和处理已进入数字化时代。数字式传感器是测试技术、微电子技术与计算机技术相结合的产物,是传感器技术发展的重要方向之一。

任务目标

1.知识目标

(1)了解各种数字式传感器的分类、结构及特点;

(2)熟悉各种数字式传感器的测量转换电路;

(3)掌握各种数字式传感器的应用。

2.能力目标

(1)会正确操作传感检测技术综合实训台;

(2)会对实训数据进行分析;

(3)按操作规程进行操作,具有安全操作意识;

(4)能够正确按照电路要求对数字式传感器模块等进行正确接线,并调试;

(5)完成实训报告。

3.素质目标

(1)培养学生的协作意识和创新意识;

(2)培养学生严谨的工匠精神,科技报国的精神;

(3)知道岗位操作规程,具有安全操作意识。

相关知识

　　操作人员在用普通机床进行零件加工时,要控制进给量以保证零件的加工尺寸,如长度、高度、直径、角度及孔距,数字式传感器能直接检测直线位移和角位移,并能以数字形式显示;还可以使传统的游标卡尺、千分尺、高度尺等数显化,测量方便准确。数字式传感器种类繁多,应用范围极广,发展极为迅速。本任务选择其中典型的几种加以简单的介绍。

10.1　光栅数字式传感器

　　在一百多年前,人们就开始利用光栅的衍射现象,把光栅应用于光谱分析、测定光波的波长等方面。20 世纪 50 年代,人们利用光栅莫尔条纹现象,把光栅作为测量元件,开始应用于机床和计算仪器上。

　　由于光栅具有结构原理简单、计量精度高等优点,在国内外受到重视和推广。近年来我国设计、制造了很多形状的光栅传感器,成功地将其作为数控机床的位置检测元件,并用于高精度机床和仪器的精密定位或长度、速度、加速度、振动等方面的测量。

　　光栅种类很多,可分为物理光栅和计量光栅。物理光栅主要利用光的衍射现象,常用于光谱分析和光波波长测定,而在检测技术中常用的是计量光栅。计量光栅主要利用光的透射和反射现象,应用在长度测量和位移测量中,有很高的分辨力,可优于 $0.1~\mu m$ 。

10.1.1　光栅的种类

　　光栅的种类很多,若按工作原理可分为物理光栅和计量光栅两种,前者用于光谱仪器,作色散元件,后者主要用在精密测量和精密机械的自动控制中。而计量光栅按其用途可分为长光栅和圆光栅两类。计量光栅的分类如图 10.1 所示。

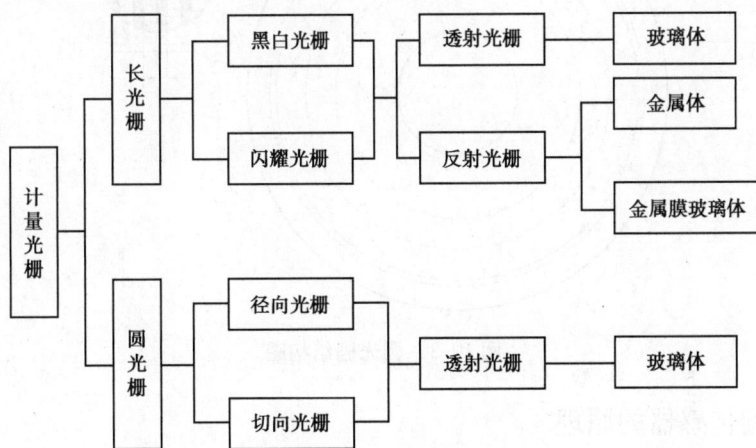

图 10.1　计量光栅的分类

1)长光栅

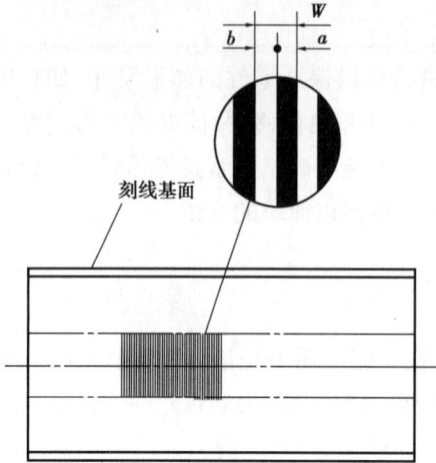

刻线基面

图 10.2　黑白透射长光栅

长光栅主要用于测量长度或直线位移,它的刻线相互平行,条纹密度有每毫米 25、50、100、250 条等。根据栅线形式的不同长光栅分为黑白光栅和闪耀光栅。黑白光栅是指只对入射光波的振幅或光强进行调制的光栅,故也称幅值光栅或振幅光栅。如图 10.2 所示的透射光栅就是黑白光栅的一种。闪耀光栅是对入射光波的相位进行调制,也称相位光栅。闪耀光栅的线槽断面分对称型和不对称型两种。根据光线的走向,长光栅又分为透射光栅和反射光栅。透射光栅是将栅线刻制在透明的玻璃上,反射光栅的栅线则刻制在具有强反射能力的金属(如不锈钢或玻璃镀金属膜)上。

2)圆光栅

圆光栅是把细条纹刻在玻璃圆盘上的光栅,也称光栅盘,主要利用光的透射现象,常用来测量角度或角位移。圆光栅的结构如图 10.3 所示。根据刻划的方向,可分为两种,一种是径向光栅,其栅线的延长线全部通过光栅盘的圆心;另一种是切向光栅,其全部栅线与一个和光栅盘同心的小圆相切,此小圆直径很小,只有零点几到几毫米,适用于精度要求较高的场合。径向光栅、切向光栅如图 10.4 所示。

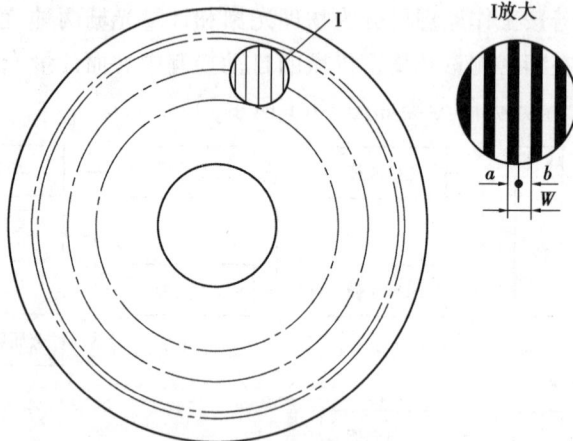

图 10.3　圆光栅结构图

10.1.2　光栅传感器的原理

把两块栅距相等的光栅(光栅 1、光栅 2)正面相对叠合在一起,中间留有很小的间隙,并使两者的栅线之间形成一个很小的夹角 θ,如图 10.5 所示,这样就可以看到在近于垂直栅线方向上出现明暗相间的条纹,这些条纹叫莫尔条纹。由图 10.5 可见,在 a-a 线上,两块光栅的

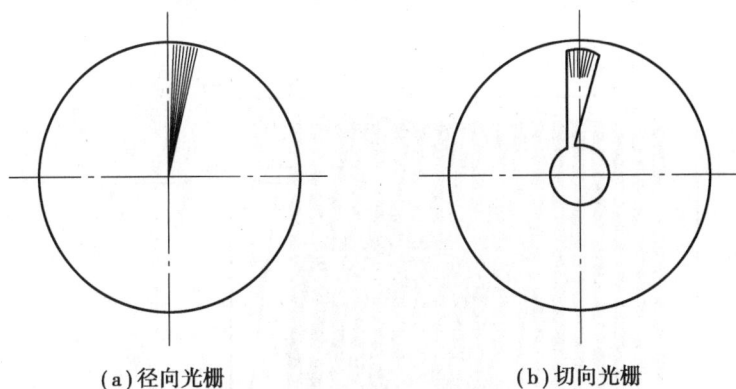

（a）径向光栅　　　　　　　　　　（b）切向光栅

图 10.4　径向光栅、切向光栅

栅线重合,透光面积最大,形成条纹的亮带,它是由一系列四棱形图案构成的;在 b-b 线上,两块光栅的栅线错开,形成条纹的暗带,它是由一些黑色叉线图案组成的。因此,莫尔条纹的形成是由两块光栅的遮光和透光效应形成的。

长光栅的横向莫尔条纹如图 10.5 所示。相邻的两明暗条纹之间的距离 B 称为莫尔条纹间距。

长光栅莫尔条纹间距为

$$B = \frac{W_1 W_2}{\sqrt{W_1^2 + W_2^2 - 2W_1 W_2 \cos \theta}} \tag{10.1}$$

式(10.1)中,W_1 为主光栅(也称标尺光栅)1 的光栅常数;W_2 为指示光栅 2 的光栅常数;θ 为两光栅栅线的夹角。

当光栅副(主光栅和指示光栅)间的夹角 θ 很小,且两光栅的栅距相等,都为 W 时,莫尔条纹间距 B 为

$$B = \frac{W}{2 \sin \dfrac{\theta}{2}} \approx \frac{W}{\theta} \tag{10.2}$$

由于 θ 值很小,条纹近似与栅线的方向垂直,故称为横向莫尔条纹。当 $\theta = 0$、$B = \infty$ 时,莫尔条纹随着主光栅明暗交替变化。这时的指示光栅相当于一个闸门的作用,故将这种条纹称为光闸莫尔条纹。

横向莫尔条纹具有如下几个重要特性。

①莫尔条纹运动与光栅运动具有对应关系。

在光栅副中,任一光栅沿着垂直于刻线方向移动时,莫尔条纹就沿着近似垂直于光栅移动方向运动。当光栅移动一个栅距时,莫尔条纹就移动一个条纹栅距;当光栅改变移动方向时,莫尔条纹也随之改变移动方向。两者运动方向是对应的。因此,可以通过测量莫尔条纹的移动量和移动方向判定光栅(或指示光栅)的位移量和位移方向。

②莫尔条纹具有位移放大作用。

由于 θ 值很小,从式(10.2)可以看出光栅具有放大作用,放大系数为

$$K = \frac{B}{W} \approx \frac{1}{\theta} \tag{10.3}$$

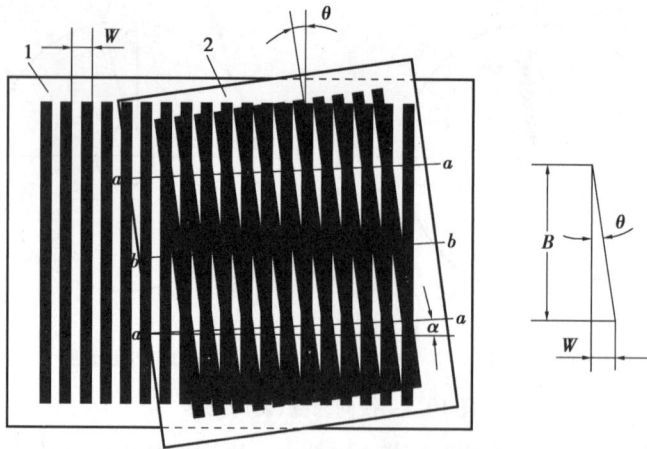

图 10.5　长光栅横向莫尔条纹

由于 θ 值很小，因而 K 值很大。虽然栅距 W 很小，很难观测到，但 B 却远大于 W，莫尔条纹明显可见，便于观测。例如，$W=0.02$ mm、$\theta=0.1°$，则 $B=11.45692$ mm，$K\approx573$。而用其他方法不易得到这样大的放大倍数。

③莫尔条纹具有平均光栅误差作用。

莫尔条纹是由一系列刻线的交点组成的。如果光栅栅距有误差，则各交点的连线将不是直线，而通过指示光栅的整个刻线区域，由光电元件接收到的是这个区域中所包含的所有刻线的综合结果。这个综合结果对各栅距起了平均作用。若假定单个栅距误差为 δ，形成莫尔条纹区域内有 n 条刻线，则综合栅距误差可近似为 $\Delta=\delta/\sqrt{n}$。这说明莫尔条纹位置的可靠性大为提高，从而提高了光栅传感器的测量精度。

10.1.3　光栅传感器的结构

光栅传感器作为一个完整的测量装置包括光栅读数头、光栅数显表两大部分。光栅读数头利用光栅原理把输入量（位移量）转换成相应的电信号；光栅数显表是实现细分、辨向和显示功能的电子系统。

1)光栅读数头

光栅读数头主要由标尺光栅、指示光栅、光路系统和光电元件等组成。标尺光栅的有效长度即为测量范围。指示光栅比标尺光栅短得多，但两者一般刻有同样的栅距，使用时两光栅互相重叠，两者之间有微小的空隙。标尺光栅一般固定在被测物体上，且随被测物体一起移动，其长度取决于测量范围，指示光栅相对于光电元件固定。光栅读数头的结构示意图如图 10.6 所示。

前面分析的莫尔条纹是一个明暗相间的带。从如图 10.5 所示看出，两条暗带中心线之间的光强变化是从最暗到渐暗，到渐亮，一直到最亮，又从最亮经渐亮到渐暗，再到最暗的渐变过程。主光栅移动一个栅距 W，光强变化一个周期，若用光电元件接收莫尔条纹移动时光强的变化，则将光信号转换为电信号，接近于正弦周期函数，如图 10.7 所示，如以电压输出，即

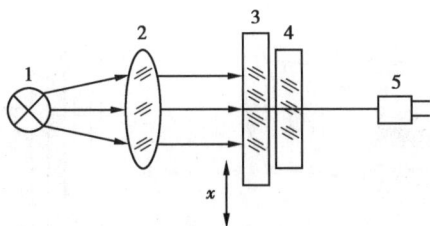

图 10.6　测量压力或温度的相位调制型光纤传感器原理图
1—光源;2—透镜;3—标尺光栅;4—指示光栅;5—光电元件

$$u_o = U_o + U_m \sin\left(\frac{\pi}{2} + \frac{2\pi x}{W}\right) \tag{10.4}$$

式中　u_o——光电元件输出的电压信号;

　　　U_o——输出信号中的平均直流分量;

　　　U_m——输出信号中正弦交流分量的幅值。

由式(10.4)可见,输出电压反映了位移量的大小。

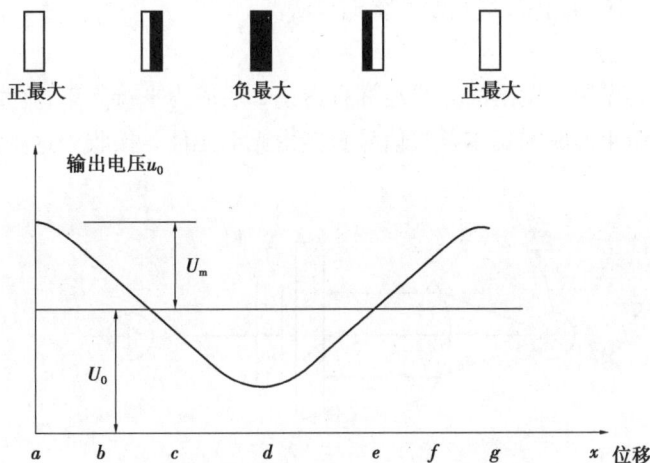

图 10.7　光栅位移与光强、输出电压的关系

2)光栅数显表

光栅读数头实现了将位移量由非电量转换为电量。位移是向量,因而对位移量的测量除了确定大小,还应确定其方向。为了辨别位移的方向,进一步提高测量的精度,以及实现数字显示的目的,必须把光栅读数头的输出信号送入数显表作进一步的处理。光栅数显表由整形放大电路、细分电路、辨向电路及数字显示电路等组成,如图10.8 所示。

10.1.4　光栅传感器的测量电路

由上述可知,光栅测量系统由机械部分的光栅光学系统和电子部分的细分、辨向、显示等电子系统组成。

1)光栅光学系统

光栅光学系统又称为光栅系统,是由照明系统、光栅副、光电接收系统组成;通常将照明系

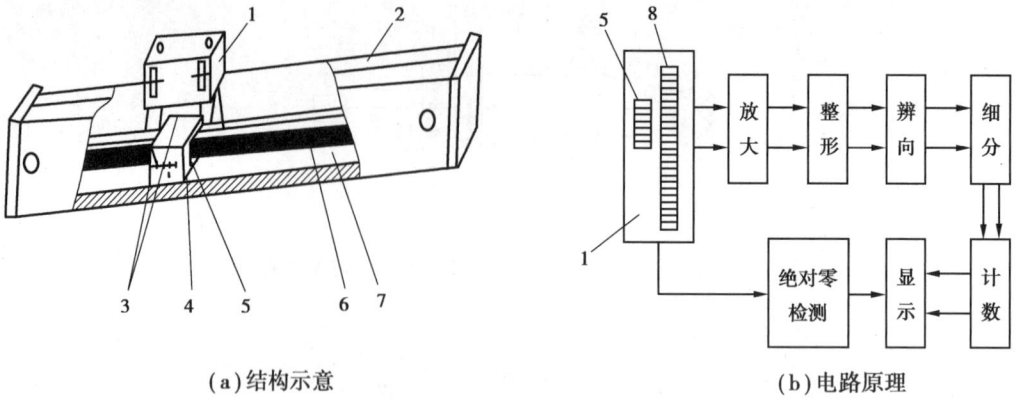

（a）结构示意　　　　　　　　　　（b）电路原理

图 10.8　光栅数显表图

1—读数头；2—壳体；3—发光接收线路板；4—指示光栅座；

5—指示光栅；6—光栅刻线；7—光栅尺；8—主光栅

统、指示光栅、光电接收系统（除标尺光栅外）组合在一起组成光栅读数头。从照明系统经光栅副到达光电接收系统的光路，是光栅系统的核心。

（1）垂直透射式光路

如图 10.9 所示，光源 1 发出的光线经准直透镜 2 后成为平行光束，垂直投射到光栅上，由主光栅 3 和指示光栅 4 形成的莫尔条纹信号直接由光电元件 5 接收。这种光路适用于粗栅距的黑白透射光栅。

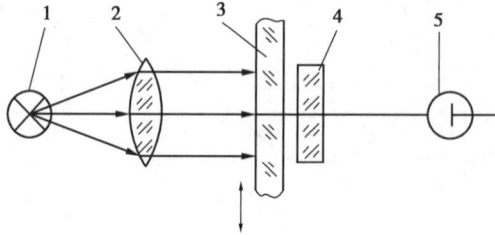

图 10.9　垂直透射光路光栅的工作原理图

1—光源；2—准直透镜；3—主光栅；4—指示光栅；5—光电元件

在实际使用中，为了判别主光栅移动的方向、补偿直流电子的漂移以及对光栅的栅距进行细分等，常采用四极硅光电池接收四相信号。这样，当主光栅移过一个栅距，即莫尔条纹移过一个条纹宽度时，四极硅光电池中的各极顺次发出相位分别为 0°、90°、180°、270°的四个输出信号。

垂直透射光路光栅的特点是结构简单、位置紧凑、调整使用方便，是目前应用比较广泛的一种光栅。

（2）透射分光式光路

透射分光式光路又称衍射光路，这种光路只适用于细栅距透射光栅，如图 10.10 所示。从光源 1 发出的光，经准直透镜 2 变为平行光，并以一定角度射向光栅，经过主光栅 3 和指示光栅 4 衍射后，有不同等级的衍射光出射，经透镜 5 聚焦，由光电元件 7 接收到一定衍射光的莫尔条纹信号。

光阑 6 的作用是选取一定宽度的衍射光带使光电元件有较大的输出信号。

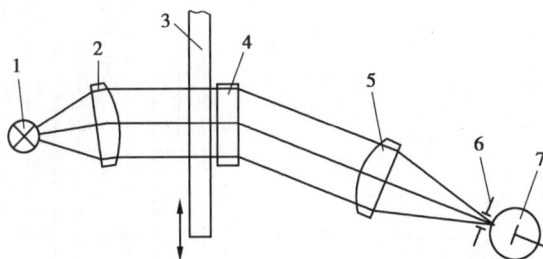

图 10.10　衍射光路光栅的工作原理图

1—光源;2—准直透镜;3—主光栅;4—指示光栅;5—透镜;6—光阑;7—光电元件

（3）反射式光路

如图 10.11 所示,此光路适合于粗栅距的黑白反射光栅。光源 6 经聚光镜 5 和场镜 3 后成为平行光束以一定角度射向指示光栅 2,经反射式主光栅 1 反射后形成莫尔条纹,经反光镜 4 和物镜 7 成像在光电元件 8 上。

（4）镜像式光路

这种光路如图 10.12 所示,它不设指示光栅。光源 1 发出的光线,经半透半反镜 2 和聚光镜 3 后成为平行光束,照射到主光栅 4 上,光栅上的栅线经物镜 5 和反射镜 6 又成像在主光栅上形成莫尔条纹,然后经半透半反镜 2 反射由光电元件 7 接收。

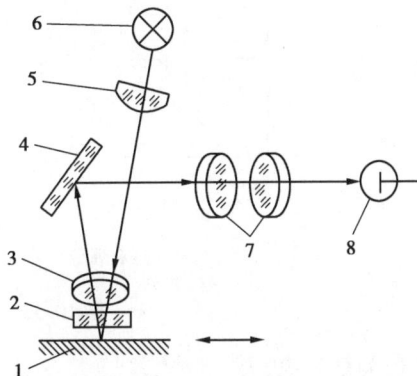

图 10.11　反射式光路光栅工作原理图

1—反射式主光栅;2—指示光栅;3—场镜;
4—反射镜;5—聚光镜;6—光源;
7—物镜;8—光电电池

这种光路不存在光栅间隙问题。同时,光学系统保证了光栅和光栅像按相反方向移动。因此,光栅移过半个栅距,莫尔条纹就变化一个周期,即灵敏度提高了一倍。

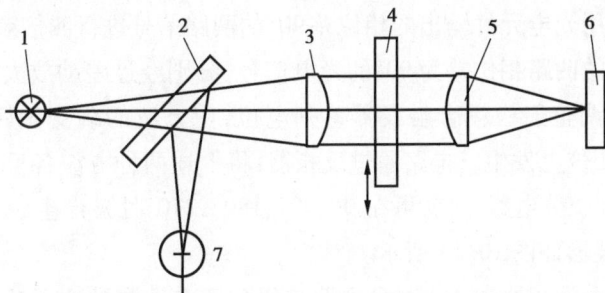

图 10.12　镜象式光栅工作原理图

1—光源;2—半透半反镜;3—聚光镜;4—主光栅;5—物镜;6—反射镜;7—光电元件

2）电子系统

电子系统是完成光电接收系统接收来的电信号的处理的部分,是由细分电路、辨向电路和显示系统组成的。

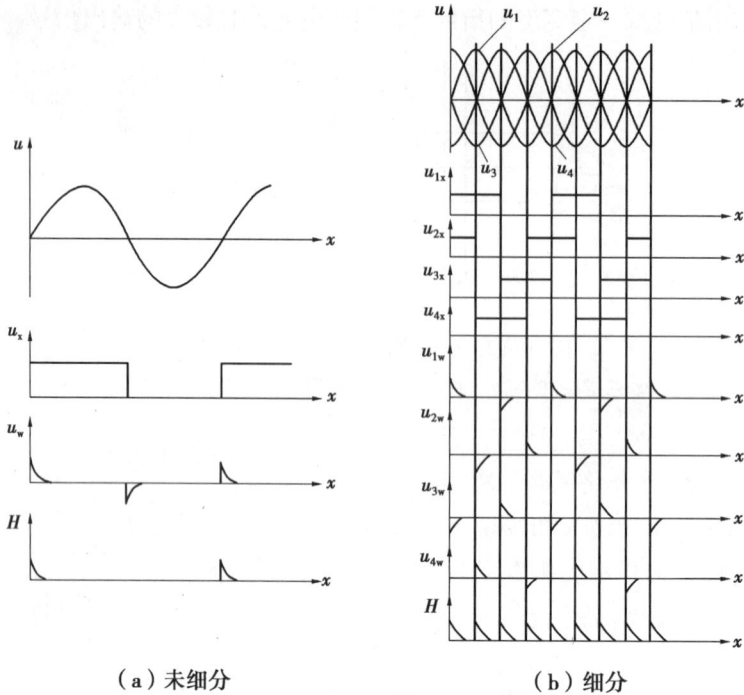

（a）未细分　　　　　　　　　　　　　（b）细分

图 10.13　未细分与细分的波形比较

（1）细分电路

随着对测量精度要求的提高,要求光栅具有较高的分辨率,减小光栅的栅距可以达到这一目的,但毕竟是有限的。为此,目前广泛地采用内插法把莫尔条纹间距进行细分。所谓细分,就是在莫尔条纹信号变化的一个周期内,给出若干个计数脉冲,减小了脉冲当量。由于细分后,计数脉冲的频率提高了,故又称为倍频。细分提高了光栅的分辨能力,提高了测量精度。

细分方法可分为机械细分和电子细分两大类,我们这里只讨论电子细分的几种方法。

①直接细分。

直接细分法是利用光电元件输出的相位差90°的两路信号进行四倍频细分,如图10.13所示。由光栅系统送来的两路相位差为90°的光电信号,分别经过差动放大,再由射级耦合触发器整形成两路方波。调整射极耦合触发器鉴别电位,使方波的跳变正好在光电信号的0°、90°、180°、270°四个相位上发生。电路通过反相器,将上述两种方波各反相一次,这样得到四路方波信号,分别加到微分电路上,就可在0°、90°、180°、270°处各产生一个脉冲（这里的微分电路是单向的）。其波形如图10.13所示。

上述中共用了两个反相器和四个微分电路来得到四个计数脉冲,实际上已把莫尔条纹一个周期的信号进行了四倍频（细分数 $n=4$）,把这些细分信号送到一个可逆计数器中进行计数,那么光栅的位移量就被转换成数字量了。

必须指出,因为光栅的移动有正、反两个方向,所以不能简单地把以上四个脉冲直接作为计数脉冲,而应该引入辨向电路。

这种方法的优点是对莫尔条纹信号波形要求不严格,电路简单,可用于静态和动态测量系统。但是其缺点也很明显：光电元件安放困难，细分数不能太高。

②电桥细分。

电阻电桥细分法（矢量和法）的基本原理可以用下面的电桥电路来说明。如图 10.14 所示，图中 e_1 和 e_2 分别为从光电元件得到的两个莫尔条纹信号电压值，其中，R_1 和 R_2 是桥臂电阻。

则有

$$U_{sc} = \frac{R_2}{R_1 + R_2}e_1 + \frac{R_1}{R_1 + R_2}e_2 \qquad (10.5)$$

如果电桥平衡，则必有 $U_{sc} = 0$，即

$$\frac{e_1}{R_1} + \frac{e_2}{R_2} = 0 \qquad (10.6)$$

已如前述，莫尔条纹信号是光栅位置状态的正弦函数，令 e_1 与 e_2 的相位差为 π/2，光栅在任意位置时，可以分别写成

$$e_1 = U_m \sin\theta; e_2 = U_m \cos\theta; \qquad (10.7)$$

则式（10.7）可以写成

$$\frac{\sin\theta}{\cos\theta} = \frac{R_1}{R_2} = \tan\theta \qquad (10.8)$$

从式（10.8）可见，选取不同的 R_1/R_2 值，就可以得到任意的 θ 值。虽然从式（10.7）看来，只有在第二和第四象限，才能满足式（10.6）等于零的条件。但是，实际上取正弦、余弦及其反相的四个信号，组合起来就可以在四个象限内都得到细分。也就是说通过选择 R_1 和 R_2 的阻值，可以得到任意的细分数。从式（10.7）可见，上述平衡条件是在 e_1 和 e_2 的幅值相等，位置相差 π/2 和信号与光栅位置有着严格的正弦函数关系要求下得出的。因此，它对莫尔条纹信号的波形，两个信号的正交关系，以及电路的稳定性都有严格的要求，否则会影响测量精度，带来一定的误差。

采用两个相位差的信号来进行测量和移相，在测量技术上获得广泛的应用。虽然在具体电路上不完全一样，但都是从这个基本原理出发的。

③电阻链细分。

电阻链细分实际上就是电桥细分，只是结构形式略有不同而已。它的差别是电阻链在取出信号点把总电阻分为两个电阻，而对于这两个电阻，依然是一个细分电桥。对于光电元件来说，电阻链细分是一个分压关系，其功率较小，但电阻阻值的调整比较困难。

图 10.14　电阻电桥细分法的电路

（2）辨向原理与电路

单个光电元件接收一固定点的莫尔条纹信号，只能判别明暗的变化而不能辨别莫尔条纹的移动方向，因而就不能判别运动零件的运动方向，以致不能正确测量位移。

如果能够在物体正向移动时，将得到的脉冲数累加，而物体反向移动时可从已累加的脉冲

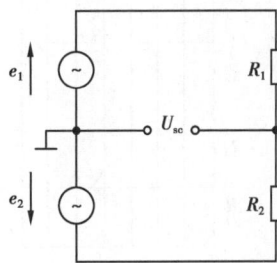

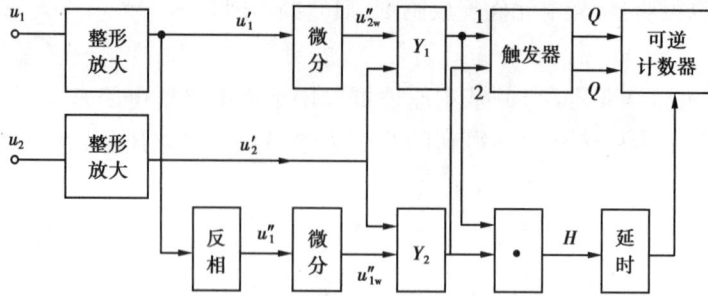

图 10.15　辨向电路原理图

数中减去反向移动的脉冲数,这样就能得到正确的测量结果。

如图 10.15 所示为辨向电路的原理方框图。可以在细分电路之后用"与"门和"或"门,将 0°、90°、180°、270°处产生的四个脉冲适当地进行逻辑组合,就能辨别出光栅的运动方向。

当光栅正向移动时产生的脉冲为加法脉冲,送到计数器中作加法计数;当光栅作反向移动时产生减法脉冲,送到计数器中作减法计数。这样计数器的计数结果才能正确地反映光栅副的相对位移量。辨向电路各点波形图如图 10.16 所示。

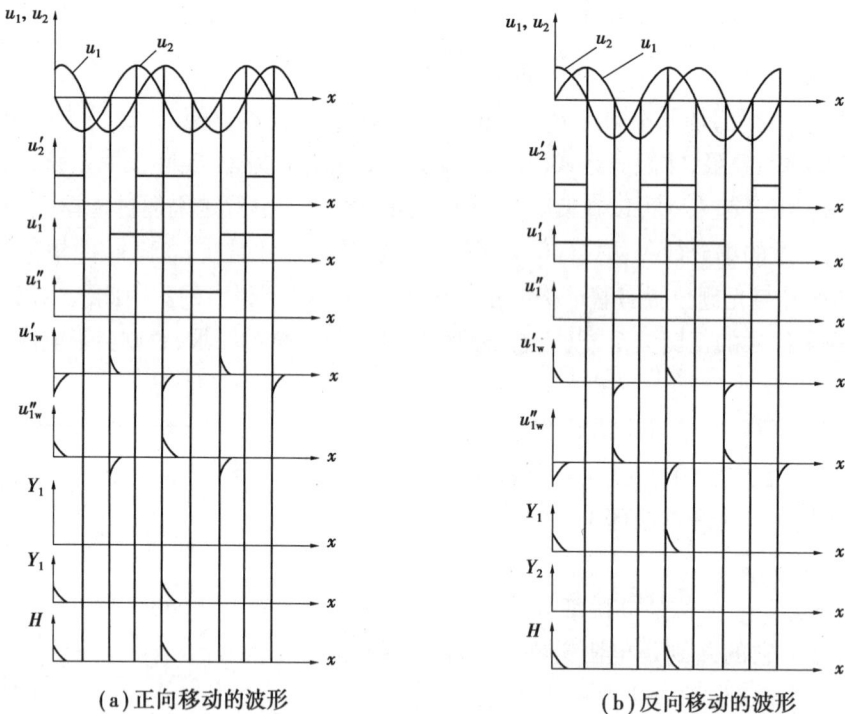

(a)正向移动的波形　　　　　　　(b)反向移动的波形

图 10.16　辨向电路各点波形图

10.1.5　光栅传感器的应用

1)光栅测量的特点

高精度:$0.2 \sim 0.4 \ \mu m/m$,仅次于激光;高分辨率:$0.1 \ \mu m$;大量程:可大于 1 m;抗干扰能

力强,可实现动态测量。

由于光栅具有测量精度高等一系列优点,若采用不锈钢反射式光栅,测量范围可达十几米,而且不需接长,信号抗干扰能力强,因此在国内外受到重视和推广,但必须注意防尘、防震问题。

光栅测量可以广泛地用于长度与角度的精密测量(如数控机床,测量机等),以及能变为位移的物理量(如振动、应力、应变等)。

2)三坐标测量机的传感检测系统

三坐标测量机的种类较多,性能各异,从不同角度可分成多种不同类型,但其构成框图多如图 10.17 所示。

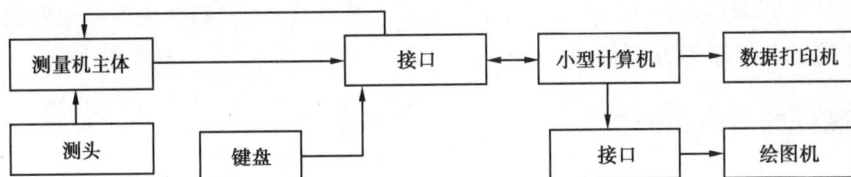

图 10.17　三坐标测量机构成框图

三坐标测量机是一种高效率的新型精密测量设备,近年来发展很快,已被广泛用于测量各种机械零件、模具等的形状尺寸、孔位、孔中心距以及各种形状的轮廓,由于计算机技术的发展和在三坐标测量机上的应用,三坐标测量机能测绘形状复杂的轮廓。

三坐标测量机由机械部分、计算机和三坐标机系统软件部分、测量系统、测量头(探头)及附件构成。其中,测量系统对三坐标机的测量精度、成本影响较大。测量系统种类很多,按其性质可分为机械式测量系统、光学式测量系统和电气式测量系统。

(1)机械式测量系统

一般采用精密丝杠和微分鼓读数系统。通过机电转换方式,可以把微分鼓的示值转换成电信号,示值为 $1 \sim 5~\mu m$。也可采用精密齿轮齿条啮合作为检测元件,在齿轮轴上装光栅盘,把齿条的位移量变成电信号,并送数字量计数器。机械式测量系统在现代坐标测量机上应用已经很少。

(2)光学式测量系统

最常见的是光栅测量系统。它是利用莫尔条纹原理检测坐标的移动量。由于光栅精度高,信号容易细分,因此,现代三坐标测量机,特别是计量型测量机,更多采用这种测量系统。使用中需保持清洁的工作环境。除光栅测量系统外,其他光学式测量系统尚有光学读数刻线尺、光电显微镜和金属刻尺、光学编码器、激光干涉仪等。

(3)电学式测量系统

最常见的是感应同步器测量系统和磁尺测量系统。感应同步器的特点是成本低,对环境的适应性强,不怕灰尘和油污,精度在 1 m 内通常可达 $10~\mu m$,常用于生产型三坐标测量机。磁尺也有容易制造、成本低、易安装等优点,其精度略低于感应同步器,在 600 mm 内约为 $\pm 10~\mu m$,在中、高精度三坐标测量机上应用较少。

10.2 磁栅数字式传感器

磁栅数字传感器是由磁栅(又名磁尺)与磁头组成,它是一种比较新型的传感元件。磁栅式传感器主要由磁栅和磁头组成。

磁栅上录有等间距的磁信号,它是利用磁带录音的原理将等节距的周期变化的电信号(正弦波或矩形波)用录磁的方法记录在磁性尺子或圆盘上而制成的。装有磁栅传感器的仪器或装置工作时,磁头相对于磁栅有一定的相对位置,在这个过程中,磁头把磁栅上的磁信号读出来,这样就把被测位置或位移转换成电信号。

与其他类型的检测元件相比较,磁栅传感器有制作工艺简单、复制方便、易于安装、调整方便、测量范围广(0.001 mm ~ 10 m)、不需要接长等一系列优点,因而在大型机床的数字检测和自动化机床的自动控制等方面得到广泛的应用。

10.2.1 磁栅的结构和种类

1)磁栅的结构

磁栅结构如图 10.18 所示,磁栅基体是用非导磁材料(如玻璃、磷青铜等)做成的,上面镀一层均匀的磁性薄膜(即磁粉,如 NiCo 或 Co-Fe 合金等),经过录磁,其磁信号排列情况如图 10.18 所示,要求录磁信号幅度均匀,幅度变化应小于 10% ,节距均匀。

目前,长磁栅常用的磁信号节距一般为 0.05 mm 和 0.02 mm 两种,圆磁栅的角节距一般为几分至几十分。

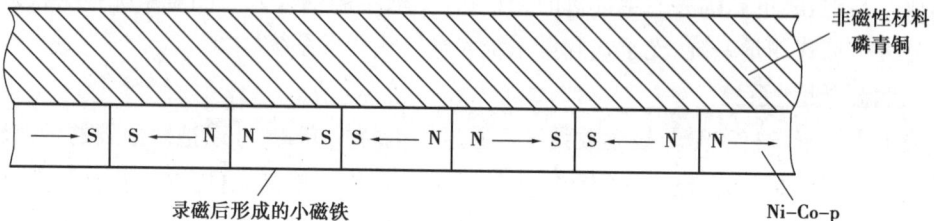

图 10.18　磁栅结构

磁栅基体要有良好的加工性能和电镀性能,其线膨胀系数应与被测件接近,基体也常用钢制作,然后用镀铜的方法解决隔磁问题,铜层厚度为 0.15 ~ 0.20 mm。长磁栅基体工作面平直度误差应不大于 0.005 ~ 0.01 mm/m,圆磁栅工作面不圆度应不大于 0.005 ~ 0.01 mm。粗糙度 Ra 在 0.16 μm 以下。

磁性薄膜的剩余磁感应强度 B_r 要大、矫顽力 H_c 要高、性能稳定、电镀均匀。目前,常用的磁性薄膜材料为镍钴磷合金,其中 $B_r = 0.7 ~ 0.8T, H_c = 6.37 \times 10^4 A/m$。薄膜厚度为 0.10 ~ 0.20 mm。

2)磁栅的种类

磁栅可分为长磁栅和圆磁栅两大类。前者用于测量直线位移,后者用于测量角位移。长磁栅又可分为尺型、带型和同轴型 3 种。如图 10.19 所示。

（1）长磁栅

一般常用尺型磁栅图。如图 10.19（a）所示，它是在一根不导磁材料（如铜或玻璃）制成的尺基上镀一层 Ni-Co-P 或 Ni-Co 磁性薄膜，然后录制而成。磁头一般用片簧机构固定在磁头架上，工作中磁头架沿磁尺的基准面运动，磁头不与磁尺接触。尺型磁栅主要用于精度要求较高的场合。

当量程较大或安装面不好安排时，可采用带型磁栅，如图 10.19（c）所示。带状磁尺是在一条宽约 20 mm、厚约 0.2 mm 的铜带上镀一层磁性薄膜，然后录制而成的。带状磁尺的录磁与工作均在张紧状态下进行。磁头在接触状态下读取信号，能在振动环境下正常工作。为了防止磁尺磨损，可在磁尺表面涂上一层几微米厚的保护层，调节张紧预变形量可在一定程度上补偿带状尺的累积误差与温度误差。

同轴型磁栅是在 Φ=2 mm 的青铜棒上电镀一层磁性薄膜，然后录制而成。磁头套在磁棒上工作，如图 10.19（b）所示，两者之间具有微小的间隙。由于磁棒的工作区被磁头围住，对周围的磁场起了很好的屏蔽作用，增强了它的抗干扰能力。这种磁栅传感器结构特别小巧，可用于结构紧凑的场合或小型测量装置中。

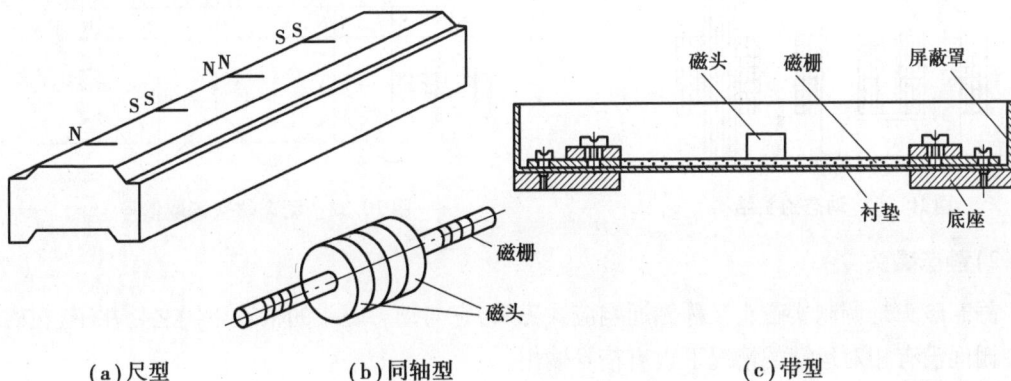

（a）尺型　　（b）同轴型　　（c）带型

图 10.19　几种长磁栅结构图

（2）圆磁栅

圆磁栅传感器如图 10.20 所示。磁盘 1 的圆柱面上的磁信号由磁头 2 读取，磁头与磁盘之间应有微小的间隙以避免磨损。

10.2.2　磁头的结构和种类

磁栅上的磁信号先由录磁头录好，然后由读磁头将磁信号读出。按读取信号的方式，读磁头可分为动态磁头与静态磁头两种。

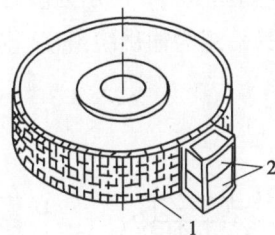

图 10.20　圆磁栅结构图
1—磁盘；2—磁头

1）动态磁头

动态磁头为非调制式磁头，又称为速度响应式磁头，它只有一组输出绕组，只有当磁头磁栅有相对运动时，才有信号输出。普通常见的录音机信号取出就属此类。

（1）动态磁头结构

如图 10.21 所示为动态读磁头的实例。磁芯材料由每片厚度为 0.2 mm 的铁镍合金（含 Ni80%）片叠成需要的厚度（如 3 mm-窄型、18 mm-宽型），前端放入 0.01 mm 厚度的铜片，后端磨光靠紧。线圈线径 $d=0.05$ mm，匝数 $N=(2×1\,000) \sim (2×1\,200)$，电感量约为 $L=4.5$ mH。

当磁头与磁栅之间以一定的速度相对移动时，由于电磁感应将在磁头线圈中产生感应电动势。当磁头与磁栅之间的相对运动速度不同时，输出感应电动势的大小也不同，静止时，就没有信号输出。因此，它不适合用于长度测量。

（2）动态磁头的信号读取

用此类磁头读取信号，如图 10.22 所示，图中 1 为动态磁头，2 为磁栅，3 为读出的正弦信号。此信号表明磁信号在 N、N 相重叠处为正的最强，磁信号在 S、S 相重叠处为负的最强。

如图 10.22 所示中 λ 为磁信号节距。由此当磁头沿着磁栅表面作相对位移时，就输出周期性的正弦电信号，若记下输出信号的周期数 n，就可以测量出位移量 $s=n\lambda$。

图 10.21　动态磁头结构

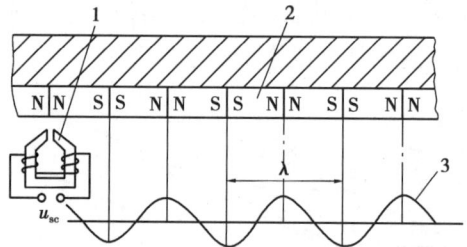

图 10.22　动态磁头读取信号

2）静态磁头

静态磁头是调制式磁头又称磁通响应式磁头，它与动态磁头的根本不同之处在于，在磁头和磁栅间没有相对运动的情况下也有信号输出。

（1）静态磁头结构

如图 10.23 所示为静态磁头结构。它有两组绕组，一组为励磁绕组，N_1 为 $4×15 \sim 4×20$ 匝，另一组为输出绕组，N_2 为 $100 \sim 200$ 匝，线径 $d_1=d_2=0.10$ mm，磁芯材料也是铁镍合金。

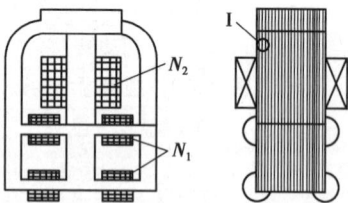

图 10.23　静态磁头结构

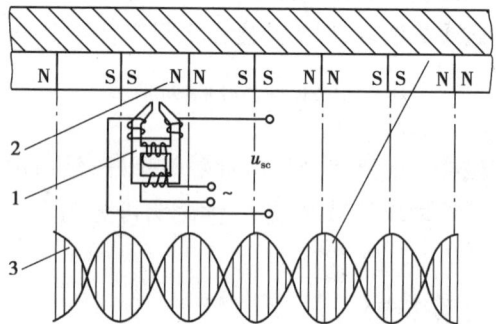

图 10.24　静态磁头读取信号原理

（2）静态磁头的信号读取

读取信号的原理如图 10.24 所示，图中 1 为静态磁头，2 为磁栅，3 为磁头读出信号。在静态磁头励磁绕组中通过交流励磁电流,使磁芯的可饱和部分(截面较小)在每周内两次被电流产生的磁场饱和,这时磁芯的磁阻很大,磁栅上的漏磁通不能由磁芯流过输出绕组而产生感应电动势。

只有在励磁电流每周两次过零时,可饱和磁芯不被饱和时,磁栅上的漏磁通才能流过输出绕组的磁芯而产生感应电动势,其频率为励磁电流频率的两倍,输出电压的幅值与进入磁芯漏磁通的大小成比例。

(3)多间隙静态磁头结构

为了增大输出,实际使用时,常将这种磁头多个串联起来做成一体,称为多间隙静态磁头,如图 10.25 所示就是多间隙静态磁头示例。

如图 10.25 所示,磁头铁心由 A、B、C、D 四种形状不同的铁镍合金片按 ABCBDBCBA…顺序叠合,每片厚度为 $W/4$ 。这样 AC 构成第一个分磁头,B 中的铜片起气隙作用,CD 构成第二个分磁头,DC 构成第三个分磁头,CA 构成第四个分磁头等。A、B、C、D 做成不同形状,为的是让它们只有在通过励磁线圈的铁心段时才能形成磁路。只有这样,才能使它们的铁心磁阻 R_T 受到励磁电流的调制。

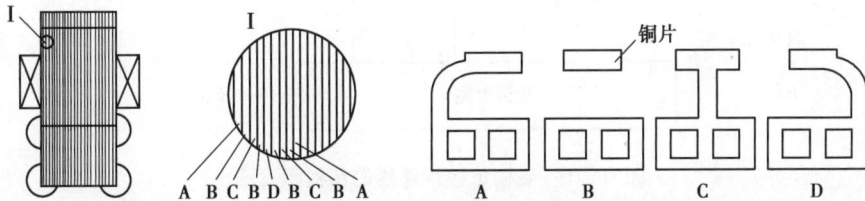

图 10.25　多间隙静态磁头

由于 A 与 C、C 与 D 各相距 $W/2$,对于磁栅磁场的基波成分,若 A 片对准 N 极,那么 C 片对准 S 极,D 片对准下一个 N 极,则进入铁心的漏磁通在 C 片的中部是互相加强的。输出线圈套在 C 片中部上,输出感应电动势得到加强。对于磁场的偶次谐波成分,A、C、D 等都对准同名极,铁心中没有磁通通过,这样就消除了偶次谐波的影响。

上述磁头结构能把基波成分叠加起来,因此气隙数 n 越大,输出信号也越大,这是多隙式磁头的特点。但 n 也不能太大,否则不仅会使体积加大,且叠片厚度的加工误差也将加大。因此常取 $n = 30 \sim 50$,同时还应限制叠片厚度的总误差不得超过 $\pm W/10$。

增加输出绕组的匝数 N_2 有利于增大输出信号。但 N_2 越大,外界电磁干扰引起的噪声电压也越大,一般取 N_2 为几百匝,使输出信号达到几十毫伏即可。

10.2.3　磁栅传感器的信号处理

根据磁栅和磁头相对移动时读出的磁栅上的信号的不同,所采用的信号处理方式也不同。

1)动态磁头

动态磁头利用磁栅与磁头之间以一定的速度相对移动而读出磁栅上的信号,将此信号进行处理后使用。例如,某些动态丝杠检查仪,就是利用动态磁头读取磁尺上的磁信号,作为长度基准,去同圆光栅盘(或磁盘)上读取的圆基准信号进行相位比较,以检测丝杠的精度。

动态磁头只有一组绕组,其输出信号为正弦波,信号的处理方法也比较简单,只要将输出信号放大整形,然后由计数器记录脉冲数 n,就可以测量出位移量的多少($s=n\lambda$)。但这种方法测量精度较低,而且不能判别移动方向。

2)静态磁头

静态磁头一般总是成对使用即用两个间距为 λ 的磁头,其中 n 为正整数,λ 为磁信号节距,也就是两个磁头布置成相位差90°的关系,如图10.26所示。

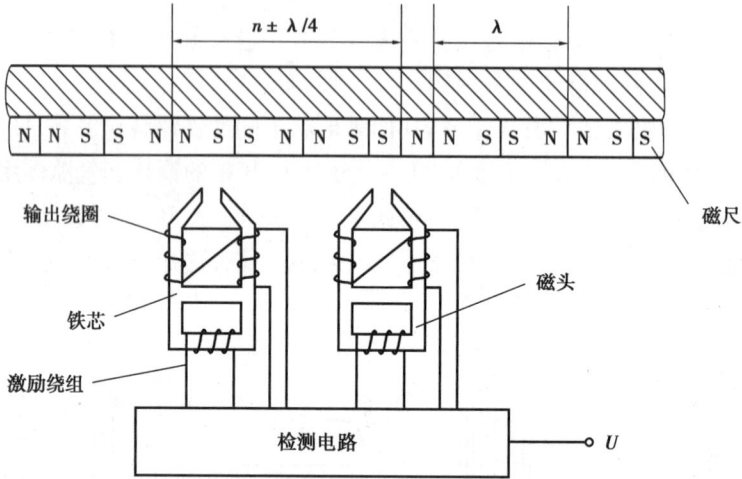

图10.26 磁栅位移传感器的结构示意图

其信号处理方式可分为鉴幅方式和鉴相方式两种。

(1)鉴幅方式

如图10.25所示的两个静态磁头(通常两个磁头做成一体的),它们的输出电压可表示为

$$u_1 = U_m \sin \frac{2\pi x}{\omega} \sin \omega t;$$

$$u_2 = U_m \cos \frac{2\pi x}{\omega} \sin \omega t$$

式中 U_m——磁头读出信号的幅值;

$\quad x$——位移;

$\quad \omega$——励磁电压角频率的两倍。

经检波器去掉高频载波后可得

$$u_1' = U_m \sin \frac{2\pi x}{\omega} x$$

$$u_2' = U_m \cos \frac{2\pi x}{\omega} x$$

两组磁头相对于磁尺每移动一个节距发出一个正弦和余弦信号,这两个电压相位差90°的信号经有关电路进行细分和辨向后输出计数。

可见,磁栅传感器经信号处理后可进行位置检测。这种方法的检测线路比较简单,但分辨率受到录磁节距 λ 的限制,若要提高分辨率就必须采用较复杂的倍频电路,故不常采用。

210

（2）鉴相方式

采用相位检测的精度可以大大高于录磁节距 λ，并可以通过提高内插脉冲频率以提高系统的分辨率。将第一个磁头的励磁电流移相45°或将其读出信号输出移相90°，则其输出变为

$$u_1 = U_m \sin \frac{2\pi x}{\omega} \cos \omega t$$

$$u_2 = U_m \cos \frac{2\pi x}{\omega} \sin \omega t$$

将两个磁头的输出用求和电路相加，则获得总输出

$$u = U_m \sin \left(\frac{2\pi x}{\omega} + \omega t \right)$$

由此可见，输出电压 u 的幅值恒定，而相位随磁头与磁尺的相对位置 x 变化而变，即相位与位移量 x 有关。只要鉴别出相移的大小，然后用有关电路进行细分与输出，读出输出信号的相位，就可确定磁头的位置，从而测量出位移量的多少。

10.2.4　磁栅传感器的应用

磁栅传感器测量系统都采用两个多间隙磁头来读出磁尺上的磁信号，如图 10.27 所示。双磁头间隔 $\lambda/4$ 安置，则两磁头的磁信号相位差 $\pi/4$，输出绕组输出相位差 $\pi/2$ 的两个正弦信号。

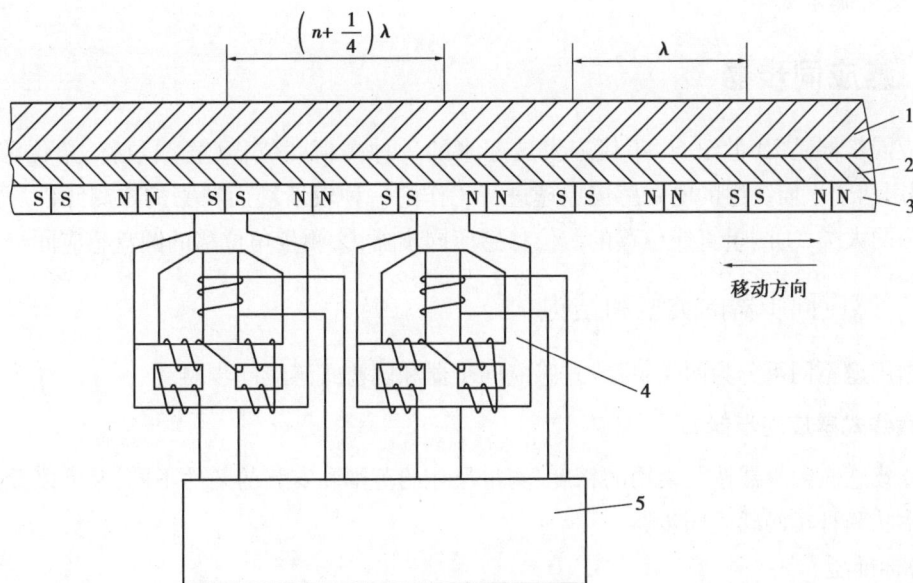

图 10.27　磁栅传感器测量系统图

$$e_{o1} = E_{O1} \sin \frac{2\pi x}{\lambda} \sin \omega t$$

$$e_{o2} = E_{O2} \cos \frac{2\pi x}{\lambda} \sin \omega t \tag{10.9}$$

式中　λ——磁尺磁信号的空间波长，又称磁信号节距；

x——磁头在一个波长 λ 内的位置状态;

ω——输出信号的频率,$\omega = 2\pi f$(激励信号频率为 $f/2$);

E_{01}、E_{02}——两输出信号的幅值,通过调整,可使 $E_{01} = E_{02} = E_0$。

若采用鉴幅方式,则先经检波去掉高频载波,得

$$e'_{o1} = E_0 \sin \frac{2\pi x}{\lambda}$$

$$e'_{o2} = E_0 \cos \frac{2\pi x}{\lambda} \tag{10.10}$$

再送相关电路进行细分、辨向后输出。

若采用鉴相方式,用两个相差 $\pi/4$ 的激磁信号激励,则输出信号为

$$e_{o1} = E_0 \sin \frac{2\pi x}{\lambda} \cos \omega t$$

$$e_{o2} = E_0 \cos \frac{2\pi x}{\lambda} \sin \omega t \tag{10.11}$$

将这两个信号经求和处理后,可得输出信号为

$$e_o = E_o \sin\left(\omega t - \frac{2\pi}{\lambda}x\right) \tag{10.12}$$

这是一个幅值不变、相位随磁头与磁栅相对位置 x 变化而变化的信号,利用鉴相电路测量出相位,便可确定 x。

10.3 感应同步器

感应同步器是 20 世纪 60 年代末发展起来的一种高精度位移(直线位移、角位移)传感器,是利用两个平面绕组的电磁感应原理进行工作的一种较新颖而精密的检测元件。按其用途可分为两大类:①测量直线位移的线位移感应同步器;②测量角位移的圆盘感应同步器。

10.3.1 感应同步器的类型和结构

根据用途不同可分为两类:直线式感应同步器和圆盘式感应同步器。

1)直线式感应同步器

直线式感应同步器按其使用的精度、测量尺寸的范围和安装的条件不同,又可以设计制造成不同形状和种类的感应同步器。

(1)标准型

标准型感应同步器又称为标准型直线式感应同步器,由定尺与滑尺组成,两尺基板上都印有绕组。定尺绕组是在尺上配置连续型绕组;滑尺绕组是由两组绕组(正弦和余弦绕组)构成。

(2)窄型

窄型直线式感应同步器结构与标准型感应同步器的结构基本相同,不同点是其狭窄一点,精度较低。

（3）带型

带型直线式感应同步器与标准型也基本相似,将绕组印刷在钢带上构成定尺,而滑尺像计算尺上的游标一样,可以跨在钢带上随溜板移动。

（4）三重型

三重型感应同步器其定滑尺均由粗、中、细三套绕组所构成。

2）圆盘式感应同步器

圆盘式感应同步器又称为旋转式感应同步器。把感应同步器做成两个具有相对运动的圆盘形状,其固定的圆盘称为定子,而转动的圆盘叫作转子。

10.3.2　感应同步器的工作原理

直线式感应同步器是应用电磁感应定律把位移量转换成电量的传感器。它的基本结构是两个平面形的矩形线圈,它们相当于变压器的初、次级绕组,通过两个绕组间的互感量随位置的变化来检测位移量。

1）载流线圈所产生的磁场

矩形载流线圈中通过直流电流 I 时的磁场分布示意图如图 10.28 所示。

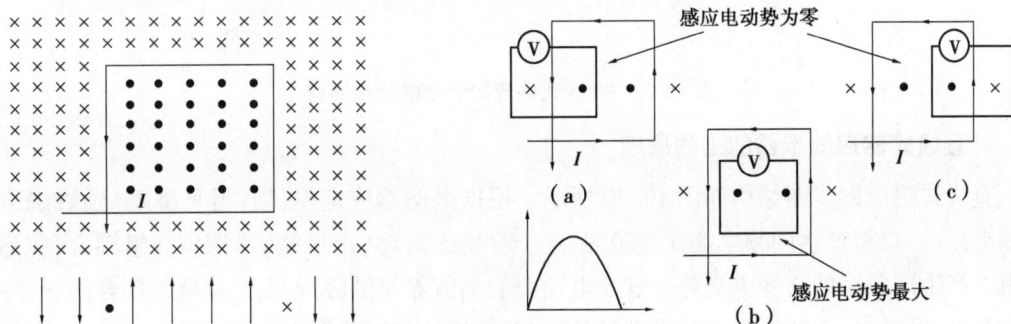

图 10.28　载流线圈所产生的磁场

线圈内外的磁场方向相反。使线圈中通过的电流为交流电流 $i(i=I\sin\omega t)$,并使一个与该线圈平行且闭合的探测线圈贴近这个载流线圈从左至右(或从右至左)移过,如图 10.28 所示。

在如图 10.28(a)、(c)所示的情况下,通过闭合探测线圈的磁通量和恒为零,故在探测线圈内感应出来的电动势为零;在如图 10.28(b)图所示的情况下,通过闭合探测线圈的(交变)磁通量最大,故在探测线圈内感应出来的交流电压也最大。

2）直线式感应同步器的基本结构

直线式感应同步器的绕组结构如图 10.29 所示。它由定尺和滑尺两部分组成。定尺和滑尺可利用印刷电路板的生产工艺,用覆铜板制成。

滑尺上有两个绕组,彼此相距 $\pi/2$ 或 $3\pi/4$ 。当定尺栅距为 W_2 时,滑尺上的两个绕组间的距离 L_1 应满足如下关系: $L_1=(n/2+1/4)W_2$ 。 $n=0$ 时相差 $\pi/2$, $n=1$ 时相差 $3\pi/4$, $n=2$ 时相差 $5\pi/4$ 。

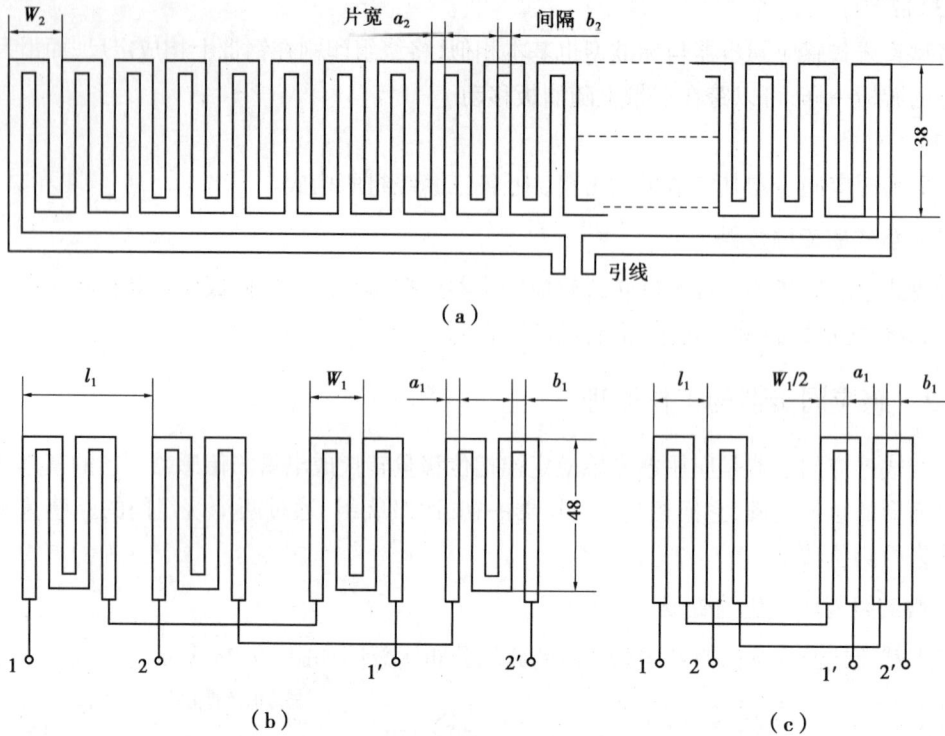

（a）

（b）　　　　　　　　　　　（c）

图 10.29　直线式感应同步器的绕组结构

3）直线式感应同步器的工作原理

直线式感应同步器结构如图 10.30 所示。根据电磁感应定律,当(滑尺绕组)励磁绕组被正弦电压励磁,将产生同频率的交变磁通,这个交变磁通与(定尺绕组)感应绕组耦合,在感应绕组上产生同频率的交变电动势。这个电动势的幅值除与励磁频率、感应绕组耦合的导体组、耦合长度、励磁电流、两绕组间隙有关外,还与两绕组的相对位置有关。

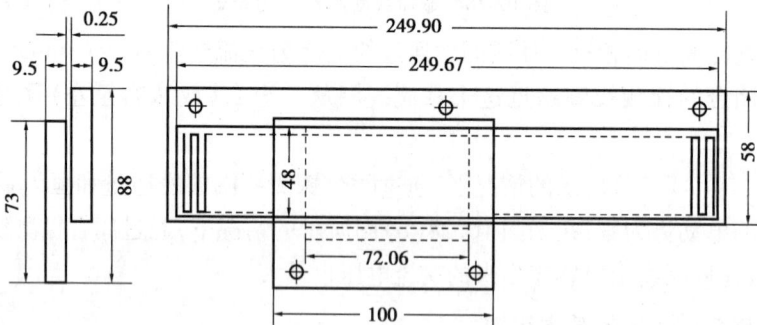

图 10.30　直线式感应同步器的结构

10.3.3　感应同步器的信号处理

对于由感应同步器组成的检测系统,可以采取不同的励磁方式,并对输出信号采取不同的处理方式。

从励磁方式来说,可分为:①滑尺励磁,由定尺输出感应电动势信号;②定尺励磁,由滑尺输出感应电动势信号。

根据对输出感应电动势信号的处理方式不同,可把感应同步器的检测系统分成相位工作状态和幅值工作状态,它们的特征是根据输出感应电动势的相位和幅值来进行处理。

鉴相处理:又称为相位处理,即根据输出感应电动势的相位来鉴别感应同步器定滑尺间相对位移量的方法。

鉴幅处理:根据感应电动势的幅值来鉴别位移。采用同频率、同相位、不同幅值的交流电压,对感应同步器滑尺两相绕组进行励磁,就可以根据定尺绕组输出感应电动势的幅值来鉴别定滑尺间的相对位移值,这就叫作感应同步器输出信号的鉴幅处理。

闭环系统:通过反馈补偿运动来使机床准确定位的系统。它还能消除开环系统中由步进电动机失步、传动丝杆螺距的误差和机床有关部分间隙等所造成的误差。

10.3.4　感应同步器的应用

如图 10.31 所示为感应同步器鉴相测量方式数字位移测量装置方框图。脉冲发生器输出频率一定的脉冲序列,经过脉冲—相位变换器进行 N 分频后,输出参考信号方波 θ_0 和指令信号方波 θ_1。参考信号方波 θ_0 经过激磁供电线路,转换成振幅和频率相同而相位差为 $90°$ 的正弦、余弦电压,给感应同步器滑尺的正弦、余弦绕组激磁。感应同步器定尺绕组中产生的感应电压,经放大和整形后成为反馈信号方波 θ_2。指令信号 θ_1 和反馈信号 θ_2 同时送给鉴相器,鉴相器既判断 θ_2 和 θ_1 相位差的大小,又判断指令信号 θ_1 的相位超前还是滞后于反馈信号 θ_2 的相位。

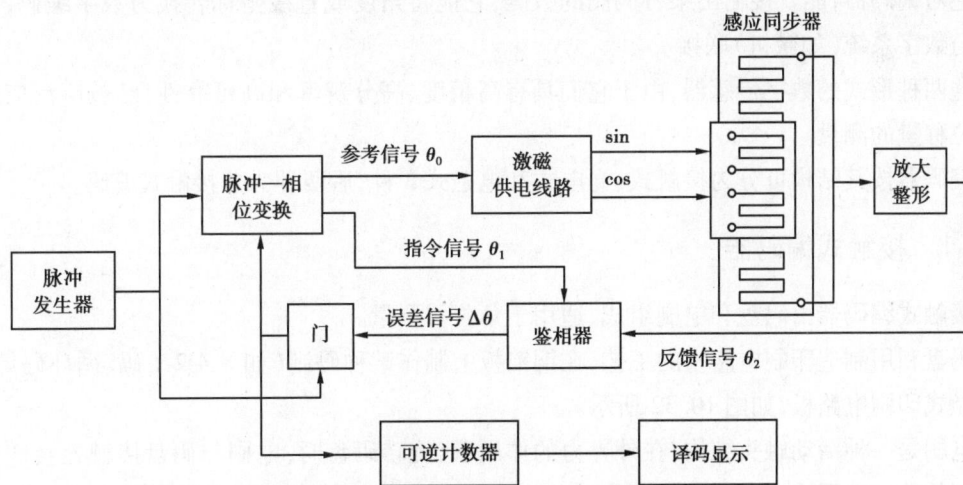

图 10.31　鉴相测量方式数字位移测量装置方框图

假定开始时 $\theta_1 = \theta_2$,当感应同步器的滑尺相对定尺平行移动时,将使定尺绕组中的感应电压的相位 θ_2(即反馈信号的相位)发生变化。此时 $\theta_1 \neq \theta_2$,由鉴相器判别之后,将有相位差 $\Delta\theta = \theta_2 - \theta_1$ 作为误差信号,由鉴相器输出给门电路。此误差信号 $\Delta\theta$ 控制门电路"开门"的时间,使门电路允许脉冲发生器产生的脉冲通过。通过门电路的脉冲,一方面送给可逆计数器去计数并显示出来;另一方面作为脉冲—相位变换器的输入脉冲。在此脉冲作用下,脉冲—相位变换器将修改指令信号的相位 θ_1,使 θ_1 随 θ_2 而变化。当 θ_1 再次与 θ_2 相等时,误差信号 $\Delta\theta=0$,从而门被关闭。当滑尺相对定尺继续移动时,又有 $\Delta\theta=\theta_2-\theta_1$ 作为误差信号去控制门电路的开启,门电路又有脉冲输出,供可逆计数器去计数和显示,并继续修改指令信号的相位 θ_1,使 θ_1 和 θ_2 在新的基础上达到 $\theta_1=\theta_2$。因此,在滑尺相对定尺连续不断地移动过程中,就可以实现把位移量准确地用可逆计数器计数和显示出来。

10.4 编码器

数字传感器有计数型和代码型两大类。计数型又称脉冲计数型,它可以是任何一种脉冲发生器,所发出的脉冲数与输入量成正比,加上计数器就可以对输入量进行计数。计数型传感器可用来检测通过输送带上的产品个数,也可用来检测执行机构的位移量,这时执行机构每移动一定距离或转动一定角度就会发出一个脉冲信号,例如,光栅检测器和增量式光电编码器就是如此。增量式光电编码器就是如此。

代码型传感器即绝对值式编码器,它输出的信号是二进制数字代码,每一代码相当于一个一定的输入量之值。代码的"1"为高电平,"0"为低电平,高低电平可用光电元件或机械式接触元件输出。通常被用来检测执行元件的位置或速度,如绝对值型光电编码器、接触型编码器等。

相对应的,数字编码器主要分为脉冲盘式(计数型)和码盘式(代码型)两大类:脉冲盘式编码器不能直接输出数字编码,需要增加有关数字电路才可能得到数字编码;码盘式编码器也称为绝对编码器,能直接输出某种码制的数码,它能将角度或直线坐标转换为数字编码,能方便地与数字系统(如微机)联接。

这两种形式的数字传感器,由于它们具有高精度、高分辨率和高可靠性,已被广泛应用于各种位移量的测量。

编码器按其结构可分为接触式、光电式和电磁式 3 种,后两种为非接触式编码。

10.4.1 接触式编码器

接触式编码器由码盘和电刷组成,适用于角位移测量。

码盘利用制造印刷电路板的工艺,在铜箔板上制作某种码制(如 8-4-2-1 码、循环码等)图形的盘式印刷电路板,如图 10.32 所示。

电刷是一种活动触头结构,在外界力的作用下,旋转码盘时,电刷与码盘接触处会产生某种码制的数字编码输出。下面以四位二进制码盘为例,说明其工作原理和结构。

涂黑处为导电区,将所有导电区连接到高电位("1");空白处为绝缘区,为低电位("0")。

四个电刷沿着某一径向安装,四位二进制码盘上有四圈码道,每个码道有一个电刷,电刷经电阻接地。当码盘转动一定角度后,电刷就输出一个数码;码盘转动一周,电刷就输出 16 种不同的四位二进制数码。

由此可知,二进制码盘所能分辨的旋转角度为 $\alpha=360/2n$,若 $n=4$,则 $\alpha=22.5°$。位数越

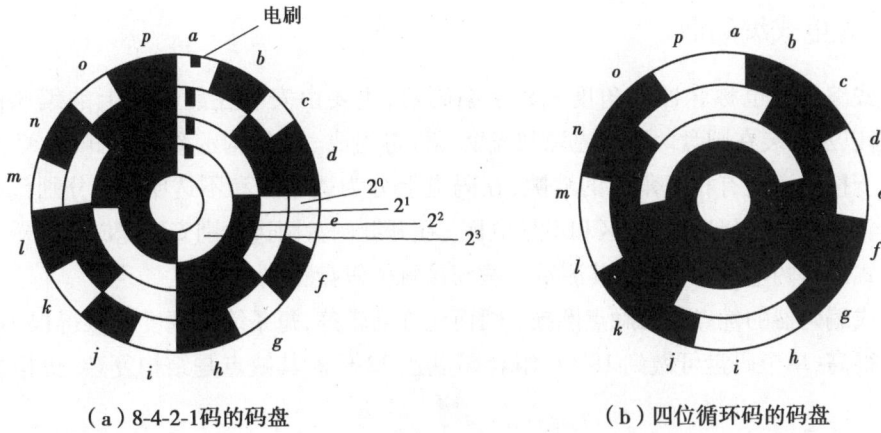

（a）8-4-2-1码的码盘   （b）四位循环码的码盘

图 10.32 接触式四位二进制码盘

多,可分辨的角度越小,若取 $n=8$,则 $\alpha=1.4°$ 。当然,可分辨的角度越小,对码盘和电刷的制作和安装要求越严格。当 n 多到一定位数后(一般为 $n>8$),这种接触式码盘将难以制作。电刷在不同位置时对应的数码,见表 10.1。

表 10.1 电刷在不同位置时对应的数码

角度	电刷位置	二进制码（B）	循环码（R）	十进制数
0	a	0000	0000	0
1α	b	0001	0001	1
2α	c	0010	0011	2
3α	d	0011	0010	3
4α	e	0100	0110	4
5α	f	0101	0111	5
6α	g	0110	0101	6
7α	h	0111	0100	7
8α	i	1000	1100	8
9α	j	1001	1101	9
10α	k	1010	1111	10
11α	l	1011	1110	11
12α	m	1100	1010	12
13α	n	1101	1011	13
14α	o	1110	1001	14
15α	p	1111	1000	15

10.4.2　光电式编码器

光电式编码器也称脉冲式角度—数字编码器,主要由安装在旋转轴上的编码圆盘(码盘)、窄缝以及安装在圆盘两边的光源和光敏元件等组成。其结构示意图如图10.33所示。在一个圆盘上按码道开有相等角距的缝隙,在码道上分为透明区和不透明区,分别代表"1"和"0",相当于接触式码盘的导电区和不导电区。在开缝圆盘两边分别安装光源及光敏元件,相当于接触式码盘的电源和电刷。其测量方法与接触式码盘相似。

光电式编码器的优点是无触点磨损,因而允许高转速;每条缝隙宽度可做得很小,故精度和分辨率很高,单个码盘可做到18位,组合码盘达22位。其缺点是结构复杂、价格昂贵、光源寿命短。

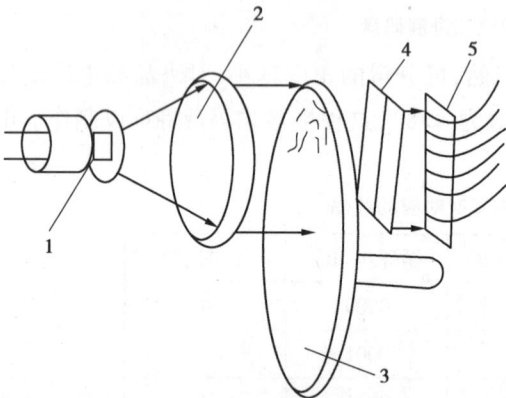

图 10.33　光电式编码器示意图

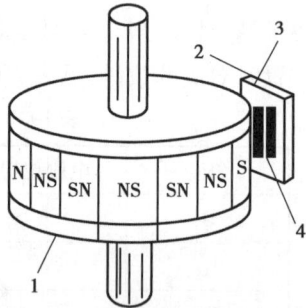

1—光源;2—透镜;3—码盘;4—窄缝;5—光电元件组

图 10.34　电磁式编码器示意图

1—磁鼓;2—气隙;3—磁敏传感部件;4—磁敏电阻

10.4.3　电磁式编码器

电磁式编码器是近几年发展起来的新型传感器。它主要由磁鼓与磁阻探头组成,它的构成示意图如图10.34所示。多极磁鼓常用的有两种:一种是塑磁磁鼓,在磁性材料中混入适当的黏合剂,注塑成形;另一种是在铝鼓外面覆盖一层黏结磁性材料而制成。多极磁鼓产生的空间磁场由磁鼓的大小和磁层厚度决定,磁阻探头由磁阻元件通过微细加工技术而制成,磁阻元件电阻值仅和电流方向成直角的磁场有关,而与电流平行的磁场无关。

电磁式编码器的码盘上按照一定的编码图形,做成磁化区(导磁率高)和非磁化区(导磁率低),采用小型磁环或微型马蹄形磁芯作磁头,磁环或磁头紧靠码盘,但又不与码盘表面接触。每个磁头上绕两组绕组,原边绕组用恒幅恒频的正弦信号激励,副边绕组用作输出信号,副边绕组感应码盘上的磁化信号转化为电信号,其感应电势与两绕组匝数比和整个磁路的磁导有关。当磁头对准磁化区时,磁路饱和,输出电压很低,如磁头对准非磁化区,它就类似于变压器,输出电压会很高,因此可以区分状态"1"和"0"。几个磁头同时输出,就形成了数码。

电磁式编码器精度高,寿命长,工作可靠,对环境条件要求较低,但成本较高。

10.4.4　编码器的应用

角编码器除能直接测量角位移或间接测量直线位移外,可用于数字测速、工位编码、伺服电机控制等。

1)数字测速

由于增量式角编码器的输出信号是脉冲形式,因此,可以通过测量脉冲频率或周期的方法来测量转速。角编码器可代替测速发电机的模拟测速,而成为数字测速装置。数字测速分为 M 法测速和 T 法测速。

(1)M 法测速

M 法测速适用于高转速场合,如图 10.35 所示。编码器每转产生 N 个脉冲,在 T 时间段内有 m_1 个脉冲产生,则转速(r/min)为 $n = 60\,m_1/(NT)$。

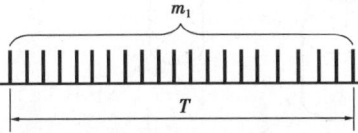

图 10.35　M 法测速　　　　图 10.36　T 法测速

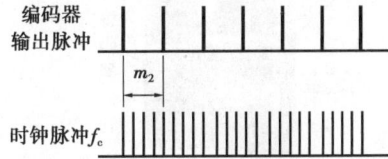

(2)T 法测速

T 法测速适用于低转速场合,如图 10.36 所示。编码器每转产生 N 个脉冲,用已知频率 f_c 作为时钟,填充到编码器输出的两个相邻脉冲之间的脉冲数为 m_2,则转速(r/min)为 $n = 60f_c/(Nm_2)$。

2)编码器在伺服电机中的应用

利用编码器测量伺服电机的转速、转角,并通过伺服控制系统控制其各种运行参数。例如,通过 F/V 转换电路提供速度反馈信号进行转速测量,通过转子磁极位置测量进行传动系统的角位移测量,如图 10.37 所示。

3)工位编码

由于绝对式编码器每一转角位置均有一个固定的编码输出,若编码器与转盘同轴相连,则转盘上每一工位安装的被加工工件均可以有一个编码相对应,转盘工位编码如图 10.38 所示。当转盘上某一工位转到加工点时,该工位对应的编码由编码器输出给控制系统。

例如,要使处于工位 4 上的工件转到加工点等待钻孔加工,计算机就控制电动机通过带轮带动转盘逆时针旋转。与此同时,绝对式编码器(假设为 4 码道)输出的编码不断变化。设工位 1 的绝对二进制码为 0000,当输出从工位 3 的 0100 变为 0110 时,表示转盘已将工位 4 转到加工点,电动机停转。

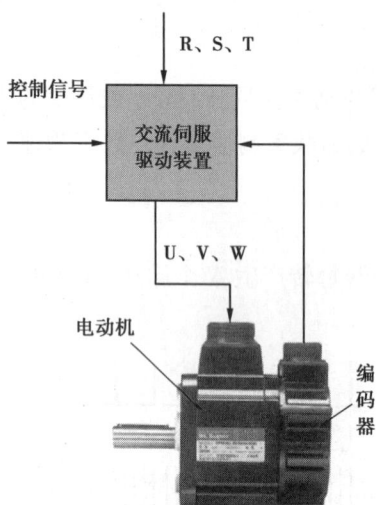

图 10.37　编码器测量伺服电机的转速

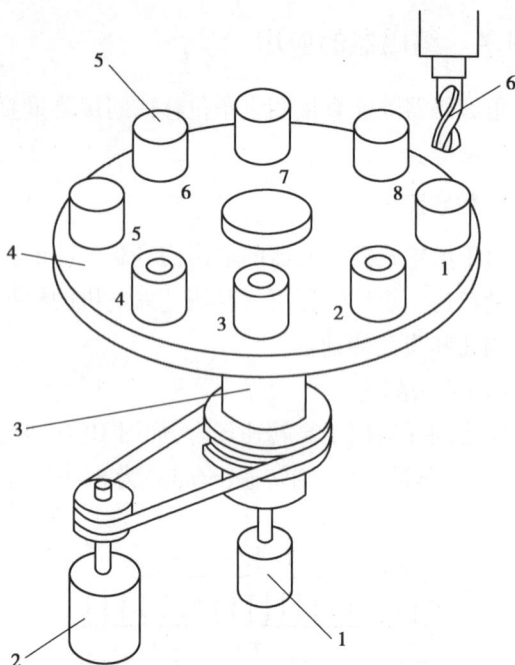

图 10.38　编码器在定位加工中的应用

1—绝对式编码器;2—电动机;3—转轴;

4—转盘;5—工件;6—刀具

10.5　智能传感器

智能传感器是具有信息处理功能的传感器,它带有微处理器,具有采集、处理、交换信息的能力,是传感器集成化与微处理器相结合的产物。智能制造把智能传感器引入工业生产中,利用它独有的数据采集能力优势打造高度自动化的生产模式。

10.5.1　智能传感器的结构

智能传感器中的微处理器可以对传感器的测量数据进行计算、存储和处理,也可以通过反馈回路对传感器进行调节。不仅如此,微处理器还可以使智能传感器具有双向通信功能,能通过工业以太网接口或无线接口,将测量的数据上传至传感器网络或现场工业网络中,从而实现数据的远端监控和校准等功能,如图 10.39 所示。

10.5.2　智能传感器的实现方式

智能传感器的实现方式包括以下 3 种。

(1)非集成化实现

非集成化实现是将传统传感器、信号调理电路以及具有数据总线接口的微处理器组合为一个整体而构成的一个智能传感器系统。非集成式智能传感器是对传统传感器的二次包装和开发,其结构一般如图 10.40 所示。

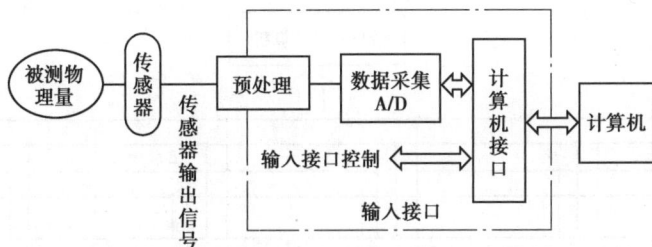

图 10.39 智能传感器的基本结构框图

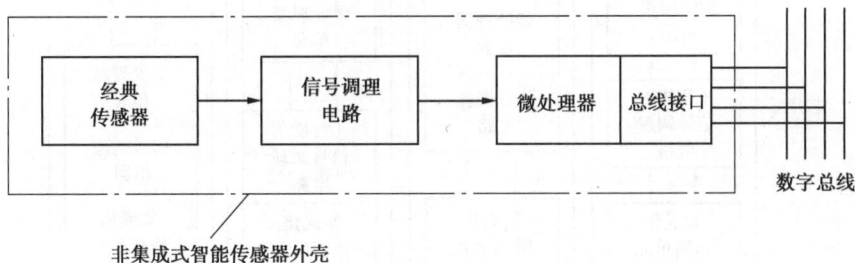

图 10.40 非集成化实现结构图

（2）集成化实现

集成化实现是指借助半导体技术，将传感器部分与信号放大调理电路、接口电路和微处理器单元等制作在一块芯片上，因此又可称为集成智能传感器。其结构如图 10.41 所示。

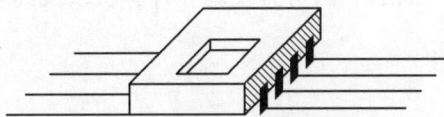

图 10.41 集成化实现结构图

（3）混合实现

混合实现是指根据需要，将系统各个集成化环节如敏感单元、信号调理电路、微处理器单元、数字总线接口等，以不同的组合方式集成在两块或三块芯片上。混合实现方式的结构如图 10.42 所示。

10.5.3 智能传感器特点

智能传感器与传统传感器相比具有如下特点：

①自动补偿能力：通过微处理器的软件计算，对传感器的非线性、温度漂移、时间漂移、响应时间等方面的不足进行自动补偿。

②在线校准：操作者输入零值或某一标准量值后，自动校准软件可以自动对传感器进行在线校准。

③自诊断：接通电源后，可对传感器进行自检，检查传感器各部分是否正常，并可诊断发生故障的部件。

④数值处理：可以利用内部程序自动处理数据，如进行统计处理，剔除异常值等。

⑤双向通信：微处理器与传统传感器之间构成闭环，微处理器不但接收、处理传感器的数

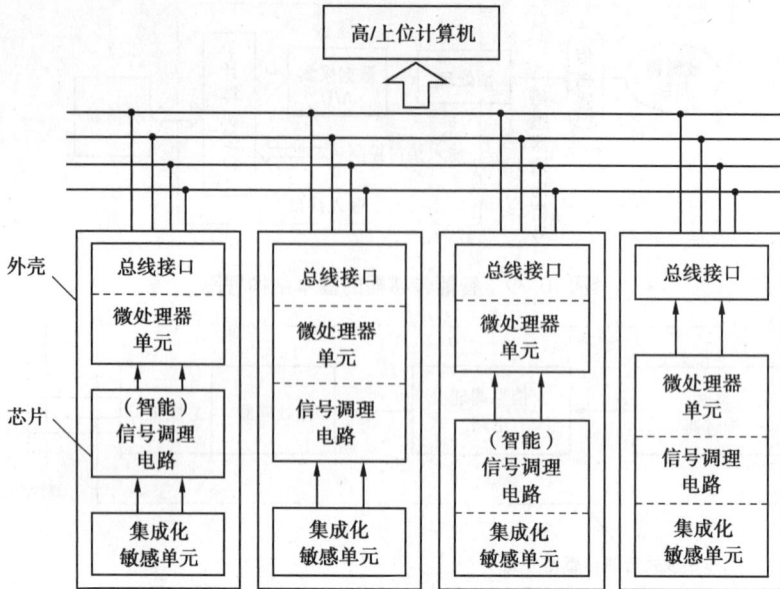

图 10.42　混合实现方式的结构图

据,还可将信息反馈至传感器,对测量过程进行调节和控制。

⑥信息存储和记忆:存储传感器的特征数据和组态信息。

⑦数字量输出:输出数字通信信号,可方便地和计算机或现场线路相连。

10.5.4　智能传感器应用

智能传感器广泛应用在航天、航空、国防、科技和工农业生产等各个领域中。特别是高科技的发展使智能传感器备受青睐。例如,智能传感器在智能机器人领域就有着广阔的应用前景,因为智能传感器如同人的五官,可以使机器人具备各种人类感知功能。

新一代的高级智能传感器将成为工业自动化的心脏。以机器人行业为例,发展机器智能对人机交互技术、机器视觉技术都提出了更高的要求,这些必须依靠传感器技术来实现。传感器技术的革新和进步,势必会为机器人和其他自动化行业带来相应进步。

相对于传统制造业,以智能工厂为代表的未来制造业是一种理想的生产系统,能够智能地编辑产品特性、成本、物流管理、安全、时间以及可持续性等要素。将智能传感器应用于智能生产线和工业机器人,并将其采集到的实时生产数据、生产设备状态等上传至智能制造系统,可以有效监控生产线正常运作,减少人工干预,提高生产效率。作为现代信息技术重要支柱之一的智能传感器技术,必将成为工业领域在高新技术发展方面争夺的一个制高点。

1)在汽车制造的应用

智能传感器在汽车领域的应用已经比较广泛,多达几十种,如加速度传感器、压力传感器、温度传感器、液位传感器,还有专用于车道跟踪、卫星定位等的新型智能传感器。

在汽车制造业中,从最初毛坯制造到整个装配调试完成,整个生产过程构成一个庞大的系统,每个专业化生产车间完成不同的制造。如何高效、经济、灵活地完成任务是企业非常关注的,如图 10.43 所示为汽车制造生产车间。

图 10.43　汽车制造生产车间应用

2) 在智能家居的应用

智能家居以住宅为基础,集安防监控、家电控制、灯光控制、背景音乐、语音控制于一体。可联动集中管理,提供更加方便、舒适、安全、节能的家庭生活环境。智能家居系统由传感器、执行器、控制中心、通信网络等组成,通过各类传感器获取室内环境的各种数据。家庭中使用的传感器包括温度传感器、图像传感器、光电传感器和空气传感器,如图 10.44 所示。

图 10.44　智能家居应用

3) 在智能农业的应用

智能农业,也称为精准农业,使用最少的资源,如水、肥料和种子,以最大限度地提高产量。通过部署传感器和测绘领域,农业工作者开始从微观角度了解农作物的生长过程,科学地节约资源,减少对环境的影响。许多传感技术用于精准农业,它们提供的数据有助于监测和优化作物并适应不断变化的环境因素。这些包括位置传感器、光学传感器、电化学传感器、机械传感器、土壤湿度传感器和气流传感器,如图 10.45 所示。

4) 在智慧医疗的应用

医用传感器常用于昂贵的医疗器械中,因此医用电子传感器是一种高价值类型的传感器。

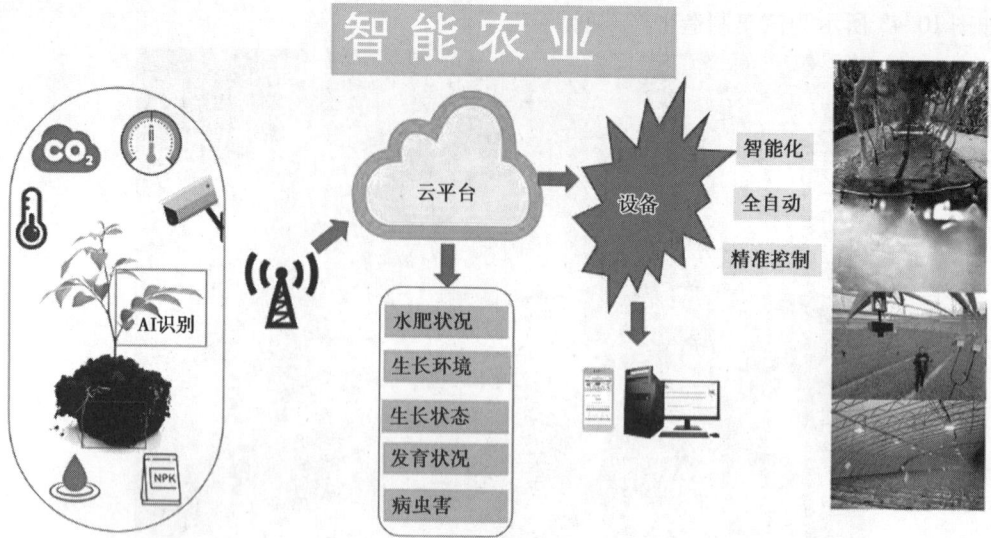

图 10.45　智能农业应用

医用传感器可按其工作原理和应用形式分类：按工作原理分为物理传感器、化学传感器、生物传感器、生物电极传感器；按应用形式分为植入式传感器、临时植入式传感器、体外传感器、外接设备用传感器、可食用传感器。随着材料技术和电子技术的发展，柔性基体材料以其柔韧性、可弯曲性、延展性、耐磨性等优势逐渐进入医疗市场。柔性传感器具有柔性基体材料的优点，对人体适应性强，对可穿戴设备和植入设备都有很好的适应性。柔性传感器可用于智能创可贴、智能绷带、柔性血氧仪和柔性可穿戴离子湿度传感器，如图 10.46 所示。

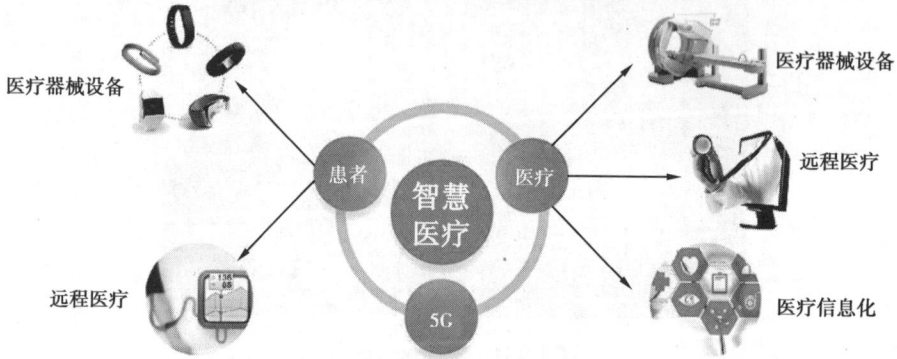

图 10.46　智慧医疗应用

任务实施

实验　光栅数字式传感器测位移

[实验目的]

　　了解光栅数字式传感器测量位移的原理；学习光栅传感器测量位移的方法；加深对莫尔条

纹形成的光学原理、位移放大作用和误差平均效应的理解。

[实验原理]

在玻璃尺、玻璃盘或金属上类似于刻线标尺或度盘那样,进行长刻线(一盘为 10～12 mm)的密集刻划,得到如图 10.47 所示的黑白相同、间隔细小的条纹,没有刻划的白处透光,刻划的黑处不透光,这种具有周期性的刻线分布的光学元件称为光栅。光栅上的刻线称为栅线,栅线的宽度为 a,缝隙宽度为 b,一般都取 $a=b$,而 $W=a+b$,W 称为光栅的栅距(也称光栅常数或光栅的节距),它是光栅的重要参数。

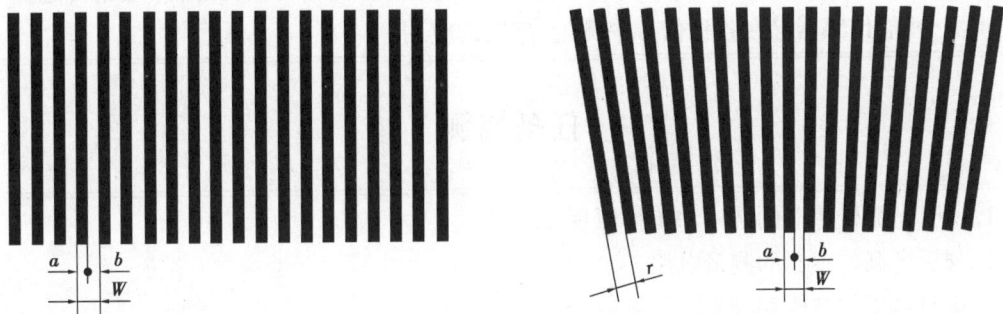

图 10.47　光栅栅线放大图

[需用的器件与单元]

步进电机 1、联轴器、传动丝杆、双列调心轴承和光栅线位移传感器。

[实验步骤]

①用五芯双航空插头线将步进电机驱动"控制输出"接至"步进电机 1"。

②将光栅尺信号输出接至光栅传感器输入接口。

③打开实验箱后面电源开关,光栅传感器测量电路和步进电机驱动电路上电,相关 LED 和数码管显示初始化状态。

④设置步进电机驱动参数,本实验箱所用步进电机为四相,因此步进电机相数设置为四相,其他参数根据实验需要设定。具体设置参见使用说明书中的步进电机驱动电路操作说明。

⑤设置光栅传感器测量参数,参考值设置和测量前先选择光栅类型为线位移。具体设置参见使用说明书中的光栅传感器测量电路操作说明。

⑥步进电机驱动和光栅传感器测量各参数设置好后,按"执行"键,步进电机开始运行,光栅尺读数头按设定方向移动,移动速度通过"频率调节"电位器调节。

⑦在连续运行方式下,将步进电机转速调节为慢速,观测光栅尺读数头位移变化规律,验证光栅尺分辨率。

⑧在连续运行方式下,将步进电机转速调节为快速,使光栅尺读数头从标尺一端移动到另一端,观测光栅尺读数头位移化规律,测量光栅尺读数头从标尺一端移动到另一端的直线位移。光栅尺读数头上有箭头,用于测量定位。

⑨在测量过程中,尝试方向设定、公英制转换、参考值设定(置数)、光栅零参考点、清零、相对、绝对坐标转换等操作,完成光栅线位移传感器测量直线位移实验。

⑩实验完成,关闭电源开关。

[思考题]

光栅传感器测量位移的原理和方法是什么?

任务小结

本任务主要介绍了数字传感器的结构、原理、分类和特点;掌握编码器的分辨力以及辨向、细分技术;熟悉各种数字式传感器的测量转换电路;掌握编码器、光栅传感器、磁栅传感器、感应同步器、智能传感器等在各种信号中测量、控制的应用。

任务自测

1. 说明光栅传感器的结构和工作原理。
2. 分析光栅传感器的测量电路。
3. 说明磁栅的结构和种类。
4. 说明感应同步器的工作原理。
5. 试分析莫尔条纹的工作原理。
6. 试分析 3 种编码器区别。

附　录

附表 1　生产单元数字化改造赛项规程简介

赛项名称	生产单元数字化改造
竞赛目标	实现中小微企业离散制造生产单元智能化、数字化生产,助力装备制造业的高质量发展。重点考核师生利用智能设备(如高端装备、智能机器人、智能视觉)和数字化技术(如 MES、SCADA、RFID、数字孪生、工业智能网关、工业互联网)进行生产单元数字化改造的共性技术技能和系统化思维解决现场复杂工程技术的实践能力
竞赛内容	面向智能化工厂系统集成、信息管理、应用研究和生产管理、智能控制系统集成应用、车间智能控制系统管理、数控机床和工业机器人安装、调试、维护和维修、自动化系统、工业网络、工业制造的安装调试、生产制造、维修维护、技术支持等岗位的典型工作任务,包括:①工业数字化设计与制造;②工业网络集成、数据采集、系统监控;③生产单元数字化改造方案的制订及安装、调试、维护;④智能制造控制系统的开发及集成应用,工艺文件和流程的编制、实施等
竞赛方式	采用线下比赛的形式,多场次进行。由赛项执委会按照竞赛流程组织各领队参加公开抽签,确定各参赛队场次。参赛队按照抽签确定的参赛时段分批次进入比赛场地。按照抽取的赛位号进场,然后在对应的赛位上完成竞赛规定的赛项任务
职业标准	①机械设备安装工国家职业标准(职业编码 6-23-10-01) ②电气设备安装工国家职业标准(职业编码 6-23-10-02) ③计算机程序设计员国家职业标准(职业编码 4-04-05-01) ④工业机器人系统运维员国家职业技能标准(职业编码 6-31-01-10) ⑤智能制造工程技术人员国家职业技能标准(职业编码 2-02-07-13) ⑥工业互联网工程技术人员国家职业技能标准(职业编码 2-02-10-13) ⑦物联网工程技术人员国家职业技能标准(职业编码 2-02-10-10) ⑧大数据工程技术人员国家职业技能标准(职业编码 2-02-10-11)

附表2 "1+X"工业传感器集成应用职业技能等级标准简介

颁证机构	中科智库物联网技术研究院江苏有限公司
标准简介	工业传感器集成应用职业技能等级分为三个等级:初级、中级、高级。三个级别依次递进,高级别涵盖低级别职业技能要求。 【工业传感器集成应用】(初级):能理解系统方案说明书、操作手册和维护保养手册,能构建工业传感器系统,根据各类安装图、原理图完成仿真系统集成,能遵循规范进行安全操作与维护,能完成工业机器人及周边设备简单编程,能进行集成系统基础调试。 【工业传感器集成应用】(中级):根据应用需求进行集成方案适配、原理图绘制以及操作手册和维护保养手册编制,能在编程软件中搭建并仿真工业传感器应用,能根据典型工作任务完成系统集成并能联机调试与优化,遵循规范对集成系统进行维护、备份及异常处理。 【工业传感器集成应用】(高级):根据生产任务进行云、管理平台等方案制订和工业传感器等设备选型,能根据产品设计方案进行工业传感器、周边设备等进行高级编程,能根据产品特性进行供料、检测、安装、加工、安装搬运、提取安装、实现操作、存储等多种应用集成开发。能进行中国制造生产线的维护维修
适用人群	【工业传感器集成应用】(初级):主要面向工业企业、工业互联网企业,从事工业传感器安装调试、设备联网、设备运行和维护、项目管理、服务与营销等岗位工作。 【工业传感器集成应用】(中级):主要面向工业企业、工业互联网企业,从事工业传感器安装调试、设备联网、设备运行和维护、平台管理及实施、项目管理开发、服务与营销等岗位工作。 【工业传感器集成应用】(高级):主要面向工业企业、工业互联网企业,从事自动化设备工业传感器智能化改造操作、工业数据工程师、工业机器人生产线设计、IT/IoT 解决方案架构师、工业计算机工程师、工业用户界面设计等岗位工作
取证要求	通过理论和实操考核
对应专业	中职院校、高职院校、本科院校和本科层次职业教育试点学校的相关专业

参考文献

[1] 刘光定. 传感器与检测技术[M]. 重庆：重庆大学出版社，2016.

[2] 胡向东. 传感器与检测技术[M]. 3 版. 北京：机械工业出版社，2018.

[3] 张青春，李洪海. 传感器与检测技术实践训练教程[M]. 北京：机械工业出版社，2019.

[4] 张青春，纪剑祥. 传感器与自动检测技术[M]. 北京：机械工业出版社，2018.

[5] 胡向东. 传感器与检测技术[M]. 4 版. 北京：机械工业出版社，2021.

[6] 黄贤武，郑筱霞. 传感器原理与应用[M]. 成都：电子科技大学出版社，2000.

[7] 金发庆. 传感器技术与应用[M]. 5 版. 北京：机械工业出版社，2024.

[8] 栾桂冬，张金铎，金欢阳. 传感器及其应用[M]. 西安：西安电子科技大学出版社，2002.

[9] 陈平，罗晶. 现代检测技术[M]. 北京：电子工业出版社，2004.

[10] 赵庆海. 测试技术与工程应用[M]. 北京：化学工业出版社，2005.

[11] 张宏建，蒙建波. 自动检测技术与装置[M]. 北京：化学工业出版社，2004.

[12] 吴建平，彭颖. 传感器原理及应用[M]. 4 版. 北京：机械工业出版社，2021.

[13] 卜云峰. 检测技术[M]. 北京：机械工业出版社，2005.

[14] 张靖，刘少强. 检测技术与系统设计[M]. 北京：中国电力出版社，2002.

[15] 樊尚春，乔少杰. 检测技术与系统[M]. 北京：北京航空航天大学出版社，2005.

[16] 丁轲轲. 自动测量技术[M]. 北京：中国电力出版社，2004.

[17] 刘文新，葛惠民. 传感器技术及应用[M]. 北京：机械工业出版社，2023.

[18] 梁森，王侃夫，黄杭美. 自动检测与转换技术[M]. 2 版. 北京：机械工业出版社，2005.

[19] 牟爱霞. 工业检测与转换技术[M]. 北京：化学工业出版社，2005.

[20] 宋文绪，杨帆. 自动检测技术[M]. 北京：高等教育出版社，2001.